普通高等教育“十三五”规划教材

Visual FoxPro 数据库与程序设计

杨 永 周 凯 吴明涛 主 编

刘金月 解红涛 副主编

杨王黎 主 审

中国石化出版社

内容简介

Visual FoxPro 是一款可靠、便捷和高效的数据库编程软件。本书以 Visual FoxPro 6.0 为版本，采用案例驱动的教学方法，依据编者丰富的教学经验，精心设计了 25 个教学案例，每个案例由“案例描述”、“操作步骤”、“相关知识”和“案例扩展”等几个部分组成。全书共分为 7 章，读者可以边任务制作，边学习相关知识和技巧。本书将 Visual FoxPro 面向过程和面向对象的程序设计思想有机地结合起来，通过案例的完成使学生分析问题和解决问题的能力得到锻炼和提高。

本书可以作为大学本科、专科和高职的非计算机专业的程序设计教材，还可以作为广大计算机爱好者的自学读物。

图书在版编目(CIP)数据

Visual FoxPro 数据库与程序设计 / 杨永，周凯，吴明涛主编．—北京：中国石化出版社，2016.8（2023.2 重印）
普通高等教育“十三五”规划教材
ISBN 978-7-5114-4231-4

Ⅰ．①V… Ⅱ．①杨…②周…③吴… Ⅲ．①关系数据库系统-程序设计-高等学校-教材 Ⅳ．①TP311.138

中国版本图书馆 CIP 数据核字（2016）第 175360 号

未经本社书面授权，本书任何部分不得被复制、抄袭，或者以任何形式或任何方式传播。版权所有，侵权必究。

中国石化出版社出版发行

地址：北京市东城区安定门外大街 58 号
邮编：100011　电话：(010)57512500
发行部电话：(010)57512575
http://www.sinopec-press.com
E-mail:press@ sinopec.com
北京科信印刷有限公司印刷
全国各地新华书店经销

*

787×1092 毫米 16 开本 15.5 印张 510 千字
2023 年 2 月第 1 版第 4 次印刷
定价：32.00 元

前　言

Visual FoxPro(简称 VFP)简单易学、功能强大，适合非计算机专业人员学习、使用、研究和开发 Windows 环境下的应用程序，是目前使用人数较多的一种面向对象的数据库管理系统。

为了配合新一轮的计算机基础教学改革，将近年兴起的 CDIO 工程教育理念应用到计算机基础教学的改革过程中，以全新的“做中学”的案例驱动教学方式组织教学，精心设计了用于课堂教学的案例。在学生学习和完成案例的过程中不仅掌握 Visual FoxPro 程序设计的相关知识，同时了解实际项目从构思、设计、实施和运作的全过程，在这个过程中培养学生的自主学习、创新设计、合作沟通等多方面的能力，使大学生在掌握高级语言程序设计基本思想的基础上，对于语言的更深层次有全面的掌握，对程序设计思想有质的深化，能够熟练利用计算机解决专业相关的实际问题，为学生尽快适应社会环境提供机会，这对学生来说是非常有益的。

本书采用全新的教学理论，为学生提供新颖的学习方法，编者依据多年丰富的教学经验，精心设计和编写了多个案例。作者努力遵从教学规律、面向实际应用、理论联系实际，注重训练和培养学生分析问题和解决问题的能力，注重提高学生的学习兴趣和创造能力。将 Visual FoxPro 面向对象的编程方法和过程化的程序设计思想有机地结合在一起，将 Visual FoxPro 的基础知识点合理地融入精心设计的案例中，可以深入浅出地讲述 Visual FoxPro 的基本功能、开发技巧等。

本书共 7 章，每章都安排了讲授案例，在完成案例的过程中学会相关的知识和程序设计方法，同时，每个案例后面都给读者提供了充分的思考和拓展空间，利于读者对案例的消化吸收以及提高自己的 Visual FoxPro 编程能力。

本书由东北石油大学杨永、周凯和吴明涛主编，刘金月和解红涛副主编，杨王黎主审。本书第2、4章由杨永编写，第1、3章由吴明涛编写，第5章由刘金月编写，第6章由解红涛编写，第7章由周凯编写，杨永统稿全书。在编写过程中参考了一些专家、学者的真知灼见和网上资源，在此深表谢意。

由于编者水平有限，书中难免有一些疏漏之处，恳请读者提出宝贵意见。

编　者

2016年5月

目　录

第1章 数据库系统基础

数据库理论的研究在20世纪70年代后期逐步成熟。从20世纪80年代初Ashton-Tate公司开发的可以应用在个人计算机的dBase关系型数据库管理系统开始，人们在工作中对数据库应用的需求日益增长，为适应数据处理的需要而发展起来的一种较理想的数据处理的核心机构，是由数据库及其管理软件组成的数据库系统(database systems)。

目前常见的数据库管理软件有Access、Visual FoxPro、SQL Server、MySql、Oracle、DB2等。Visual FoxPro简称VFP，是Microsoft公司推出的数据库开发软件，该软件使用简单方便，用户只需输入简单的命令，即可完成对数据的添加、修改、查询、索引以及产生报表或标签，还可以利用它的程序语言开发应用程序。

1.1 数据库基本概念

1.1.1 数据处理

数据(Data)是对客观事物的某些特征及其相互联系的一种抽象化、符号化的表示。数据不仅包括数字、字母、文字及其他特殊字符组成的文本形式的数据，而且还可包括图形、图像和声音等多媒体数据。

现实世界中的数据往往是原始的、非规范化的，但它是数据的原始集合，通过对这些原始数据的处理，才能产生新的数据(信息)。数据处理就是对数据的收集、记录、分类、排序、存储、计算、加工、传输、制表等操作，经过处理的数据能够反映事物或现象的本质和特征及其内在的联系。从数据的存储结构和处理方式的角度而言，我们把计算机数据管理技术的进展分为三个阶段：①人工管理阶段；②文件系统管理阶段；③数据库系统管理阶段。数据库管理解决了冗余和数据问题，提供了广泛的数据共享，为应用程序提供了更高的独立性，实现了对所有数据实行统一的、直接的和集中的管理，从而提高了应用程序的生产和运行效率。

1.1.2 数据模型

1. 数据模型

数据模型是对数据的特点、数据之间关系的一种抽象表示。数据模型包括数据结构、数据操作和完整性约束几个部分。数据结构则是数据、数据类型、数据之间关系的抽象描述；数据操作是对数据模型中各种对象的操作；数据库完整性约束是对数据模型中数据的约束规则。数据库系统都是基于某种数据模型的，数据库系统是按照数据结构的类型来命名数据模型的。主要的数据模型有三种：层次模型、网状模型、关系模型。目前主流的数据库系统都是基于关系模型的关系数据库系统。

2. 关系模型

关系模型就是用表格数据表示实体和实体间的联系。这种表格就是二维表。

(1)关系：若从表的角度来看，关系就是一个二维表，如表1-1-1所示。

表 1-1-1　学生表

学号	姓名	性别	出生日期	入学成绩
11001	程　雷	男	1990. 5. 11	658
11002	刘晓晓	女	1991. 3. 25	660
11003	王大鹏	男	1993. 1. 19	630
11004	李　娜	女	1990. 12. 8	669

(2)元组：元组也叫记录，表中的每一行就是一个元组，几元关系就是一个几元组。表 1-1-1 中的每一行都是一个元组，每一行是一个 5 元组。

(3)属性：属性也叫字段，表中的每一列，称为关系的一个属性，给每一个属性起一个名称即属性名。

(4)域：属性的取值范围。例如：性别的域是“男，女”。

(5)候选关键字：若关系中的某一个属性或属性组能唯一确定关系的一个元组，则该属性集称为该关系的候选关键字或候选码。例如，表 1-1-1 中的学号就是候选关键字，如果姓名不重复，姓名也是候选关键字。

(6)主关键字：在候选关键字中选定一个作为关键字，称为该关系的主关键字。关系中的主关键字是唯一的。

(7)关系模式：对关系的描述称为该关系的模式，关系模式常使用的格式为：关系(属性名 1，属性名 2，…，属性名 n)。例如：表 1-1-1 所示的关系，则可描述为：学生(学号，姓名，性别，出生日期，入学成绩)。

3. 关系运算

在关系运算中，有选择、投影和连接 3 种基本运算。

(1)选择：选择运算是从关系中挑出满足某些条件的若干个元组，其运算结果是一个新的关系，即从二维表中选择某些行，它是在一个关系中进行水平选择。

(2)投影：投影运算是从关系中挑选出指定的若干个属性组成一个新的关系，也就是从二维表中选择某些列，它是在一个关系中进行垂直选择。

(3)连接：连接运算是从两个关系按某个条件提取部分(或全部)元组或属性构成新的关系。

4. 实体联系

在用数据模型表示客观世界的过程中，一般用多个实体集来描述，在多个实体集间就存在着相互的联系，这种联系一般有 3 种：一对一联系、一对多联系和多对多联系。

(1)一对一联系：一对一联系是指在两个实体集间存在一一对应的联系，即一个实体集中的每一个实体，在另一个实体集中最多只能找到一个可以和它联系的实体，反过来也同样。并记作 1：1。例如：一个大学只能有一个校长，反过来，一个校长只能在一所大学任职。

(2)一对多联系：一对多联系是指在两个实体集间存在一对多的联系，即当前实体集的每个实体与另外一实体集的多个实体对应；反过来说，在另一个实体集中的每个实体，却只能在当前实体集中找到一个能够相联系的实体。并记作 1：n。

(3)多对多联系：多对多联系是指在两个实体集间存在多对多的联系，即一个实体集中的每一个实体与另一个实体集中的多个实体相对应，反过来也同样。并记作 m：n。

1.1.3 数据库系统

1. 数据库系统的组成

通常将引进数据库技术的计算机系统称为数据库系统(DataBase System，简称 DBS)。一般来说，数据库系统由以下几部分组成。

(1) 计算机硬件系统：用来运行操作系统、数据库管理系统、应用程序以及存储数据库的本地计算机系统和网络硬件环境。

(2) 数据库集合：数据库(DataBase，简称 DB)是以一定组织方式存储在一起的相关数据的集合。

(3) 数据库管理系统：数据库管理系统(DataBase Management System，简称 DBMS)是数据库系统的核心，用于协助用户创建、维护和使用数据库的系统软件。本书所介绍的 Visual FoxPro 就属于数据库管理系统。

(4) 相关软件：包括操作系统、编译软件、应用开发工具软件和计算机网络软件等。

(5) 人员：包括数据库管理员和用户。数据库管理员负责数据库系统的建立、维护和管理。用户分为专业用户和最终用户，专业用户侧重于设计数据库和开发应用程序，最终用户侧重于数据库的使用。

2. 数据库系统的特点

和文件系统相比，数据库系统有如下特点。

(1) 数据结构化：在文件系统中，各个文件不存在相互联系。数据库系统则不同，在同一数据库中的数据文件是有联系的，且在整体上服从一定的结构形式。

(2) 数据独立性：在文件系统中，数据结构和应用程序相互依赖、相互影响。数据库系统则力求减少这种依赖，实现数据的独立性。

(3) 数据共享：在文件系统中，数据一般由特定的用户专用，而数据库中的数据不仅可为同一个企业或结构的各个部门所共享，也可为不同单位、地域或不同国家的用户所共享。

(4) 冗余度可控：文件系统中的数据专用，每个用户拥有和使用自己的数据，造成许多数据的重复，这就是数据冗余。在数据库系统中实现共享后，不必要的重复将删除，但为了提高查询效率，有时也保留少量重复数据，其冗余度可由设计人员控制。

(5) 数据统一控制：为保证多个用户能同时正确地使用同一个数据库，数据库系统提供了安全性控制、完整性控制和并发控制等数据控制功能。

1.2 Visual FoxPro 概述

1.2.1 Visual FoxPro 发展历史

随着软件技术的快速发展，用户对数据库管理系统的要求也不断提高。1989 年下半年，FoxPro 发布了，它具有面向对象的特点，并引入了多媒体技术。1991 年，32 位 FoxPro 2.0 推出，它采用了 Rushmore 查询优化、关系查询、报表技术以及整套第四代语言工具，性能上得到了大幅度提高。

1992 年微软公司收购了 Fox Software 公司，把 FoxPro 纳入自己的产品中。它利用自身的技术优势和丰富的资源，迅速开发出 FoxPro 2.5 和 FoxPro 2.6 等大约 20 款软件产品及其相关产品，运行环境包括 DOS，Windows、Mac 和 UNIX 四个平台。

1995 年 6 月，微软公司推出了 Visual FoxPro 3.0 版。不久又推出了 Visual FoxPro 5.0 及

其中文版。1998 年微软公司发布了可视化集成开发工具 Visual Studio 6.0，其中包括 Visual FoxPro 6.0。Visual FoxPro 6.0 可运行于 Windows 95/98/XP/NT 平台，能够充分发挥 32 位微处理器的强大功能。

2000 年微软公司推出了 .NET 战略，将 Visual FoxPro 从 Visual Studio. NET 中独立出来，推出能支持 .NET 框架开发的 Visual FoxPro 7.0、Visual FoxPro 8.0 甚至 Visual FoxPro 9.0，尽管最新的这几种产品比 Visual FoxPro 6.0 有许多优越之处和新增的功能，但到目前为止都没有中文版出现。作为教材，为了便于学习，本书仍以 Visual FoxPro 6.0 中文版为平台。

1.2.2 Visual FoxPro 的特点

Visual FoxPro 6.0 是为建立数据库和开发应用程序而设计的功能强大的面向对象的可视化中小型数据库系统。无论是组织信息、运行查询、创建集成的关系型数据库系统，还是为最终用户编写功能全面的数据管理应用程序，Visual FoxPro 都可以提供管理数据所需的工具，可以在应用程序或数据库开发的任何一个领域中提供帮助。

Visual FoxPro 6.0 的先进性主要体现在以下几个方面。

（1）强大的项目及数据库管理功能

开发人员可以借助“项目管理器”创建和集中管理应用程序中的任何元素，可以访问所有向导、生成器、工具栏和其他易于使用的工具，同时可以在“项目管理器”中看到组件的状态。利用“数据库设计器”可以迅速更改数据库中对象的属性。

（2）简便的应用程序开发功能

Visual FoxPro 6.0 提供了新的功能强大的生成器、工具栏和设计器等。开发人员可以使用与 Visual C++的调试工具相似的跟踪事件以及记录执行代码的工具。利用这些工具可以深入程序，查看属性设置值、对象以及数组元素的值；可以方便显示交互的或代码中的信息；可以把结果输出到应用程序窗口之外的另一个窗口；还可以用来分析程序或实际运行项目代码。总之，开发人员可以更方便地调试及监控应用程序的所有组件。

（3）提供真正的面向对象程序设计

Visual FoxPro 6.0 提供真正的面向对象程序设计，但也支持标准的面向过程的程序设计。借助 Visual FoxPro 6.0 的对象模型，可以充分使用面向对象程序设计的所有功能，包括继承性、封装性、多态性。在 Visual FoxPro 6.0 中，用户不但可以利用系统的类设计工具交互地设计生成子类，也可以采用编程的方法来实现。

（4）优化应用程序的性能

Visual FoxPro 6.0 是 PC 平台检索速度最快的数据库，甚至快过大型关系型数据库。它继续采用 Rushmore 技术，可以从表中快速地选取记录集，将查询响应时间从数小时或数分钟降低到数秒。另外，复合索引技术改变了传统的单一入口的索引文件结构，使一个索引文件可以包含多个索引。结构化查询语言 SQL 的引入使系统的兼容性、通用性更强，查询效率更高。Visual FoxPro 6.0 还能根据系统运行的环境调整自身的配置，最充分地利用环境资源，从而获得最优的性能。

（5）协作开发能力

Visual FoxPro 6.0 允许几个用户在同一个数据库中同时创建或修改对象，同时还可以使用带有“项目管理器”的源代码管理程序来跟踪或保护对源代码的更改，从而提高协作开发应用程序的能力。

(6) 可方便地实现信息共享和转换

Visual FoxPro 6.0 支持众多与其他应用程序进行交换的文件格式，如文本文件、电子表格、Word 文件以及表文件等。Visual FoxPro 6.0 不但可以将外部的数据添加到 Visual FoxPro 6.0 的表中，还可以将数据表文件转换成其他格式的数据文件供其他应用程序使用。Visual FoxPro 旧版本的数据表文件，可以方便地转换成 Visual FoxPro 6.0 的数据表格式，它还可以与其他 Windows 应用程序紧密结合，支持动态数据交换(DDE)、对象链接和嵌入(OLE)等信息共享机制。另外，Visual FoxPro 6.0 还可以处理图形、图像及视频等文件。

(7) 操作灵活

Visual FoxPro 6.0 提供非常灵活的工作方式。在完成某个案例时，既可以在“命令”窗口中单独运行一条语句，又可以使用系统菜单项，还可以将语句编写成代码，集中运行；既可以独立创建数据库、表、视图、报表、表单和菜单等文件，又可以使用相应的向导；既可以先分别建立各种文件，再将它们添加到项目管理器中连编、运行，也可以先建立项目，在项目管理器中再建立各种文件，最后进行连编、运行。

(8) 支持客户机/服务器(C/S)结构

Visual FoxPro 6.0 支持客户机/服务器(C/S)结构。开发人员在开发客户机/服务器应用程序时可以把 Visual FoxPro 6.0 作为前提，使用 SQL 语言直接访问服务器。同时还综合了对服务器数据的更新技术，增强客户机/服务器性能。

(9) 支持多语言

Visual FoxPro 6.0 支持英语、日语、繁体汉语以及简体汉语等多种语言的字符集，从而可以开发国际化应用程序。

1.3 【案例 1】安装 Visual FoxPro 6.0

1.3.1 案例描述

可以管理数据库系统的软件有很多，而 Visual FoxPro 6.0 提供的功能是数据库的快速访问、数据的强大的访问能力和灵活性，这些功能是在普通数据库管理系统中看不到的。

Visual FoxPro 6.0 中文版可以在 Windows 95(中文版)以上，或者 Windows NT 4.0(中文版)以上的环境中安装、运行。最低硬件配置为：处理器至少应为 586/133 Hz，至少 16MB 内存，至少 100MB 的硬盘空间。

本书将以 Windows XP 操作系统为平台，介绍如何在 Visual FoxPro 6.0 中开发数据库应用系统。首先介绍如何安装 Visual FoxPro 6.0 主程序，以及环境配置。

1.3.2 操作步骤

1. 安装 Visual FoxPro 6.0 主程序

(1) 打开 Visual FoxPro 6.0 安装程序文件窗口，如图 1-3-1 所示，找到安装文件 SETUP.EXE。

(2) 双击 SETUP.EXE 文件后，打开“Visual FoxPro 6.0 安装向导”对话框的提示安装信息界面，如图 1-3-2 所示。单击“显示 Readme”按钮，可以查看 Visual FoxPro 6.0 的帮助文件。

(3) 单击“下一步”按钮，进入“Visual FoxPro 6.0 安装向导”对话框的用户许可协议界面，如图 1-3-3 所示。可以阅读《最终用户许可协议》，只有接受该协议才可以继续安装程序。

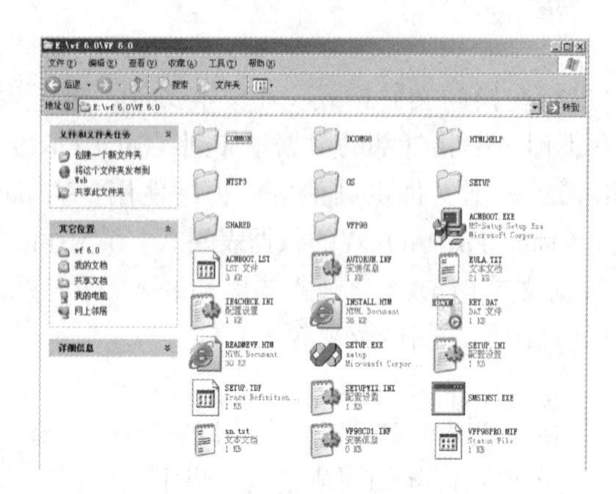

图 1-3-1　安装程序文件窗口

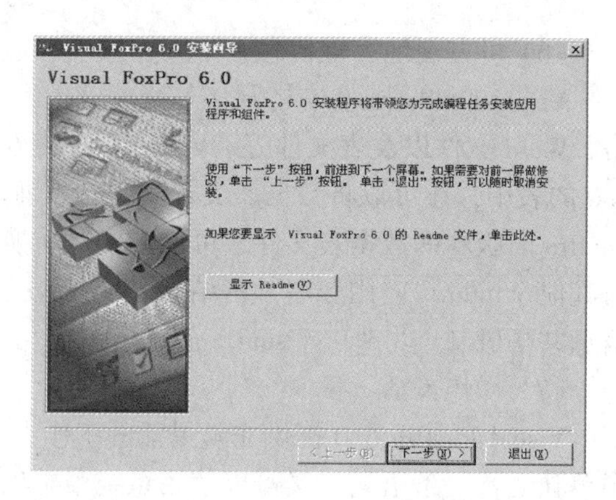

图 1-3-2　Visual FoxPro 6.0 安装向导提示安装信息

（4）选中“接受协议”单选按钮，单击“下一步”按钮，进入“Visual FoxPro 6.0 安装向导”对话框的产品号和用户 ID 界面，如图 1-3-4 所示。在 Visual FoxPro 6.0 光盘的包装盒上找到正确的 ID 号，按照正确格式输入，并输入用户姓名和公司名称。

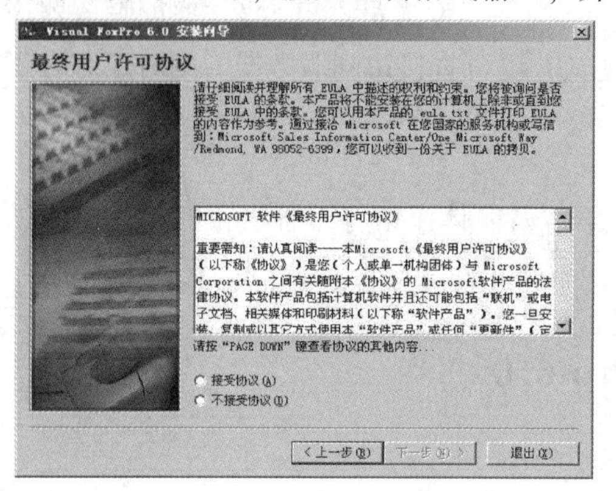

图 1-3-3　用户许可协议界面

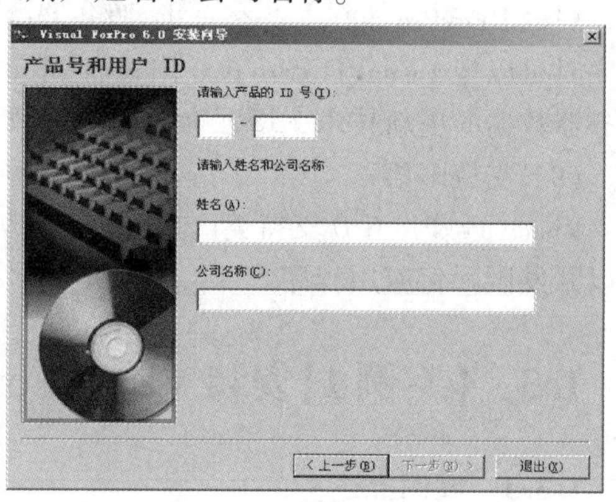

图 1-3-4　产品号和用户 ID 界面

（5）单击“下一步”按钮，打开“Visual FoxPro 6.0 安装程序”对话框的安装程序提示信息界面，如图 1-3-5 所示。

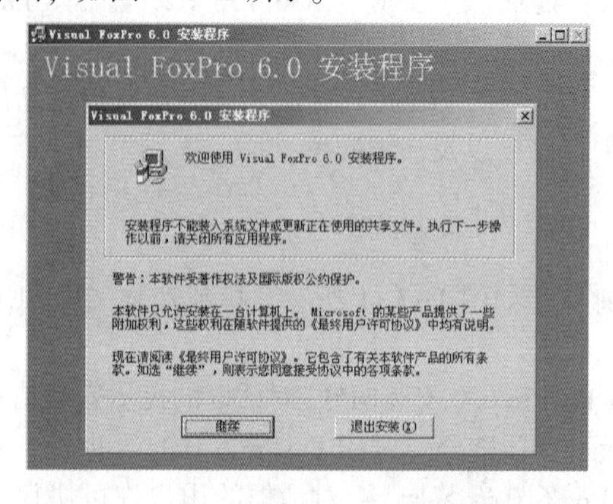

图 1-3-5　Visual FoxPro 6. 0 安装提示信息

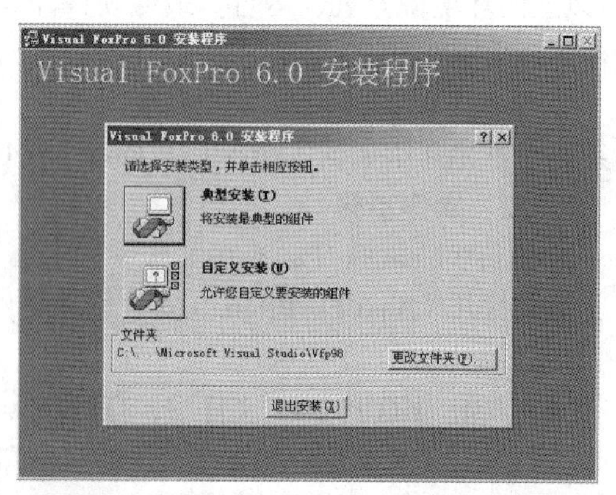

图 1-3-6　Visual FoxPro 6. 0 安装类型显示

（6）单击“继续”按钮，进入选择安装类型界面，如图 1-3-6 所示。在这里包括典型安装和自定义安装两种类型，如果初次使用 Visual FoxPro 6.0，建议选择“典型安装”，其中包括各种项目的标准配置，但是典型安装里面需要设置的项目比较少，所以也可以选择“自定义安装”，设置各种需要项目的全部配置。

（7）单击“自定义安装”按钮，打开“Visual FoxPro 6.0 自定义安装”对话框，如图 1-3-7 所示。这里包括中文版的 Visual FoxPro、向导及生成器、专业应用程序、图形、工具等。根据需要可以选中其中某个项目，然后单击“更改选项”按钮，更改项目的配置。

（8）单击“继续”按钮，进入 Visual FoxPro 6.0 安装程序过程界面，如图 1-3-8 所示。在安装过程中，安装系统会对 Visual FoxPro 6.0 进行简单的介绍，并介绍一些相关的知识。可以在安装的过程中，对 Visual FoxPro 6.0 进行简单了解。

（9）等待程序安装，当所有项目安装到计算机后，会打开“Visual FoxPro 6.0 安装程序”对话框提示已成功安装界面，如图 1-3-9 所示。

（10）单击确定后，系统返回“Visual FoxPro 6.0 安装向导”对话框提示安装 MSDN 的界面。在 MSDN 中包含了 Visual FoxPro 6.0 的所有帮助文档和示例，如果需要查看帮助，必须安装 MSDN，单击“下一步”按钮安装 MSDN，否则单击“退出”按钮，如图 1-3-10所示。

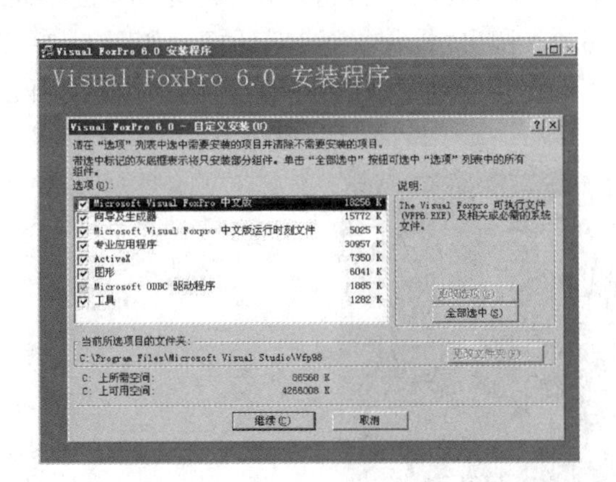

图 1-3-7　Visual FoxPro 6. 0 自定义安装设置

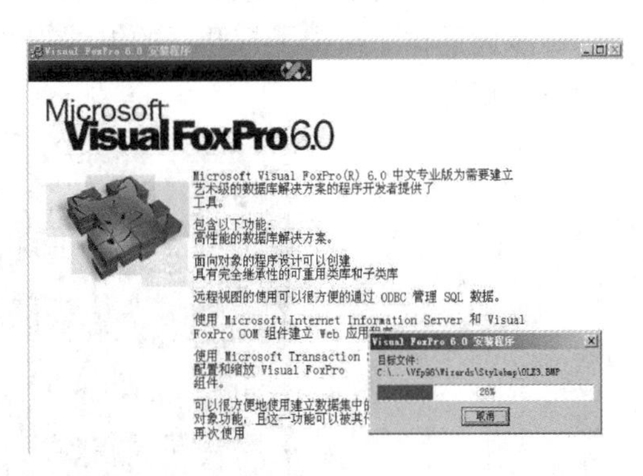

图 1-3-8　Visual FoxPro 6. 0 安装程序进度

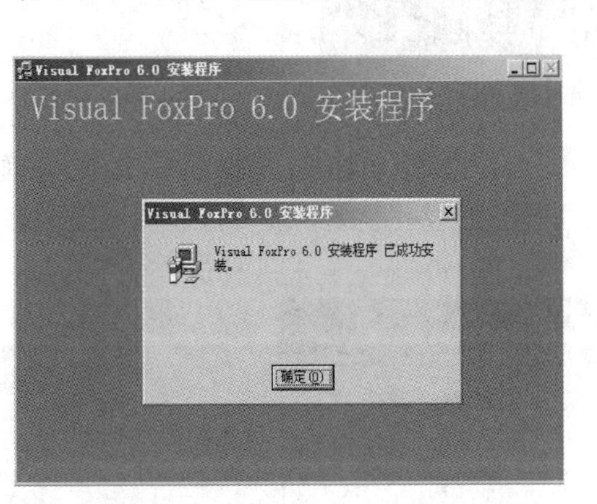

图 1-3-9　Visual FoxPro 6. 0 提示已成功安装

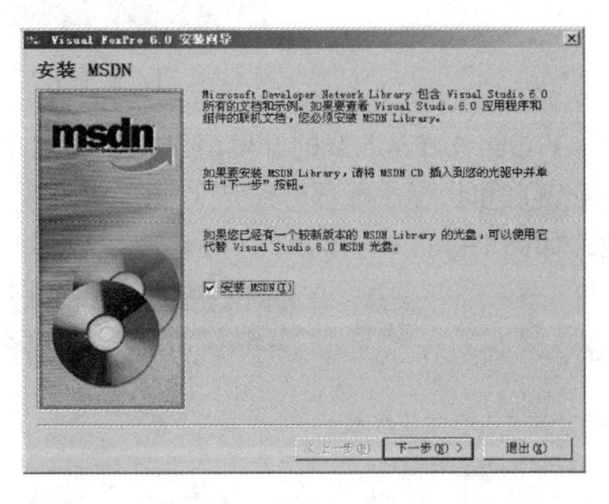

图 1-3-10　Visual FoxPro 6. 0 安装 MSDN 界面

(11)无论是否安装 MSDN，都会打开“Visual FoxPro 6.0 安装向导”对话框提示 Web 注册界面，如图 1-3-11 所示。选中“现在注册”复选框，单击“完成”按钮，进入网络注册该软件。如果不想注册，取消选中“现在注册”复选框，单击“完成”按钮，Visual FoxPro 6.0 就安装成功了。

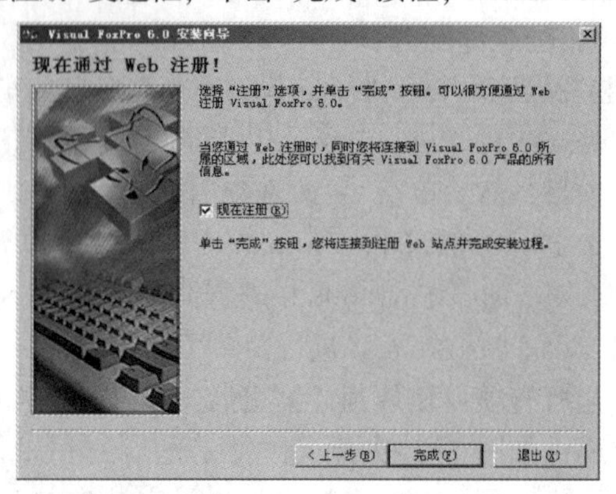

图 1-3-11　Visual FoxPro 6. 0 提示 Web 注册

1.3.3　相关知识

1. Visual FoxPro 6.0 的开发环境

单击 Windows 的“开始”→“所有程序”→“Microsoft Visual FoxPro 6.0”→“Microsoft Visual FoxPro 6.0”菜单命令，即可启动 Visual FoxPro 6.0。调出“操作提示”对话框，如图 1-3-12 所示，在该对话框中给出了打开新的组件管理库的操作、创建新的应用程序的操作和打开已有项目的操作等。

图 1-3-12　操作提示对话框

Visual FoxPro 6.0 的开发窗口主要由菜单栏、工具栏(也叫标准工具栏)、工作区窗口、命令窗口和状态栏等部分组成，涵盖了开发应用程序的设计、编辑、编译和调试等所有功能，如图 1-3-13 所示。

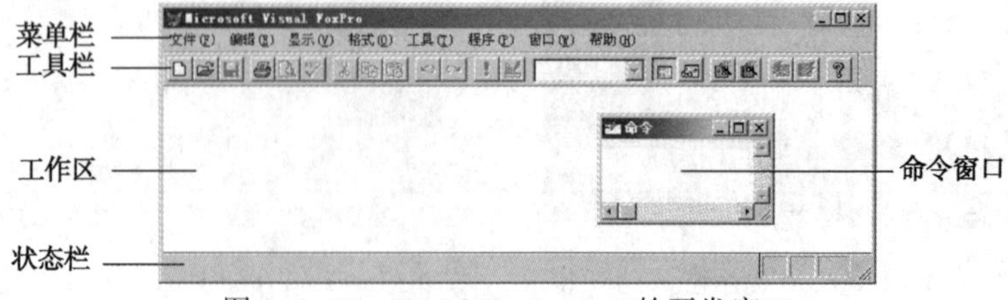

图 1-3-13　Visual FoxPro 6.0 的开发窗口

(1) 菜单栏

Visual FoxPro 6.0 的系统菜单不是一成不变的，根据不同的操作，菜单按钮会有所增减，以满足操作需要。它除了提供标准的"文件"、"编辑"、"显示"、"工具"、"窗口"和"帮助"菜单之外，还提供了编程专用的功能菜单，例如"格式"、"项目"和"程序"等。单击主菜单按钮，会调出其子菜单，每个菜单对应若干个菜单命令。单击菜单之外的任何地方或按【Esc】键，可关闭已打开的菜单。Visual FoxPro 6.0 菜单的形式与其他 Windows 软件的菜单形式基本相同，都遵循基本相同的约定。

快捷菜单：将鼠标指针移到菜单栏、工具栏、控件、设计器、窗口、对象、选中代码等之上右击，即可调出相应的快捷菜单。快捷菜单中集中了与右击的对象相关的菜单命令，利用这些菜单命令可以方便地进行有关操作。

(2) 工具栏

菜单栏的下面是工具栏。为了使用方便，Visual FoxPro 6.0 把一些常用的操作命令以按钮的形式组成一个工具栏。当鼠标指针移到工具栏内的工具按钮上并停留一些时间后，会显示出该按钮的名称。工具按钮都有对应的菜单命令，也就是说，单击标准工具栏中的某一个按钮，即可产生与单击相应的菜单命令完全一样的效果。工具栏中的按钮可以按照用户需要进行添加和删除，默认情况只显示标准工具栏。

(3) 工作区

工作区是 Visual FoxPro 6.0 显示命令执行结果的区域，在此还可以打开各种设计器、向导、对话框以及工作窗口。

(4) 状态栏

状态栏显示当前操作的状态信息。

(5) 命令窗口

命令窗口是 Visual FoxPro 6.0 中的程序编辑区内显示和输入交互式命令的区域。单击"窗口"→"命令窗口"菜单命令，调出"命令"窗口。在此输入合法的命令后按【Enter】键，系统便执行命令，并在工作区显示相应的结果。若把处于活动状态的命令窗口隐藏起来，使之在屏幕上不可见，可以选择"窗口"菜单项中的"隐藏"选项或单击命令窗口右上角的"关闭"按钮。命令窗口被隐藏后，按快捷键 Ctrl+F2，或在"窗口"菜单项中选择"命令窗口"选项，激活命令窗口，使之再现在 Visual FoxPro 主窗口中。

2. Visual FoxPro 6.0 的环境定制

开发环境设置主要包括窗口标题、默认目录、项目、调试器和表单工具选项等，这些设置均可在"选项"对话框中更改。单击"工具"→"选项"菜单命令，打开"选项"对话框。如图 1-3-14 所示，默认打开"显示"选项卡。

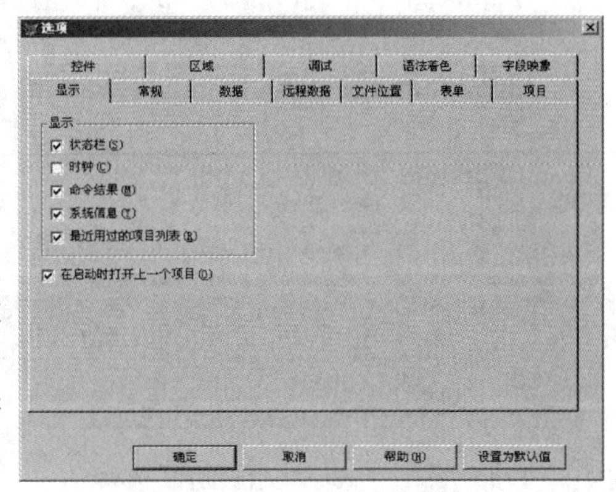

图 1-3-14 "显示"选项卡

(1) 显示

"显示"选项卡包括界面选项，如是否显示状态栏、时钟、命令结果或系统信息。

例如，未设置时钟时界面如图 1-3-15(a)所示，选择"选项"对话框"显示"选项卡中的"时钟"复选框后的效果如图 1-3-15(b)所示。

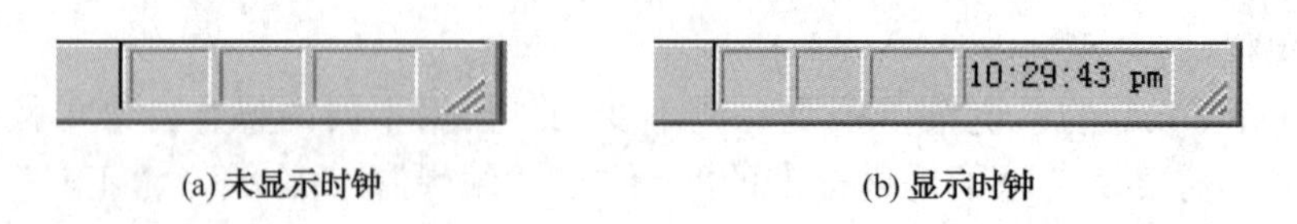

图 1-3-15　状态栏显示时钟区域

(2) 常规

“常规”选项卡包括数据输入与编程选项，比如设置警告声音、是否记录编译错误、是否自动填充新记录、使用什么定位键、调色板使用什么颜色以及改写文件之前是否警告等，如图 1-3-16 所示。

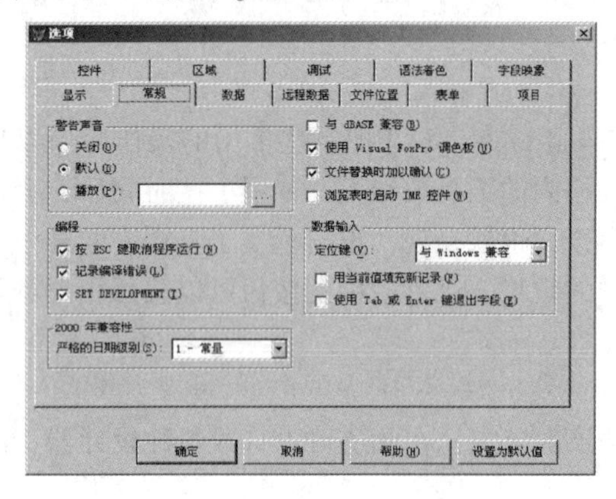

图 1-3-16　“常规”选项卡

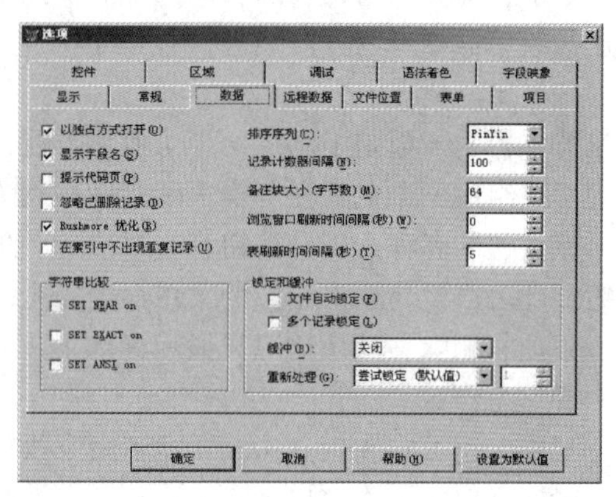

图 1-3-17　“数据”选项卡

(3) 数据

“数据”选项卡包括表选项，如是否使用 Rushmore 优化、是否使用索引强制唯一性、备注块大小、排序序列方式、字符串比较方式选择、查找的记录计数器间隔以及使用什么锁定选项等，如图 1-3-17 所示。

(4) 文件位置

“文件位置”选项卡包括 Visual FoxPro 6.0 默认目录位置、帮助文件存储位置以及辅助文件存储位置等，如图 1-3-18 所示。

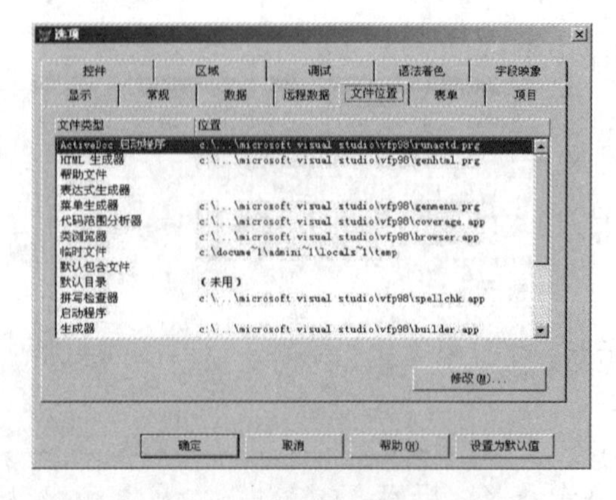

图 1-3-18　“文件位置”选项卡

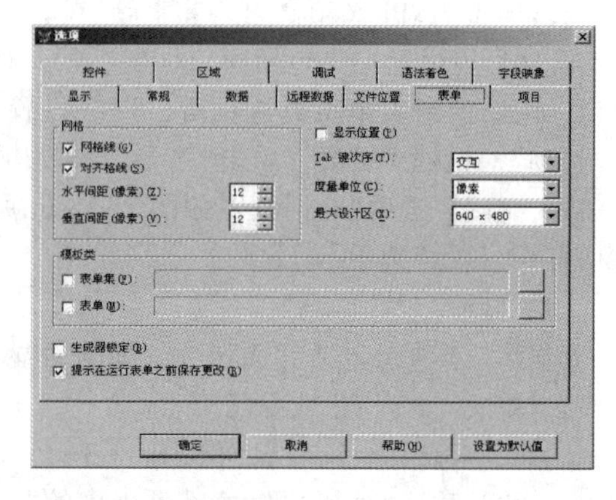

图 1-3-19　“表单”选项卡

(5) 表单

“表单”选项卡包括表单设计器选项，如网格面积、所用刻度单位、最大设计区域以及使用何种模板，如图 1-3-19 所示。

(6) 项目

“项目”选项卡包括项目管理器选项，如是否提示使用向导、双击时运行或修改文件以及源代码管理选项，如图 1-3-20 所示。

(7) 区域

“区域”选项卡包括日期、时间、货币及数字格式等设置，如图 1-3-21 所示。

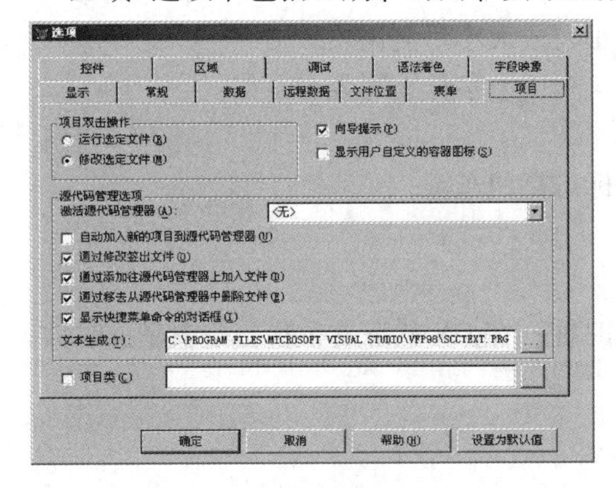

图 1-3-20 “项目”选项卡

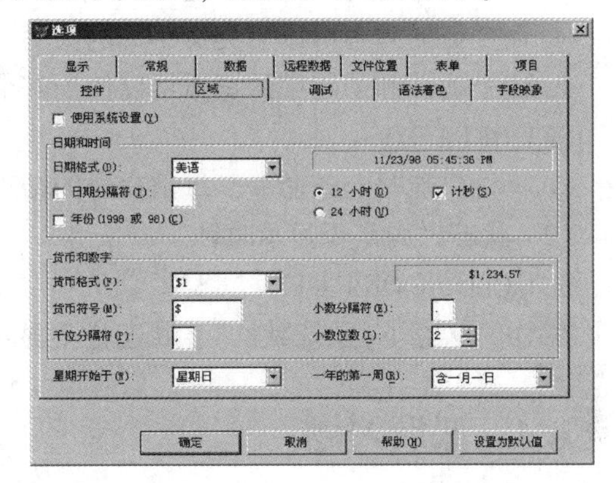

图 1-3-21 “区域”选项卡

(8) 语法着色

“语法着色”选项卡包括区分程序元素所用的字体及颜色，如注释与关键字，如图 1-3-22 所示。

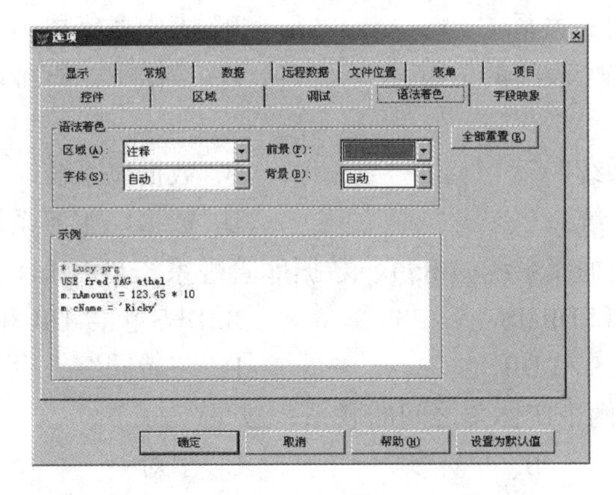

图 1-3-22 “语法着色”选项卡

3. 运行 SET 命令修改系统配置

“选项”对话框中的大多数选项可以通过 SET 命令来设置。

(1) 设置默认目录

SET DEFAULT TO 盘符：\ 路径

如将 Visual FoxPro 6.0 默认工作目录设置在 E 盘 VFP 文件夹内，则命令如下：

SET DEFAULT TO E：\ VFP

注意：在设定默认目录前，请先在 E 盘建立一个名为 VFP 的文件夹。本教材约定用户文件均建立在 E：\ VFP 目录下。

说明：命令的结构是由命令动词和命令短语构成，命令短语分必选短语和可选短语，在命令格式中，约定界限符[ ]中的内容就是可选的，<>中的内容是必选的，｜表示在其中任选一项。命令的书写规则如下：

① 每个命令必须以一个命令动词开头，而命令中的各个子句可以以任意次序排列。

② 命令行中各个词应以一个或多个空格隔开。

③ 一个命令行的最大长度是 8192 个字符。一行写不下，可以用续行符“;”进行续行。

④ 命令行的内容可以用英文字母的大写、小写或大小写混用。

⑤ 命令动词和子句中的短语可以使用其前 4 个以上字母缩写表示。如：

SET DEFA TO

⑥ 一行只能写一条命令，每条命令的结束标志是回车键。

(2) 状态栏内是否显示时钟

SET CLOCK ON | OFF

在 OFF 状态下(系统默认)，状态栏不显示时钟；在 ON 状态下，状态栏中显示时钟。

1.4 课后习题

一、单项选择题

1. 一间宿舍可住多名学生，则实体宿舍和学生之间的联系属于(　　)。

A. 一对一　　B. 一对多　　C. 多对多　　D. 多对一

2. Visual FoxPro 是一种关系数据库管理系统，所谓关系是指(　　)。

A. 表中各记录间的关系　　B. 表中各字段间的关系

C. 一个表与另一个表间的关系　　D. 数据模型符合满足一定条件的二维表格式

3. DBAS 指的是(　　)。

A. 数据库管理系统　　B. 数据库系统

C. 数据库应用系统　　D. 数据库服务系统

4. 数据库(DB)、数据库系统(DBS)、数据库管理系统(DBMS)三者之关系是(　　)。

A. DB 包含 DBS 和 DBMS　　B. DBS 包含 DB 和 DBMS

C. DBMS 包含 DBS 和 DB　　D. 三者同级，没有包含关系

5. “商品”与“顾客”两个实体集之间的联系一般是(　　)。

A. 一对一　　B. 一对多　　C. 多对一　　D. 多对多

6. Visual FoxPro 是(　　)。

A. 操作系统的一部分　　B. 操作系统支持下的系统软件

C. 一种编译程序　　D. 一种操作系统

二、填空题

1. Visual FoxPro 是一种关系型的(　　)。

2. 关系模型中的行称为(　　)。

3. 计算机数据处理技术发展分为三个阶段：人工处理阶段、(　　)阶段和(　　)阶段。

4. 如果一个学校有许多教师，而一个教师只归属于一个学校，则实体集学校与实体集教师之间的联系属于(　　)的联系。

5. 实体之间的对应关系称为联系，两个实体间的联系可以归结为三种类型：即一对一联系、(　　)联系和多对多联系。

6. Visual FoxPro 有三种工作方式，即命令方式、程序方式和(　　)方式。

第2章 程序设计

在 Visual FoxPro 中，支持两种类型的编程：一种是面向过程的程序设计，另一种是面向对象的程序设计。本章介绍面向过程的程序设计，也就是结构化的程序设计方法。

2.1 程序设计基础

2.1.1 数据类型

Visual FoxPro 定义了 8 种基本数据类型：字符型、数值型、货币型、日期型、日期时间型、逻辑型、备注型和通用型。

字符型：不能进行算术运算的文本数据类型，用字母 C 表示。长度为 0-254 个字符。字符型数据包括文字、英文字符、数字字符和其他 ASCII 字符。

数值型：用字母 N 表示，由数字、小数点和正负号组成，在内存中占 8 个字节，字段变量的长度(数据位数)不超过 20 位，小数点和正负号都占位。在 Visual FoxPro 中具有数值特征的数据类型还有整型(I)、浮点型和双精度型，这 3 种类型只能用于字段变量。

货币型：用字母 Y 表示，为存储货币值而使用的一种数据类型，默认保留 4 位小数，以 $ 符号开头，占 8 个字节。

日期型：用字母 D 表示，默认格式是{mm/dd/yy}，长度固定为 8 个字节。

日期时间型：用字母 T 表示，默认格式是{mm/dd/yy hh：mm：ss}，长度固定为 8 个字节。

逻辑型：用字母 L 表示，只有真和假两种值，固定长度为 1 个字节。

备注型：用字母 M 表示，字段长度为 4 个字节，数据存储在备注文件中，扩展名 . fpt。

通用型：用字母 G 表示，用于存储 OLE 对象的数据类型，字段长度为 4 个字节。

数据既可作为常量使用，也可作为数据库表文件的字段变量内容或内存变量内容。

2.1.2 常量与变量

1. 常量

常量是程序运行过程中固定不变的量，它具有字符型、数值型、货币型、日期型、日期时间型和逻辑型等多种类型。

(1) 字符型常量：用双引号、单引号或方括号等定界符括起来的字符串，最大长度为 254 个字符。若字符串中含有定界符，则须用另一种定界符括起来。

例如："China!"、'12345'、[教授]和"I'm a student"。

(2) 数值型常量：由数字、小数点、+和-组成。有小数形式和指数形式。

例如：75、-12.56、0.694E-4、1.2E8。

(3) 货币型常量：以 $ 符号开头，并四舍五入到小数 4 位，占 8 个字节。

例如：$ 85.2356、$ 350。

(4) 日期型常量：用{}括起来的、符合 Visual FoxPro 约定的符号串。严格的日期格式为{^yyyy/mm/dd}，例如：{^2011/05/26}，空白的日期可表示为{}或{/}。

(5) 日期时间型常量：用{}括起来的、符合 Visual FoxPro 约定的符号串。严格的日期时间格式为{^yyyy/mm/dd hh[:mm[:ss]][a|p]}，例如：{^2011/05/26 11:12:30p}。日期与时间数据之间必须用空格分隔。

注意：Visual FoxPro 默认使用严格的日期格式，如果要使用通常的日期格式，必须执行 SET STRICTDATE TO 0 命令，此时可使用{mm/dd/yy}、{mm-dd-yy}、{yy/mm/dd/}或{yy-mm-dd}等日期格式。若要设置严格的日期格式必须用 SET STRICTDATE TO 1 命令设定。

影响日期格式的设置命令：

① 设置日期分隔符

命令格式：SET MARK TO [日期分隔符]

功能：用于指定日期分隔符，如“-”、“.”、“;”等。缺省表示恢复系统默认的斜杠分隔符。

② 设置日期格式中的世纪值

命令格式：SET CENTURY ON | OFF | TO [整数]

功能：用于设置年份的位数，ON 为 4 位，OFF 为 2 位，TO 加 1-99 的整数，代表世纪数。

③ 设置日期显示的格式

命令格式：SET DATE TO MDY | DMY | YMD

功能：设置日期显示的格式。

(6) 逻辑型常量：逻辑型常量只有真和假两种值。用 .T.、.t.、.Y. 或 .y. 表示真，用 .F.、.f.、.N. 或 .n. 表示假。

2. 变量

变量是命令操作和程序运行过程中其值允许变化的量，分为内存变量、字段变量和系统变量。

(1) 内存变量

内存变量用来存储程序运行的中间结果或用于存储控制程序执行时的各种参数，内存变量定义时需为它取名并赋初值。内存变量建立后存储于内存中，一般随程序运行结束或退出 Visual FoxPro 而释放。

① 内存变量命名规则

以字母(汉字)或下划线开头，由字母(汉字)、数字或下划线组成，至多 128 个字符，不可与系统保留字同名。例如：A6、student、编号 1 等。

注意：一个汉字占两个字符位置。

② 内存变量赋值

格式一：<内存变量名>=<表达式>

功能：计算等号右边<表达式>的值，并将结果赋给等号左边的内存变量。

格式二：STORE <表达式> TO <内存变量名表>

功能：计算<表达式>的值，并将结果赋给内存变量表中的每一个变量。命令的内存变量表可包括多个变量，各变量中间用逗号分开，即同一值赋给多个内存变量。

内存变量赋值时定义了它的值及类型，其类型与所赋的值的类型相同。

③ 内存变量值显示命令

命令格式:? | ?? <表达式>

功能：计算表达式的值，并将其显示在屏幕上。

说明:? 表示从屏幕下一行的第一列起显示结果;?? 表示从当前行的当前列起显示结果;<表达式>可以是用逗号隔开的多个表达式。

(2)字段变量

字段变量是用户在定义表结构时所定义的字段，字段名就是字段变量。表的每一个字段都是一个字段变量。自由表中的字段变量名最多 10 个字符，数据库表的字段变量名最多 128 个字符。

注意：若内存变量与字段变量同名时，默认是字段变量，若想访问内存变量则用以下两种形式：M. 内存变量名 或 M->内存变量名。

(3) 系统变量

系统变量是 Visual FoxPro 自动生成和维护的系统内存变量，它们都以下划线开头，用于控制外部设备(如打印机、鼠标等)，屏幕显示格式，或处理有关计算器、日历、剪贴板等方面的信息。例如：

_ DIARYDATE：当前日期存储变量。

_ CLIPTEXT：剪贴板文本存储变量。

(4) 内存变量的显示

格式：LIST | DISPLAY MEMORY [LIKE<通配符>][TO PRINTER][TO FILE 文本文件名]

功能：显示当前已定义的变量(包括内存变量和系统变量)名、作用范围、类型和值。

说明：LIKE<通配符>选项，表示选出与通配符相匹配的内存变量，通配符用? 和 * 号，分别代表一个和多个字符。其他子句的用法同前面所述。

2.1.3 函数

函数是 Visual FoxPro 语言的重要组成部分。Visual FoxPro 有几百种标准函数来支持各种计算，检测系统工作状态，或做出某种判断。合理使用这些函数能增强命令或程序的功能，减少编写的程序量。函数实质上就是预先编好的子程序，函数调用实质上就是执行函数子程序。

1. 函数的要素

函数有函数名、参数和函数值 3 个要素。

函数调用的一般形式：函数名([参数表])

(1) 函数名起标识作用。

(2) 参数是自变量，可以是常量、变量、其他函数调用或表达式，所有参数写在括号内，参数之间用逗号分隔。有的函数无参数，称为哑参，但有返回值。

(3) 函数运算后返回一个值称为函数值，这也是函数的功能。

2. 函数的类型

函数的类型就是函数值的类型。用 TYPE()函数或 VARTYPE()函数测函数的类型，同时也能测表达式的类型。

注意：TYPE()函数的参数需要用单引号、双引号或方括号作为定界符，而 VARTYPE()函数则不用。

例如：TYPE("DATE()") 或 TYPE(["ABC">"A"])

VARTYPE(TIME()) 或 VARTYPE(.F.)

3. 常用函数

VFP 提供了大量函数，按返回值的类型或功能主要分为数值型函数、日期型函数、字符型函数、转换函数和测试函数。

(1) 数值型函数

① 绝对值函数

格式：ABS(<数值表达式>)

功能：求数值表达式的绝对值。

例如：? ABS(-6)　　　&& 显示结果为：6

② 平方根函数

格式：SQRT(<数值表达式>)

功能：计算数值表达式的算术平方根。

例如：? SQRT(25)　　　&& 显示结果为：5.00

③ 指数函数

格式：EXP(<数值表达式>)

功能：计算以 e 为底的指数幂。

例如：求 e^3的值。

? EXP(3)　　　&& 显示的结果为：20.09

④ 对数函数

格式：LOG(<数值表达式>)

LOG10(<数值型表达式>)

功能：LOG 求数值型表达式的自然对数，LOG10 求数值型表达式的常用对数，数值型表达式的值必须大于 0。函数值为数值型。

例如：? LOG(20.09)　　　&& 显示的结果为：3.00

? LOG10(10)　　　&& 显示的结果为：1.00

⑤ 取整函数

格式：INT(<数值表达式>)

CEILING(<数值型表达式>)

FLOOR(<数值型表达式>)

功能：INT 取数值型表达式的整数部分，CEILING 取大于或等于指定表达式的最小整数，FLOOR 取小于或等于指定表达式的最大整数。函数值均为数值型。

例如：x=56.72

? INT(x), INT(-x), CEILING(x)　　　&& 显示结果为：56　　-56　　57

? CEILING(-x), FLOOR(x), FLOOR(-x)　　&& 显示结果为：-56　　56　　-57

⑥ 求余数函数

格式：MOD(<数值表达式 1>, <数值表达式 2>)

功能：返回两个数相除后的余数。<数值表达式 1>是被除数，<数值表达式 2>是除数。余数的正负号与除数相同。如果被除数与除数同号，那么函数值即为两数相除的余数；如果被除数与除数异号，则函数值为两个数相除的余数加上除数。

例如：? MOD(10, 3), MOD(10, -3), MOD(-10, 3), MOD(-10, -3)

&& 显示为 1　　-2　　2　　-1

显然如果 M 除以 N 的余数为 0，则 M 能被 N 整除。

⑦ 四舍五入函数

格式：ROUND(<数值表达式>，<保留小数位数>)

功能：计算数值表达式的值，根据保留位数进行四舍五入。如果保留位数为整数 n，则对小数点后第 n+1 位四舍五入；如果保留小数位数为负数 n，则对小数点前第 n 位四舍五入。

例如：? ROUND(123.4567，3)　&& 显示为 123.457

　　　? ROUND(123.456，-2)　&& 显示为 100

⑧求最大值和最小值函数

格式：MAX(<表达式 1>)，<表达式 2>，…，<表达式 n>)

　　　MIN(<表达式 1>，<表达式 2>，…，<表达式 n>)

功能：MAX 求 n 个表达式中的最大值，MIN 求 n 个表达式中的最小值。表达式的类型可以是数值型、字符型、货币型、浮点型、双精度型、日期型和日期时间型，但所有表达式的类型应相同。函数值的类型与自变量的类型一致。

各种类型数据的比较规则如下：

a. 数值型和货币型数据根据其代数值的大小进行比较。

b. 日期型和日期时间型数据进行比较时，离现在日期或时间越近的日期或时间越大。

c. 逻辑型数据比较时，.T. 比 .F. 大。

d. 对于字符型数据按其 ASCII 码值大小进行排列。对于汉字字符，默认根据它们的拼音顺序比较大小。

例如：? MAX({^2016-01-5}，{^2015-08-16})　　&& 显示结果为：01/05/16

　　　? MIN('助教','讲师','副教授','教授')　　&& 显示结果为：副教授

⑨ π 函数

格式：PI()

功能：返回圆周率 π 的近似值。

(2)字符处理函数

① 求字符串长度函数

格式：LEN(字符型表达式)

功能：求字符串的长度，即所包含的字符个数。若是空串，则长度为 0。函数值为数值型。

例如：? LEN("东北石油大学")，LEN("")　&& 显示结果为：12　　0

②求子串位置函数

格式：AT(<字符型表达式 1>，<字符型表达式 2>[，<数值型表达式>])

格式：ATC(<字符型表达式 1>，<字符型表达式 2>[，<数值型表达式>])

功能：若<字符型表达式 1>的值出现于<字符型表达式 2>的值中，则给出<字符表达式 1>在<字符型表达式 2>中的开始位置，<数值型表达式>表示第几次出现的位置，缺省为第一次出现的位置；若不存在，则函数值为 0。ATC 函数则不区分字母的大小写。函数值为数值型。

例如：? AT("石油","东北石油大学")，AT("cd","abcdefcd"，2)　&& 显示结果为：

③ 取子串函数

格式：LEFT(<字符型表达式>，<数值型表达式>)

RIGHT(<字符型表达式>，<数值型表达式>)

SUBSTR(<字符型表达式>，<数值型表达式 1>[，<数值型表达式 2>])

功能：LEFT 函数从字符型表达式左边的第一个字符开始截取子串，RIGHT 函数从字符型表达式右边的第一个字符开始截取子串。SUBSTR 函数对字符型表达式从指定位置开始截取若干个字符。起始位置和字符个数分别由数值型表达式 1 和数值型表达式 2 决定，省略<数值型表达式 2>表示从<数值型表达式 1>位置开始截取，一直截取到串尾。

例如：? LEFT("东北石油大学"，4)　　&& 显示结果为：东北

? RIGHT("东北石油大学"，4)　　&& 显示结果为：大学

? SUBSTR("东北石油大学"，5，4)　　&& 显示结果为：石油

④ 删除字符串前后空格函数

格式：LTRIM(<字符型表达式>)

TRIM | RTRIM(<字符型表达式>)

ALLTRIM(<字符型表达式>)

功能：LTRIM 删除字符串的前导空格；TRIM | RTRIM 删除字符串的尾部空格；ALLTRIM 删除字符串中的前导和尾部空格；其他地方的空格不作处理。

例如：? LTRIM("　　　　　东北石油大学　　　　　")

&& 显示结果为：东北石油大学　　　　　(尾部有 5 个空格)

? TRIM("　　　　　东北石油大学　　　　　")

&& 显示结果为：　　　　　东北石油大学(前导有 5 个空格)

? ALLTRIM("　　　　　东北石油大学　　　　　")

&& 显示结果为：东北石油大学(前后都没有空格)

⑤ 生成空格函数

格式：SPACE(<数值型表达式>)

功能：生成若干个空格，空格的个数由数值型表达式的值决定。

例如：name=SPACE(5)

? LEN(LTRIM(name))　　&& 输出为 0。

⑥ 字符串替换函数

格式：STUFF(<字符型表达式 1>，<数值型表达式 1>，<数值型表达式 2>，<字符型表达式 2>)

功能：用<字符型表达式 2>去替换<字符型表达式 1>中由起始位置开始所指定的若干个字符。起始位置和字符个数分别由数值型表达式 1 和数值型表达式 2 指定。如果字符型表达式 2 的值是空串，则字符型表达式 1 中由起始位置开始所指定的若干个字符被删除。

例如：STORE '中国 长沙' TO x　　&& 中国和长沙之间有一个空格

? STUFF(x，6，4，'北京')　　&& 显示结果为：中国 北京

⑦ 产生重复字符函数

格式：REPLICATE(<字符型表达式>，<数值型表达式>)

功能：重复生成给定字符串若干次，重复次数由数值型表达式决定。

例如:? REPLICATE（'＊'，6）　　&& 显示结果为：＊＊＊＊＊＊

⑧ 大小写字母转换函数

格式：LOWER(<字符型表达式>)

　　UPPER(<字符型表达式>)

功能：LOWER 将字符串中的大写字母转换成小写；UPPER 将字符串中的小写字母转换成大写，其他字符不变。

⑨ 宏代换函数

格式：&<字符型内存变量>[. 字符表达式]

功能：代换出一个字符型内存变量的内容。若<字符型内存变量>与后面的字符无空格分界，则 & 函数后的“.”必须有。

例如：

a. 提高程序通用性

```
ACCEPT "请输入表的名字" TO NAME
USE &NAME
```

b. 能以少代多，以简代繁

```
M="LIST RECORD"
&M 3                    && 等价于 LIST RECORD 3
&M 8
```

c. 用于类型转换

```
M="35"
? 15+&M            && 显示结果为：50
```

d. 用 . 连接 &<内存变量>后的字符表达式

```
i="1"
j="2"
x12="Good"
Good=MAX(96/01/02，65/05/01)
? x12，Good              && 显示结果为：Good          48
? x&i.&j，&x12              && 显示结果为：Good          48
```

(3)日期处理函数

①系统日期和时间函数

格式：DATE( )

　　TIME( )

　　DATETIME( )

功能：DATE 函数给出当前的系统日期，函数值为日期型。

　　TIME 函数给出当前的系统时间，形式为 hh：mm：ss，函数值为字符型。

　　DATETIME 函数给出当前的系统日期和时间，函数值为日期时间型。

②求年份、月份和天数函数

格式：YEAR(<日期型表达式>|<日期时间型表达式>)

　　MONTH(<日期型表达式>|<日期时间型表达式>)

DAY(<日期型表达式>|<日期时间型表达式>)

功能：YEAR 函数返回日期表达式或日期时间型表达式所对应的年份值。

MONTH 函数返回日期型表达式或日期时间型表达式所对应的月份，月份以数值 1~12 来表示。

DAY 函数返回日期型表达式或日期时间型表达式所对应月份里面的天数。

例如：? YEAR({^2016/04/16})　&& 显示结果为：2016

(4) 数据类型转换函数

① 将字符转换成 ASCII 码的函数

格式：ASC(<字符型表达式>)

功能：给出指定字符串最左边的一个字符的 ASCII 码值。函数值为数值型。

例如：? ASC('A')　&& 显示结果为：65

② 将 ASCII 值转换成相应字符函数

格式：CHR(<数值型表达式>)

功能：将数值型表达式的值作为 ASCII 码，给出所对应的字符。

例如：? CHR(97)　&& 显示结果为：a

③ 将字符串转换成日期或日期时间函数

格式：CTOD(<字符型表达式>)

CTOT(<字符型表达式>)

功能：CTOD 函数将指定的字符串转换成日期型数据，CTOT 函数将指定的字符串转换成日期时间型数据。字符型表达式中的日期部分格式要与系统设置的日期显示格式一致。

例如：? CTOD("04/16/2016")　&& 显示结果为：04/16/2016

④将日期或日期时间转换成字符串函数

格式：DTOC(<日期表达式>)

TTOC(<日期时间表达式>)

功能：DTOC 函数将日期数据转换为字符型，TTOC 函数将日期时间数据转换为字符型。字符串中日期和时间的格式受系统设置的影响。

例如：? DTOC({^2016-5-1})　&& 显示结果为：05/01/2016

⑤将数值转换成字符串函数

格式：STR(<数值型表达式 1>[,<数值型表达式 2>[,<数值型表达式 3>]])

功能：将数值型表达式 1 的值转换成字符串。转换后字符串的长度由数值型表达式 2 决定，保留的小数位数由数值型表达式 3 决定。省略数值型表达式 3 时，转换后将无小数部分。省略数值型表达式 2 和数值型表达式 3 时，字符串长度为 10，无小数部分。如果指定的长度大于小数点左边的位数，则在字符串的前面加上空格；如果指定的长度小于小数点左边的位数，则返回指定长度个 *，表示出错。

⑥ 将字符串转换成数值函数

格式：VAL(<字符型表达式>)

功能：将由数字、正负号、小数点组成的字符串转换为数值，转换遇上非上述字符停止。若串的第一个字符即非上述字符，函数值为 0。前导空格不影响转换。

（5）逻辑测试函数

① 判断值介于两个值之间的函数

格式：BETWEEN(<被测试表达式>，<下限表达式>，<上限表达式>)

功能：判断表达式的值是否介于相同数据类型的两个表达式值之间。BETWEEN( )首先计算表达式的值。如果一个字符、数值、日期、表达式的值介于两个相同类型表达式的值之间，即被测表达式的值大于或等于下限表达式的值，小于或者等于上限表达式的值，BETWEEN( )将返回一个 .T. 值，否则返回 .F. 。

例如：X=3

? BETWEEN(X，1，10)　　　&& 输出为 .T. 。

② 条件函数 IIF

格式：IIF(<逻辑型表达式>，<表达式 1>，<表达式 2>)

功能：若逻辑型表达式的值为 .T. ，函数值为<表达式 1>的值，否则为<表达式 2>的值。

例如：XB="女"

? IIF(XB="男"，'M'，'F')　　　&& 输出为 F。

③ 表头测试函数

格式：BOF([<工作区号>|<别名>])

功能：测试指定或当前工作区的记录指针是否超过了第一个逻辑记录，即是否指向表头，若是，函数值为 .T. ，否则为 .F. 。<工作区号>用于指定工作区，<别名>为工作区的别名或在该工作区上打开的表的别名。当<工作区号>和<别名>都缺省不写时，默认为当前工作区。

④ 表尾测试函数

格式：EOF([<工作区号>|<别名>])

功能：测试指定或当前工作区中记录指针是否超过了最后一个逻辑记录，即是否指向表的末尾，若是，函数值为 .T. ，否则为 .F. 。自变量含义同 BOF 函数，缺省时默认为当前工作区。

⑤ 记录号测试函数

格式：RECNO([<工作区号>|<别名>])

功能：返回指定或当前工作区中当前记录的记录号，函数值为数值型。省略参数时，默认为当前工作区。

⑥ 记录个数测试函数

格式：RECCOUNT([<工作区号|别名>])

功能：返回当前或指定表中记录的个数。如果在指定的工作区中没有表被打开，则函数值为 0。如果省略参数，则默认为当前工作区。

⑦ 查找是否成功测试函数

格式：FOUND([<工作区号|别名>])

功能：在当前或指定表中，检测是否找到所需的数据。如果省略参数，则默认为当前工作区。数据搜索由 FIND、SEEK、LOCATE 或 CONTINUE 命令实现。如果这些命令搜索到所需的数据记录，函数值为 .T. ，否则函数值为 .F. 。如果指定的工作区中没有表被打开，则

FOUND( )返回 . F. 。如果用非搜索命令如 GO 移动记录指针，则函数值为 . F. 。

⑧ 文件是否存在测试函数

格式：FILE(<文件名>)

功能：检测指定的文件是否存在。如果文件存在，则函数值为 . T. ，否则函数值为 . F. 。文件名必须是全称，包括盘符、路径和扩展名，且<文件名>是字符型表达式。

2.1.4 运算符与表达式

把常量、变量和函数用运算符连接起来的式子称为数据运算表达式，简称表达式。Visual FoxPro 表达式分为数值型表达式、字符型表达式、日期型表达式、关系型表达式和逻辑型表达式。

书写 Visual FoxPro 表达式应遵循以下规则：

(1) 表达式中所有的字符必须写在同一水平线上，每个字符占一格。

(2) 表达式中常量的表示、变量的命名以及函数的引用要符合 Visual FoxPro 的规定。

(3) 要根据运算符运算的优先顺序，合理地加括号，以保证运算顺序的正确性。特别是分式中的分子分母有加减运算，或分母有乘法运算时，要加括号表示分子分母的起始范围。

1. 算术表达式

用算术运算符将数值型数据连接起来的式子叫算术表达式。

算术运算符有(按优先级从高到低的顺序排列)：( )(括号)、* * 或^(乘方)、*(乘)、/(除)、%(求余数)，+(加)，-(减)。

各运算符运算的优先顺序和一般算术运算规则完全相同。同级运算按自左向右的方向进行运算。各运算符的运算规则也和一般算术运算相同，其中求余运算符%和求余函数 MOD 的作用相同。

2. 字符型表达式

用字符运算符将字符型数据连接起来的式子叫字符表达式。

(1) 连接运算(+和-)

连接运算符有完全连接运算符"+"和不完全连接运算符"-"两种。"+"运算的功能是将两个字符串直接连接起来形成一个新的字符串。"-"运算的功能是去掉字符串 1 尾部的空格，然后将两个字符串连接起来，并把被去掉的字符串 1 末尾的空格放到结果串的末尾。

(2) 包含运算($)

格式为：

<字符串 1> $ <字符串 2>

若<字符串 1>完全包含在<字符串 2>之中，其表达式值为 . T. ，否则为 . F. 。

3. 日期型表达式

日期运算符为"+"和"-"，运算规则如下：

(1) 两个日期型数据相减，得到的数值是两个日期之间相差的天数；两个日期时间型数据相减得到的是相差的秒数。

(2) 一个日期型数据与一个数值型数据相加或相减，则加/减天数。

(3) 一个日期时间型数据与一个数值型数据相加或相减，则加/减秒数。

注意：两个日期型数据不能做加法运算。

4. 关系型表达式

关系运算符有：<(小于)、<=(小于等于)、>(大于)、>=(大于等于)、=(等于)、==(精确等于)、<>或#或！=(不等于)。它们的运算优先级相同。

关系表达式一般形式为：

e1 <关系运算符> e2

其中 e1、e2 可以同为数值型表达式、字符型表达式、日期型表达式或逻辑型表达式。但==仅适用于字符型数据。关系表达式表示一个条件，条件成立时值为 .T.，否则为 .F.。

注意：=(等于)和==(精确等于)两个关系运算符的区别，它们主要是对字符串进行比较时有所区别。

字符串的“等于”比较有精确和非精确之分，精确等于是指只有在两字符串完全相同时才为真，而非精确等于是指当“=”号右边的串与“=”号左边的串的前几个字符相同时，运算结果即为真。可以用命令 SET EXACT ON 来设置字符串精确比较，此时，=和==的作用相同，用命令 SET EXACT OFF 可设置字符串非精确比较，此时，=和==的作用是不相同的，==为精确比较，=为非精确比较。

例如：SET EXACT OFF

```
ZC="ABCD"
? ZC="ABC","ABC"=ZC      && 输出为 .T. .F.
? ZC=="ABC"              && 输出为 .F.
```

5. 逻辑型表达式

逻辑表达式是由逻辑运算符将逻辑型数据连接起来的式子，其值仍是逻辑值。

逻辑运算符有：NOT 或 .NOT. 或！(逻辑非)、AND 或 .AND.(逻辑与)、OR 或 .OR.(逻辑或)。其运算优先级是 NOT 最高，OR 最低。

逻辑非运算符是单目运算符，只作用于后面的一个逻辑操作数，若操作数为真，则返回假，否则返回真。

逻辑与与逻辑或是双目运算符，所构成的逻辑表达式一般形式为：

L1 AND L2 或 L1 .AND. L2

L1 OR L2 或 L1 .OR. L2

其中 L1 和 L2 均为逻辑型操作数。

对于逻辑与运算，只有 L1 和 L2 同时为真，表达式值才为真，只要其中一个为假，则结果为假。

对于逻辑或运算，L1 和 L2 中只要有一个为真，表达式值即为真，只有 L1 和 L2 均为假时，表达式值才为假。

注意：当一个表达式包含多种运算时，其运算的优先级由高到低排列为：

算术运算符→字符运算符→日期运算符→关系运算符→逻辑运算符

2.1.5 数组

数组是按一定顺序排列的一组变量，数组中的各个变量称为数组元素，这些变量可以有不同的数据类型，每个元素相当于一个内存变量。

1. 数组的定义

数组变量在使用前必须先进行定义。

格式：

DIMENSION | DECLARE <数组名>（<下标 1>［，<下标 2>］）

［，<数组名>（<下标 1>［，<下标 2>］）…］

功能：定义一维或二维数组，以及下标的上界。

说明：

数组的下标可用圆括号( )或方括号[ ]括起来，Visual FoxPro 规定各下标的下界为 1。

例如：DIMENSION A(10) 表示定义一个一维数组 A，其具有 A(1)，A(2)，…，A(10)共 10 个元素。

对于二维数组，通常将第一个下标称为行标，第二个下标称为列标。例如：

DIMENSION B(2，3)，表示定义一个二维数组 B，其具有 2 行 3 列共 6 个元素，分别为 B(1，1)，B(1，2)，B(1，3)，B(2，1)，B(2，2)和 B(2，3)。

2. 数组的赋值和引用

Visual FoxPro 规定数组赋值和引用应遵循如下原则：

(1) 数组定义后，数组各个元素的初始值均为逻辑值 .F. 。

(2) 给内存变量赋值的 STORE 命令和赋值符号"="既可以为数组赋值，也可以为其元素赋值，并且，同一数组各元素可以存放不同数据类型的数据。用赋值命令赋值时若未指明下标，则数组中的所有数组元素同时被赋予同一个值；若指明下标，则给指定的数组元素赋值。

(3) 二维数组各元素在内存中按行的顺序存储，因此二维数组元素可以按一维数组元素来存取数据，如上述的二维数组 B 中，B(2，1)可以用 B(4)表示。

2.2 【案例 2】程序文件的建立与运行

2.2.1 案例描述

通常把编制命令序列的过程称为编写程序代码，把写好的命令序列称为程序。程序设计就是为实现一种功能而编写命令的过程，一条命令即完成一个特定动作的指令。每条命令都有自己特定的语法，用来说明为实现该命令的功能所必须包含的东西。本节以建立求任意两个数之和的程序为例说明程序文件建立与运行的过程。

2.2.2 操作步骤

1. 建立程序文件

(1) 菜单方式建立程序文件

① 选择"文件"菜单中的"新建"命令，并选择"程序"单选按钮，如图 2-2-1 所示。

② 单击"新建文件"命令按钮，则打开程序文本编辑窗口，在文本编辑窗口输入程序内容，如图 2-2-2 所示。

(2) 命令方式建立程序文件

格式：

MODIFY COMMAND [<文件名> | ?]

功能：打开程序编辑窗口，从中建立或修改程序文件。

说明：

① <文件名>用来指定创建或修改的程序文件名。若省略文件名，将打开如图 2-2-2 所示的程序编辑窗口。

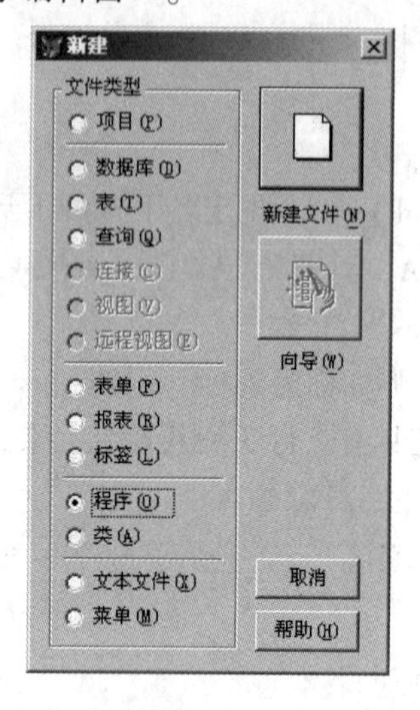

图 2-2-1　新建“程序”对话框

图 2-2-2　程序文本编辑窗口

② 用 MODIFY COMMAND ?，则出现打开对话框，如图 2-2-3 所示。在文件名处输入要创建或修改的程序文件名。

注意：程序文件的扩展名为 . PRG。

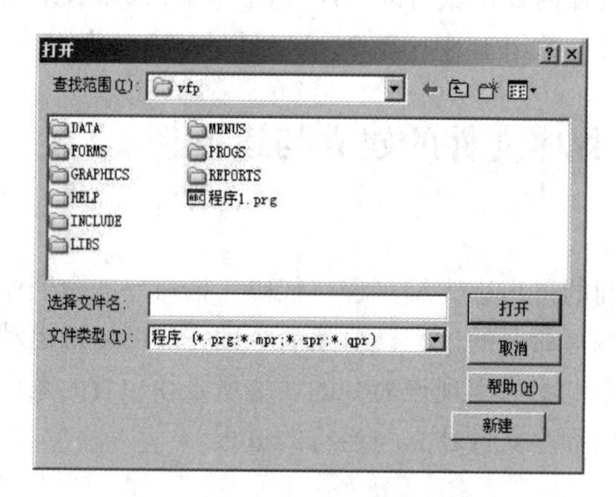

图 2-2-3　程序“打开”对话框

2. 程序的输入与保存

(1) 在如图 2-2-2 所示的程序文本编辑窗口，编写相应的程序代码，如图 2-2-4 所示。

(2) 单击“文件”菜单的“保存”命令，弹出“保存”窗口，如图 2-2-5 所示，输入程序文件名“求和”，扩展名为 . PRG。

3. 程序文件的运行

(1) 菜单方式

① 单击“程序”菜单的“运行”命令，选择要运行的程序文件名。

② 或者直接单击常用工具栏的“!”按钮。

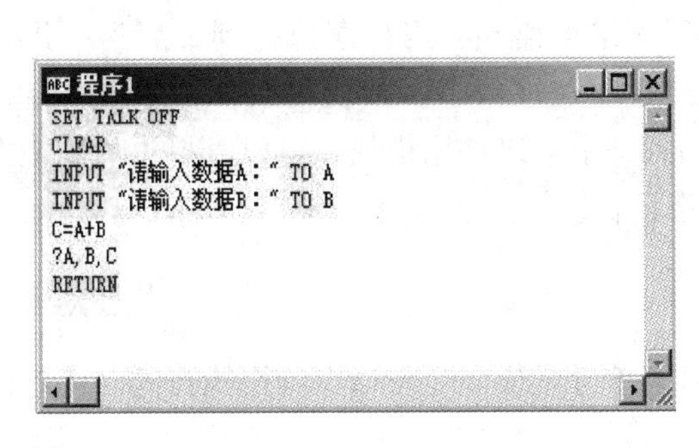

图 2-2-4　编写程序代码

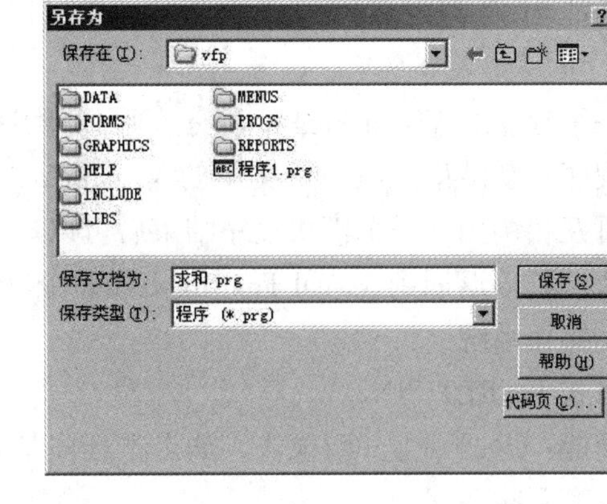

图 2-2-5　程序“保存”对话框

(2) 命令方式

命令格式：

DO <文件名>

DO 命令默认执行程序文件，若执行其他文件则要加扩展名。

例如：在命令窗口输入：DO 求和 .PRG 命令，则系统运行求和程序。此时光标在 Visual FoxPro 主窗口闪烁，等待输入两个数据，若输入 3 回车、5 回车，则程序运行结束，在 Visual FoxPro 主窗口显示 3　　5　　8，如图 2-2-6 所示。

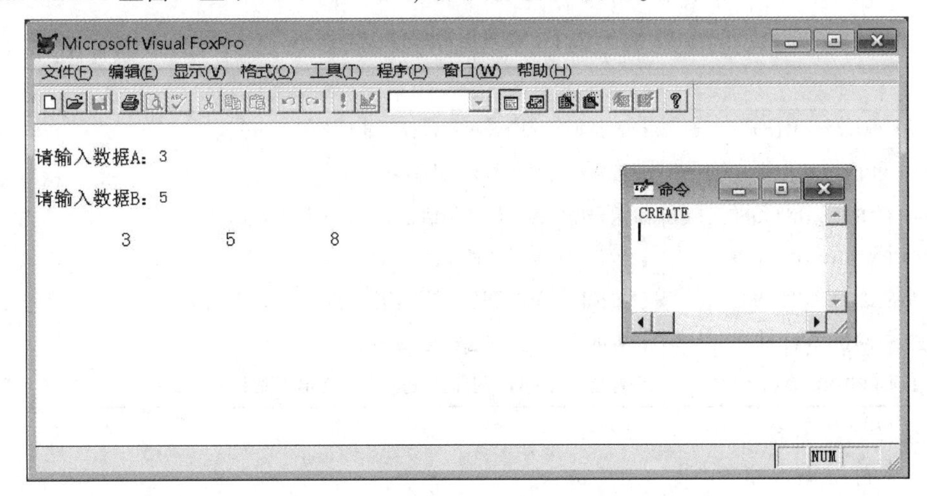

图 2-2-6　“求和”程序运行界面

2.2.3　相关知识

1. 程序中的辅助命令——程序注释命令

在程序中加入必要的注释命令，可增强程序的可读性，便于日后的修改。在程序运行时，注释命令不被执行。

命令格式：

格式 1：NOTE | *　<注释内容>

功能：NOTE 或 * 后整行的内容都为注释信息。

格式 2：<命令>　&& <注释内容>

功能：<注释内容>对 && 左面的命令进行解释，又称行尾注释命令。

2. 程序结束命令

一个独立的 Visual FoxPro 程序，可以不用程序结束语句，当程序执行到最后一条语句时，程序自动结束。但一个实用的 Visual FoxPro 程序往往由多个模块构成，各个模块根据需要可互相调用，一个模块程序结束后可以返回到其上一级调用模块、可以直接返回到最上级模块、可以返回到 Visual FoxPro 交互命令状态(命令窗口)或者直接关闭 Visual FoxPro 而返回到操作系统。

格式 1：RETURN

功能：返回到上一级模块。如果本程序是以菜单方式或命令窗口中调用执行的，则返回到命令交互状态。

格式 2：CANCEL

功能：结束程序运行，关闭程序中所有的文件和变量，返回到交互状态。

格式 3：QUIT

功能：关闭 Visual FoxPro，返回到操作系统。

3. 运行环境设置命令

在程序中运用一些环境设置命令，可使程序正常而高效地运行。运行环境设置命令大多数是由 SET 命令设置的，它一般有 ON 和 OFF 两个选项，当为 ON 状态时设置有效，为 OFF 状态时设置无效，表 2-2-1 给出了常用运行环境设置命令。

表 2-2-1　常用运行环境设置命令

命令	功能
SET TALK ON | OFF	设置是否显示命令执行过程中的状态信息
SET PRINT ON | OFF	设置输出的结果是否送打印机
SET CONSOLE ON | OFF	设置程序中键盘输入的信息是否发送到屏幕上
SET CENTURY ON | OFF	设置日期年份是否按 4 位显示
SET ESCAPE ON | OFF	设置按【Esc】键时是否终止程序的执行
SET STATUS ON | OFF	设置屏幕下端的状态行是否显示
SET LOGERRORS ON | OFF	设置是否将编译错误信息送到一个文本文件中

4. 交互式输入命令

(1) 字符串输入命令

命令格式：ACCEPT [<提示信息>] TO <内存变量名>

功能：将从键盘上接收的字符串数据存入指定的内存变量中。

说明：

① [<提示信息>]：指定在屏幕上出现的提示信息，它可以是字符串，此时，必须用双引号将其括起来，其后是数据输入区。

② <内存变量名>：指定存储字符数据的内存变量。输入的数据不需要用定界符括起来，ACCEPT 命令总是将它作字符型数据处理。如果没有输入数据就按 Enter 键，内存变量则为空字符串。

(2) 表达式输入命令

命令格式：INPUT[<提示信息>] TO <内存变量名>

功能：用于接收从键盘上输入的表达式，并将计算结果存入指定的内存变量中。

说明：

① [<提示信息>]：同“ACCEPT”命令中的[<提示信息>]。

② 该命令与 ACCEPT 命令的区别在于键入的数据类型不同，它不仅可以接收字符型数据，还可以接收数值型、日期型和逻辑型表达式的值。其中，对于字符串的输入必须用定界符括起来，输入数值或表达式，不加任何定界符；输入日期型数据，除使用日期型的格式外，还要用大括号{}将其括起来，输入逻辑型数据必须加点。

(3) 单个字符接收命令

命令格式：

WAIT [<提示信息>] [TO <内存变量>] [WINDOW [NOWAIT]] [TIMEOUT <数值表达式>]

功能：命令暂停程序执行，等待用户键入任何一个字符后继续。

说明：

① 当命令中包括 TO <内存变量>可选项时，则定义一个字符型内存变量，并将键入的一个字符存入该变量中。若只按回车键，则在内存变量中存入的内容将是一个空字符。

② 若包含提示信息，则在屏幕上显示提示信息的内容；若没有该选择项，则显示系统默认的提示信息：

Press any key to continue

③ 如果选择 WINDOW，则命令执行时，在 Visual FoxPro 主窗口的左上角会出现一个提示信息窗口，有关提示信息便在此窗口中显示。

④ 如果选择 NOWAIT，则 WAIT 命令并不会暂停程序的执行，而是仅在 Visual FoxPro 主窗口的左上角提示窗口中显示提示信息，并且用户只要一移动鼠标或按下任意键，提示窗口便会自动被清除。NOWAIT 必须与 WINDOW 合用才有效果。

⑤ TIMEOUT 子句用于指定 WAIT 命令等待的时间。如果在由<数值表达式>所限定的秒数之内用户仍未移动鼠标或按下任一键，则程序便继续执行。

WAIT 只需用户按一个键，而不像 INPUT 或 ACCEPT 命令那样需要用回车键确认输入结束。因此，WAIT 命令的执行速度快，常用于等待用户对某个问题的确认。

(4) 格式输入命令的基本形式

命令格式：

@ <行，列> [SAY <提示信息>] GET <变量> DEFAULT <初值>

READ

功能：在屏幕上指定行、列位置输出指定提示信息的值，并且(或者)获得所指定变量的值。

说明：

① SAY 子句用于显示提示信息，GET 子句用于为变量输入新值。

② GET 子句中的变量必须有确定的初值。DEFAULT 子句用来给 GET 变量赋初值，初值决定了该变量的类型和宽度。

例如：

name=SPACE(8)

@5，10 SAY "请输入学生姓名" GET name

READ

③ 用 READ 命令来激活当前所有的 GET 变量，显示并允许修改变量的值。

2.3 【案例 3】程序的控制结构

面向过程的编程方式主要采用结构化程序设计方法。结构化程序设计包括 3 种基本结构：顺序结构、选择结构和循环结构。根据语句的书写顺序依次执行程序命令的程序结构称为顺序结构。但是在完成相关程序设计时，不可能完全使用顺序结构，有时需要根据不同的条件，选择执行不同的程序语句，这种程序结构被称为选择结构，也叫分支结构。选择结构以条件或判断为起点，根据逻辑判断是否成立而决定程序运行的方向。有时从程序某个位置开始有规律地反复执行一段程序，而执行次数由一个控制循环的条件来决定，这种结构被称为循环结构。

2.3.1 案例描述

下面编程实现如何求分段函数、求最大值和最小值、求阶乘、打印图形、求最大公约数、判断素数、数组排序等常用算法。

2.3.2 操作步骤

1. 顺序结构程序设计

例 1：已知一个三位数，输出其各个位数字。

```
SET TALK OFF
INPUT TO X
A=X%10
B=INT(X/10)%10
C=INT(X/100)
? A, B, C
SET TALK ON
```

思考：如何求一个四位数的各个数字？

2. 选择结构程序设计

例 2：任意输入 3 个数，按照从大到小的顺序输出。

```
SET TALK OFF
INPUT TO X
INPUT TO Y
INPUT TO Z
IF X<Y
    T=X
    X=Y
    Y=T
ENDIF
IF X<Z
    T=X
    X=Z
```

```
    Z=T
ENDIF
IF Y<Z
    T=Y
    Y=Z
    Z=T
ENDIF
? X, Y, Z
SET TALK ON
```

思考：从键盘输入 3 个数，然后找出其中最大值和最小值。最大值存入 MA 中，最小值存入 MI 中。

例 3：从键盘输入三角形的边长，输入边长满足两边之和大于第三边，且为正值。计算并输出三角形的面积；若不满足以上条件，显示输出“不能构成三角形”。

```
SET TALK OFF
INPUT TO A
INPUT TO B
INPUT TO C
IF A+B>C AND A+C>B AND B+C>A AND A>0 AND B>0 AND C>0
    S=(A+B+C)/2
    AREA=SQRT(S*(S-A)*(S-B)*(S-C))
    ? AREA
ELSE
    ? "不能构成三角形"
ENDIF
SET TALK ON
```

例 4：输入 x 的值，求出 y 的值。

$$y=\begin{cases}3x & x<1\\ x^2 & 1\leqslant x<10\\ 7x-4 & x\geqslant 10\end{cases}$$

```
SET TALK OFF
INPUT TO X
IF X<1
    Y=3*X
ELSE
    IF X>=1 AND X<10
        Y=X*X
    ELSE
        Y=7*X-4
    ENDIF
ENDIF
```

```
? Y
SET TALK ON
```

思考：用其他方法怎么完成此题，注意 IF 的嵌套形式。

例 5：已知变量 X 为正整数(最多五位数)，编程求变量 X 的位数，并将结果存入变量 OUT 中。用 DO CASE 语句完成。

```
SET TALK OFF
INPUT TO X
DO CASE
    CASE   X>9999
           OUT=5
    CASE   X>999
           OUT=4
    CASE   X>99
           OUT=3
    CASE   X>9
           OUT=2
    OTHERWISE
           OUT=1
ENDCASE
? OUT
SET TALK ON
```

思考：①请编程序用 DO CASE 完成例 4。②编程判断整数 X(X 的值要求不大于 100)是否是同构数，若是同构数，结果输出 1；否则输出 0。所谓“同构数”是指这样的数，这个数出现在它的平方数的右边。例如：输入整数 5，5 的平方数是 25，5 是 25 中右侧的数，所以 5 是同构数。

3. 循环结构程序设计

例 6：编程求 P=1+1/(2x2)+1/(3x3)+ … 1/(10x10)。将结果存入变量 OUT 中，要求用 DO WHILE 语句实现。

```
SET TALK OFF
OUT=0
N=1
DO WHILE N<=10
    OUT=OUT+1/(N * N)
    N=N+1
ENDDO
? OUT
SET TALK ON
```

思考：①注意循环变量初值、循环条件、循环变量增值的用法。②求 y=1-1/3+1/5-1/7+1/9 的和，将结果存入 OUT 中。

例 7：求 10 个整数的最大值和最小值。

```
SET TALK OFF
I=1
INPUT TO X
MA=X
MI=X
DO WHILE I<=9
    INPUT TO X
    IF X>MA
        MA=X
    ENDIF
    IF X<MI
        MI=X
    ENDIF
    I=I+1
ENDDO
?"最大的值是", MA
?"最小的值是", MI
SET TALK ON
```

思考：①编程如何求 10 个数的最大值与最小值的和(差或积)。②如何找出 10 个正整数中的最大(或最小)的偶数(或奇数)。

例 8：输入一个三位数，将个、十、百位顺序拆开分别存入变量 S 中，用加号分隔。如输入 345 分开后为 3+4+5。

```
SET TALK OFF
S=""
INPUT TO N
DO WHILE N>0
    A=N%10
    S="+"+STR(A, 1)+S
    N=INT(N/10)
ENDDO
S=SUBS(S, 2)
? S
SET TALK ON
```

思考：①注意数字分离的方法。②编程计算正整数 NUM 的各位上的数字之和(或积)。

例 9：编程求一个大于 10 的 n 位整数的后 $n-1$ 位的数。将结果存入变量 OUT 中。

```
SET TALK ON
OUT=0
INPUT "输入一个大于 10 的整数:" TO W
T=1
DO WHILE W>10
```

```
        OUT=OUT+T*(W%10)
        W=INT(W/10)
        T=T*10
    ENDDO
    ? OUT
    SET TALK OFF
```

思考：①如何求一个数的各位数字之和。②编程求一个大于100的 n 位整数的后 $n-2$ 位的数。

例10：在屏幕上纵向输出"计算机等级考试"，并将第五行的字符输出到给定变量Y中。

```
SET TALK OFF
X="计算机等级考试"
Y=""
I=1
DO WHILE I<LEN(X)
    ? SUBSTR(X, I, 2)
    I=I+2
ENDDO
Y="级"
? Y
SET TALK ON
```

思考：①由于每个汉字占两个字符宽度，请注意汉字的截取方法。②若逆向输出"计算机等级考试"，并将结果存入变量Y中，如何实现？

例11：编程求SUM=3-33+333-3333+33333的值。要求使用FOR语句来完成。将结果存入变量OUT中。

```
SET TALK ON
S=0
T=0
D=3
FOR I=1 TO 5
    T=T+D
    S=S+T*(-1)^(I+1)
    D=D*10
ENDFOR
OUT=S
? OUT
SET TALK OFF
```

思考：①注意FOR语句的执行过程。②编程求SUM=1/3+1/33+1/333+1/3333+1/33333的值。

例12：删除字符串中的数字字符。例如输入字符串：48CTYP9E6，则输出：CTYPE。

```
SET TALK OFF
```

```
ACCEPT "请输入一个字符串:" TO SS
L=LEN(SS)
P=""
FOR I=1 TO L
    IF SUBSTR(SS, I, 1) <'0' OR SUBSTR(SS, I, 1) >'9'
        P=P+ SUBSTR(SS, I, 1)
    ENDIF
ENDFOR
? 'P=', P
SET TALK OFF
```

例13：求1！+2！+…+20！的和。

方法1：一重循环完成。

```
SET TALK OFF
S=0
T=1
FOR N=1 TO 20
    T=T * N
    S=S+T
NEXT
? S
SET TALK ON
```

方法2：双重循环完成。

```
SET TALK OFF
S=0
FOR N=1 TO 20
    T=1
    FOR I=1 TO N
        T=T * I
    NEXT
    S=S+T
NEXT
? S
SET TALK ON
```

思考：①注意两种方法的区别，尤其是双重循环中T=1的位置，放在S=0语句的后边是否可以，为什么？②编程求1到15之间能被3整除的整数的阶乘和，将结果存入OUT中。

例14：输出如下图形。

(1)

```
******
 ******
  ******
   ******
    ******
```

(2)

```
    *
   ***
  *****
 *******
*********
```

打印图形的方法：

① 外层循环控制行数；

② 循环体内：

a. 第一个循环控制本行“*”前空格数；

b. 第二个循环控制本行“*”个数；

c. 换行“?”。

(1)

```
SET TALK OFF
CLEAR
FOR I=1 TO 5
    FOR J=1 TO I-1
        ??' '
    NEXT
    FOR J=1 TO 6
        ??'*'
    NEXT
    ?
NEXT
SET TALK ON
```

(2)

```
SET TALK OFF
CLEAR
FOR I=1 TO 5
    FOR J=1 TO 5-I
        ??' '
    NEXT
    FOR J=1 TO 2*I-1
        ??'*'
    NEXT
    ?
NEXT
SET TALK ON
```

思考：在循环体内的“③换行”可否移到“①第一个循环控制本行*前空格数”的前面？

根据本题方法打印如下图形。

```
      ******      *********       *        *****
     ******        *******       **         ****
    ******          *****       ***          ***
   ******            ***       ****           **
  ******              *       *****            *

    *****             1         4         11111
    ****             222       333         22222
    ***             33333     22222         33333
    **             4444444   1111111         44444
    *                                         55555
```

例 15：求 2~20 之间的所有素数。

```
SET TALK OFF
FOR I=2 TO 20
    FOR J=2 TO I-1
        IF I%J=0
            EXIT
        ENDIF
    NEXT
    IF J=I
        ? I
    ENDIF
NEXT
SET TALK ON
```

思考：①注意 EXIT 语句的用法，能否换成 LOOP？②求 2~20 之间的所有素数及素数的和。③编程找出一个大于给定整数(68)且紧随这个整数的素数。④编程找出一个小于给定整数(71)且紧随这个整数的素数。

4. 数组的应用

例 16：编程求一组数中大于平均值的数的个数。

```
SET TALK OFF
DIMENSION A(10)
FOR I=1 TO 10
    INPUT TO A(I)
ENDFOR
S=0
FOR I=1 TO 10
    S=S+A(I)
ENDFOR
AVE=S/10
```

```
OUT=0
FOR I=1 TO 10
    IF A(I)>AVE
        OUT=OUT+1
    ENDIF
ENDFOR
? OUT
SET TALK ON
```

例 17：打印一个数列，前两个数是 0，1，以后的每个数都是其前两个数的和，输出此数列的前 20 项。

方法 1：不用数组完成。

```
SET TALK OFF
F1=0
F2=1
? F1
? F2
FOR I=3 TO 20
    F=F1+F2
    ? F
    F1=F2
    F2=F
ENDFOR
SET TALK ON
```

方法 2：用数组完成。

```
SET TALK OFF
DIMENSION F(20)
F(1)=0
F(2)=1
FOR I=3 TO 20
    F(I)=F(I-2)+F(I-1)
ENDFOR
FOR I=1 TO 20
    ? F(I)
NEXT
SET TALK ON
```

思考：①注意数组的使用方法。②编程求序列 s=2/1-3/2+5/3-8/5+13/8-21/13+34/21 的值。

例 18：求出 N×M 整型数组的最大元素及其所在的行坐标及列坐标(如果最大元素不唯一，选择位置在最前面的一个)。例如：输入的数组为：

1　　2　　3

```
  4          15          6
  12         18          9
  10         11          2
```

求出的最大数为 18，行坐标为 3，列坐标为 2。

```
SET TALK OFF
DIMENSION ARRAY(4, 3)
FOR I=1 TO 4
    FOR J=1 TO 3
        INPUT "INSERT A NUM:" TO ARRAY(I, J)
    ENDFOR
ENDFOR
MAX=ARRAY(1, 1)
ROW=1
COL=1
FOR I=1 TO 4
    FOR J=1 TO 3
        IF MAX<ARRAY(I, J)
            MAX=ARRAY(I, J)
            ROW=I
            COL=J
        ENDIF
    ENDFOR
ENDFOR
? '最大数为：', MAX
? '行坐标为：', ROW
? '列坐标为：', COL
SET TALK ON
```

思考：如何求含有 10 个元素的一维数组中的最大值和最小值及其位置。

例 19：求一个 3×3 矩阵的左下三角元素的和(包括主对角线)。

```
SET TALK OFF
DIMENSION A(3, 3)
FOR I=1 TO 3
    FOR J=1 TO 3
        INPUT TO A(I, J)
    ENDFOR
ENDFOR
S=0
FOR I=1 TO 3
    FOR J=1 TO 3
        IF I>=J
```

```
            S=S+A(I, J)
        ENDIF
    ENDFOR
ENDFOR
? S
SET TALK ON
```

思考：如何求一个 3×3 矩阵的右下三角元素的和(包括副对角线)。

例 20：将 10 个数按从小到大的顺序输出。

```
SET TALK OFF
DIMENSION A(10)
FOR I=1 TO 10
    INPUT TO A(I)
ENDFOR
FOR I=1 TO 9
    FOR J=I+1 TO 10
        IF A(I)>A(J)
            T=A(I)
            A(I)= A(J)
            A(J)= T
        ENDIF
    ENDFOR
ENDFOR
FOR I=1 TO 10
    ? A(I)
ENDFOR
SET TALK ON
```

思考：该方法是用顺序比较法对数据进行排序，若降序排序如何修改此程序。

2.3.3 相关知识

结构化程序设计包括 3 种基本结构：顺序结构、选择结构和循环结构。

1. 顺序结构

顺序结构是程序设计中最基本的结构，该结构按照程序命令出现的先后顺序依次执行。

2. 选择结构

选择结构就是根据所给条件是否为真，选择执行某一分支的相应操作。选择结构分为单分支选择结构、双分支选择结构和多分支选择结构。

(1) 单分支选择结构

语句格式：

```
IF<条件表达式>
    <命令序列>
ENDIF
```

说明：当<条件表达式>为 .T. 时，程序执行<命令序列>；若为 .F. 则<命令序列>不执行，直接执行ENDIF后的语句。IF和ENDIF必须各占一行，每一个IF都必须有一个ENDIF与其对应，即IF和ENDIF必须成对出现。

(2)双分支选择结构

语句格式：

```
IF<条件表达式>
    <命令序列1>
ELSE
    <命令序列2>
ENDIF
```

说明：当<条件表达式>为.T.时，程序执行<命令序列1>；否则执行<命令序列2>。IF、ELSE、ENDIF必须各占一行，每一个IF都必须有一个ENDIF与其对应，即IF和ENDIF必须成对出现。

(3)分支结构的嵌套

对上述分支结构中的<命令序列>，可以是包含任何Visual FoxPro命令语句，也可以包括一个或几个合法的分支结构语句，也就是说分支结构可以嵌套。对于嵌套的分支结构语句，一定注意内外层分支结构层次分明，即注意各个层次的IF…ELSE…ENDIF语句配对情况。

(4)多分支选择结构

语句格式：

```
DO CASE
    CASE <条件表达式1>
            <命令序列1>
    CASE <条件表达式2>
            <命令序列2>
            …
    CASE <条件表达式N>
            <命令序列N>
    [OTHERWISE
            <命令序列N+1>]
ENDCASE
```

说明：① 执行的过程是：系统依次判断各<条件表达式>是否满足，若某一<条件表达式>为.T.，就执行该<条件表达式>下的<命令序列>，执行后不再判断其他<条件表达式>，而转去执行ENDCASE后面的第一条命令。如果没有一个<条件表达式>为.T.，就执行OTHERWISE后面的<命令序列N+1>，直到ENDCASE；如果没有OTHERWISE，则不作任何操作就转向ENDCASE之后的第一条命令。

② DO CASE语句和ENDCASE语句必须成对出现，各占一行。

③ 多分支选择结构中各CASE语句后的<条件表达式>是按其先后顺序执行判断的，因此对实际问题进行编程时，应该认真考虑各个条件排列的先后顺序。

3. 循环结构

在程序设计中，有时需要从某处开始有规律地反复执行某些操作，这些操作一般用循环结构程序完成。在 Visual FoxPro 中提供了 DO WHILE 循环、FOR 循环和 SCAN 循环 3 种循环结构。

(1) DO WHILE 循环

语句格式：

DO WHILE <条件表达式>

  <命令序列>

  [EXIT]

  [LOOP]

ENDDO

说明：

① 执行过程是：当给定的<条件表达式>为 .T. 时，执行 DO WHILE 和 ENDDO 之间的<命令序列>(也称循环体)。<命令序列>执行完毕后，程序自动返回到 DO WHILE 语句，再一次判断 DO WHILE 语句中的<条件表达式>。如果<条件表达式>仍然为 .T.，则再执行一遍<命令序列>，直到<条件表达式>为 .F.，则结束循环，转去执行 ENDDO 之后的第一条命令。

② DO WHILE 和 ENDDO 语句应配对使用，各占一行。

③ DO WHILE 和 ENDDO 语句之间可以放置 EXIT 和 LOOP 语句，用以对循环过程作特殊处理。EXIT 的功能是：终止本层循环命令，从循环体内跳出，转去执行 ENDDO 后的第一条命令，因此被称为无条件结束本层循环命令。LOOP 语句的功能是：终止本次循环命令，程序直接转回到 DO WHILE 语句，而不执行 LOOP 和 ENDDO 之间的命令。因此 LOOP 称为无条件循环命令，EXIT 和 LOOP 只能在循环结构中使用。

(2) FOR 循环

语句格式：

FOR <循环变量>=<初值> TO <终值> [STEP <步长值>]

  <命令序列>

  [EXIT]

  [LOOP]

ENDFOR | NEXT

说明：

① FOR、ENDFOR | NEXT 必须各占一行，且它们必须成对出现。

② <初值>、<终值>和<步长值>均为数值型表达式。如果省略 STEP 子句，则默认步长值是 1。

③ 该循环结构的执行过程是：首先将初值赋给循环变量，然后判断循环变量的值是否超过终值(这里超过终值的含义是：如果步长值为正数，则循环变量的值大于终值为超过，如果步长值为负数，则循环变量的值小于终值为超过)，不超过就执行循环体，遇到 ENDFOR 或 NEXT 语句，自动使循环变量增加一个步长值，再将循环变量的值与终值比较，如果循环变量的值不超过终值，就再执行循环体，不断循环执行。如果循环变量的值超过终值则不执行循环体，而转去执行 ENDFOR 或 NEXT 语句后面的第一条语句。

④ LOOP 语句和 EXIT 语句的功能与前面的 DO WHILE 循环语句相同。

(3) 循环的嵌套

循环的嵌套是指在一个循环体内包含其他的循环结构，也称为多重循环。同一种类型的循环结构可以嵌套，不同类型的循环结构也可以嵌套。要编好循环嵌套结构程序，必须做到：循环开始语句和循环结束语句配对出现；内外层循环层次分明，不得交叉。Visual FoxPro 最多允许 128 层嵌套。

2.4 【案例 4】多模块程序设计

2.4.1 案例描述

应用程序一般都是多模块程序，可包含多个程序模块。模块是可以命名的一个程序段，可指主程序、子程序、过程和函数。此案例就是使读者学会设计子程序、过程和函数。

2.4.2 操作步骤

1. 子程序

例 1：编程计算 M！/（N！（M-N）！）的值，其中求阶乘用子程序完成。

```
*建立主程序文件，文件名为 MAIN.PRG
SET TALK OFF
CLEAR
INPUT TO M
INPUT TO N
Z=0
DO SUB WITH M，Z
C=Z
DO SUB WITH N，Z
C=C/Z
DO SUB WITH M-N，Z
C=C/Z
? 'C='，C
SET TALK ON
*建立子程序文件，文件名为 SUB.PRG
PARAMETERS K，T
STORE 1 TO T，I
DO WHILE I<=K
    T=T*I
    I=I+1
ENDDO
RETURN
```

说明：主程序和子程序是两个独立的程序文件，子程序的运算结果必须由主程序通过参数传递的方法带回，且在参数传递之前要赋初值，如 Z=0 语句。因此用子程序解决问题时，传递参数要传递接收结果的参数。

2. 过程

例 2：用主程序调用过程的方式编程求圆面积、圆周长和球体积。

```
SET TALK OFF
CLEAR
INPUT"请输入半径:"TO R
MJ=0
ZC=0
TJ=0
DOYMJ WITH R, MJ
DOYZC WITH R, ZC
DOQTJ WITH R, TJ
?"半径为"+STR(R, 5)+"的圆面积是:", MJ
?"半径为"+STR(R, 5)+"的圆周长是:", ZC
?"半径为"+STR(R, 5)+"的球体积是:", TJ
SET TALK ON
RETURN

PROCEDURE YMJ
PARAMETERS R, S
S=PI() * R^2
RETURN

PROCEDURE YZC
PARAMETERS R, C
C=2 * PI() * R
RETURN

PROCEDURE QTJ
PARAMETERS R, V
V=4/3 * PI() * R^3
RETURN
```

思考：可以将这3个过程组合成一个过程文件和主程序分开存储，此时主程序调用方法发生变化，如下面的程序所示。

```
*过程文件名为CIRCLE.PRG
PROCEDURE YMJ
PARAMETERS R, S
S=PI() * R^2
RETURN

PROCEDURE YZC
PARAMETERS R, C
C=2 * PI() * R
```

```
RETURN

PROCEDURE QTJ
PARAMETERS R, V
V=4/3 * PI() * R^3
RETURN
```

在主程序中可以有两种调用方法：

方法 1：用 DO 过程名 WITH <实参表> IN <过程文件名>调用。

```
SET TALK OFF
CLEAR
INPUT"请输入半径:"TO R
MJ=0
ZC=0
TJ=0
DOYMJ WITH R, MJ IN CIRCLE   && 表明过程 YMJ 在过程文件 CIRCLE 中
DOYZC WITH R, ZC IN CIRCLE
DOQTJ WITH R, TJ IN CIRCLE
?"半径为"+STR(R, 5)+"的圆面积是:", MJ
?"半径为"+STR(R, 5)+"的圆周长是:", ZC
?"半径为"+STR(R, 5)+"的球体积是:", TJ
SET TALK ON
RETURN
```

方法 2：在主程序第一条语句用 SET PROCEDURE TO <过程文件名>命令打开过程文件，其他如“过程跟在主程序后面调用”一样。

```
SET TALK OFF
SET PROCEDURE TO CIRCLE
CLEAR
INPUT"请输入半径:"TO R
MJ=0
ZC=0
TJ=0
DOYMJ WITH R, MJ
DOYZC WITH R, ZC
DOQTJ WITH R, TJ
?"半径为"+STR(R, 5)+"的圆面积是:", MJ
?"半径为"+STR(R, 5)+"的圆周长是:", ZC
?"半径为"+STR(R, 5)+"的球体积是:", TJ
SET TALK ON
RETURN
```

3. 函数

例3：求100-999之间的所有水仙花数，判断一个数是否是水仙花数用函数完成。

```
SET TALK OFF
CLEAR
FOR I=100 TO 999
    IF FUN(I)=1
        ? I
    ENDIF
ENDFOR
SET TALK ON
RETURN

FUNCTION FUN(N)
A=MOD(N, 10)
B=INT(N/10)%10
C=INT(N/100)
IF A^3+B^3+C^3=N
    RETURN 1
ELSE
    RETURN 0
ENDIF
```

思考：注意函数FUN中判断一个数是不是水仙花数的表示方法，通常是函数返回值为1，不是函数返回值为0。

例4：求2-20之间的所有素数及素数的和，判断一个数是否是素数用函数完成。

```
SET TALK OFF
CLEAR
S=0
FOR I=2 O 20
    IF FUN(I)=1
        ? I
        S=S+I
    ENDIF
ENDFOR
? "素数的和是:", S
SET TALK ON
RETURN

FUNCTION FUN(N)
FOR I=2 TO N-1
    IF N%I=0
```

```
        EXIT
    ENDIF
ENDFOR
IF I=N
    RETURN 1
ELSE
    RETURN 0
ENDIF
```

2.4.3 相关知识

1. 子程序

(1) 子程序的结构

在 Visual FoxPro 程序文件中，可以通过 DO 命令调用另一个独立存在的程序文件，此时，被调用的程序文件就称为子程序。子程序的结构与一般的程序文件一样，而且也可以用 MODIFY COMMAND 命令来建立、修改和存盘，扩展名也默认为 .PRG。

(2) 子程序的调用

命令格式：DO <子程序名> [WITH<实参表>]

命令功能：调用指定的子程序。

命令说明：

① 子程序是一个存储于磁盘上的独立的程序文件。

② 子程序可以被多次调用，也可以嵌套调用。

③ 可选项 WITH<实参表>的功能主要是将参数传递给子程序。实参表中可以写多个参数，参数之间用逗号分隔。传递给一个程序的参数最多为 24 个。

(3) 形式参数的定义

命令格式：PARAMETERS<形参表>

命令功能：接收调用命令中的实参值并在调用后返回对应参数的计算值。

命令说明：

① 该命令必须为子程序中的第一条语句。

② <形参表>中可以写多个参数，参数之间用逗号分隔。

注意：用子程序处理问题时，得到的结果，一般通过参数传递带回，即在实参传递时要多传递一个接收结果的参数。

(4) 返回主程序语句

命令格式：RETURN [<表达式>| TO MASTER| TO <过程名>]

命令格式：将程序控制权返回给调用程序。

命令说明：

① [<表达式>]：指定返回给调用程序的表达式。如果省略 RETURN 命令或省略返回表达式，则自动将“.T.”返回给调用程序。

② [TO MASTER]：将控制权返回给最高层的调用程序。

③ [TO <过程名>]：将控制权返回给指定的过程。

2. 过程

命令格式：

PROCEDURE <过程名>

[PARAMETERS <参数表>]

<命令序列>

ENDPROC | RETURN

说明：

(1) 过程通常与主调程序在一起，但也可以单独是一个程序文件；

(2) 过程的调用方法：

① 若过程与主调程序在一起，调用方式用

DO <过程名> WITH <参数表>

② 若过程以程序文件的形式单独出现，调用方式为：

DO <过程名> WITH <参数表> IN <过程文件名>

注意：用过程处理问题时，结果的处理方法与子程序一样，得到的结果，一般也要通过参数传递带回，即在实参传递时要多传递一个接收结果的参数。

3. 函数

命令格式：

[FUNCTION <函数名> [(参数)]]

[PARAMETERS <参数表>]

<命令序列>

RETURN <表达式>

说明：

(1) 若用 FUNCTION 表明该函数包含在主调程序中，若缺省表示函数是一个独立文件；

(2) RETURN <表达式>用于返回函数值，缺省返回 .T. ，因此用函数实现时，不需要传递接收结果的参数；

(3) 函数调用方式：

函数名(<参数>)

4. 变量的作用域

根据变量的作用范围不同，内存变量分为全局变量、局部变量和本地内存变量三种。

(1) 全局变量

在任何模块中都能使用的内存变量称为全局变量，也称为公共变量。全局变量需要先定义后使用。

命令格式 1：

PUBLIC <内存变量表>

命令格式 2：

PUBLIC [ARRAY] <数组名>(<下标上界 1>[, <下标上界 2>])[, …]

命令功能：定义全局内存变量或数组。

说明：

① 定义后尚未赋值的全局变量其值为逻辑值 .F. 。

② 在命令窗口中建立的所有内存变量或者数组自动定义为全局变量。

③ 全局变量就像在一个程序中定义的变量一样，可以任意改变和引用，当程序执行完后，其值仍然保存不释放。欲清除这种变量，必须用 RELEASE 命令。

(2) 局部变量

程序中使用的内存变量，凡未经特殊说明均属于局部变量，局部变量只能在定义它的程序及其下级程序中使用，一旦定义它的程序运行结束，它便自动被清除。也就是说，在某一级程序中定义的局部变量，不能进入其上级程序使用，但可以到其下级程序中使用，而且当在下级程序中改变了该变量的值时，在返回本级程序时被改变的值仍然保存，本级程序可以继续使用改变后的变量值。

如果在某一级模块中使用的变量名称可能与上级模块使用的变量名称一样，而这些变量返回到上级模块时，又不想让子程序中变量值影响上级模块中同名变量的值，Visual FoxPro 提供了屏蔽上级模块变量的方法，被屏蔽的变量名当子程序结束返回到主程序时，不会影响主程序中同名变量的值。下述声明变量的命令方法就能起到屏蔽上级同名变量的作用。

PRIVATE<内存变量表>

说明：被屏蔽的内存变量只能在当前以及下级程序中有效，当本级程序结束返回上级程序时，内存变量自动清除，主程序中同名变量恢复其原来的值。

例 1：读程序写结果。

```
SET TALK OFF
VAL1=10
VAL2=15
DO P1
? VAL1, VAL2
RETURN

PROCEDURE P1
PRIVATE VAL1
VAL1=50
VAL2=100
? VAL1, VAL2
RETURN
SET TALK ON
```

运行结果：

```
50     100
10     100
```

(3) 本地变量

命令格式：LOCAL <内存变量表>

命令功能：建立本地变量，只能在建立它的模块内有效，不能在上级与下级模块内使用，未赋值时初值为 .F. 。

例 2：读程序写结果。

```
SET TALK OFF
PUBLIC X, Y
X=10
Y=100
```

```
DO P1
? X, Y
SET TALK ON
RETURN
PROCEDURE P1
PRIVATE X
X=50
LOCAL Y
DO P2
? X, Y
RETURN
PROCEDURE P2
X="AAA"
Y="BBB"
RETURN
```

运行结果：

```
AAA      .F.
10       BBB
```

思考：请读者分析结果是怎么产生的，注意各种内存变量的使用方法。

2.5 课后习题

一、单项选择题

1. 下列字符型常量的表示中，错误的是(　　)。

   A. '65+13'B. ["计算机基础"]C. [[中国]]D. '[x=y]'

2. 下面不能给内存变量赋值的语句是(　　)。

   A. x=3+5B. x="13+5"C. x=13+6D. x==val("3+5")

3. 函数LEN(TRIM(SPACE(2)+"ABC"+SPACE(3)))的返回值是(　　)。

   A. 3B. 4C. 5D. 6

4. 以下四组函数中，返回值的数据类型一致的是(　　)。

   A. DTOC(DATE()), DATE(), YEAR(DATE())

   B. ALLTRIM("VFP 6.0"), ASC("A"), SPACE(8)

   C. EOF(), RECCOUNT(), DBC()

   D. STR(3.14, 3, 1), DTOC(DATE()), SUBSTR("ABCD", 3, 1)

5. 关于循环嵌套的叙述中正确的是(　　)。

   A. 循环体内不能含有条件语句B. 循环不能嵌套在条件语句中

   C. 嵌套只能一层，否则程序出错D. 正确的嵌套不能交叉

6. 结构化程序设计的三种基本逻辑结构是(　　)。

   A. 选择结构、循环结构和嵌套结构B. 顺序结构、选择结构和循环结构

   C. 选择结构、循环结构和模块结构D. 顺序结构、递归结构和循环结构

7. 可以将变量 A，B 值交换的程序段是(　　)。

A. A=B
　B=A

B. A=(A+B)/2
　B=(A-B)/2

C. A=A+B
　B=A-B
　A=A-B

D. A=C
　C=B
　B=A

8. 设有下列程序段：

```
do while <逻辑表达式 1>
  do while <逻辑表达式 2>
  enddo
  exit
enddo
```

则执行到 exit 语句时，将执行(　　)。

A. 第 1 行B. 第 2 行

C. 第 3 行的下一个语句D. 第 5 行的下一个语句

9. 下列程序段有语法错误的行为第(　　)行。

```
do case
      case a>0
          s=1
      else
          s=0
endcase
```

A. 2B. 4C. 5D. 6

10. 在循环结构 for i=3 to 23 step 3 中，循环体内容共执行(　　)。

A. 20 次B. 7 次C. 8 次D. 6 次

二、填空题

1. 表达式{^2000/09/18}-{^2000/09/20}的值是(　　)。
2. 表达式{^2005-1-3 10：0：0}-{^2005-10-3 9：0：0}的数据类型是(　　)。
3. 表达式 INT(6.26*2)%ROUND(3.14，0)的值是(　　)。
4. 程序是能够完成一定任务的(　　)的有序集合。
5. 表达式 score<=100 AND score>=0 的数据类型是(　　)型。
6. 在 Visual FoxPro 中，以 .PRG 为扩展名的是(　　)文件。
7. 在 Visual FoxPro 中，在建立它的模块及其下层模块使用的内存变量称为(　　)。
8. 在 Visual FoxPro 中定义数组后，数组的每个元素在未赋值之前的默认值是(　　)。
9. 在结构化程序设计中，EXIT 和 LOOP 语句只能在(　　)结构中使用。
10. 逻辑运算符的优先级顺序依次为(1)NOT；(2)AND；(3)(　　)。

三、程序填空题

1. 求 1 到 100 之间的奇数之和、偶数之和，并将奇数之和存入 S1、偶数之和存入 S2 显示输出。

```
SET TALK OFF
I=1
STOR 0 TO S1，S2
```

```
DO WHIL I<=100
******SPACE******
      IF (      )
          S1=S1+I
******SPACE******
      (      )
          S2=S2+I
      ENDIF
******SPACE******
      (      )
ENDDO
? S1, S2
SET TALK ON
```

2. 计算 Y=1+3^3/3！+5^5/5！+7^7/7！+9^9/9！的值

```
SET TALK OFF
S=0
******SPACE******
FOR I=1 TO 9(      )
    T=1
******SPACE******
    FOR J=1 TO(      )
          T=T*J
    ENDFOR
******SPACE******
    S=S+(      )
ENDFOR
? 'S=', S
SET TALK ON
```

3. 将输入的字符串按照正序存放到变量 T 中，再按照逆序连接到变量 T 的末尾。

```
SET TALK OFF
******SPACE******
(      )"请输入一个串:" TO SS
T=""
FOR I=1 TO LEN(SS)
  T=T+SUBS(SS, I, 1)
ENDFOR
******SPACE******
FOR J=(      )TO 1 STEP -1
******SPACE******
    T=T+(      )
```

```
ENDFOR
? "生成的新串为:", T
SET TALK ON
```

4. 列出 XSDB. DBF 数据表中法律系学生记录，将结果显示输出。

```
SET TALK OFF
* * * * * * SPACE * * * * * *
(      )
DO WHILE . T.
  IF 系别="法律"
     DISPLAY
  ENDIF
* * * * * * SPACE * * * * * *
(      )
  IF EOF( )
* * * * * * SPACE * * * * * *
      (      )
  ENDIF
ENDDO
SET TALK ON
```

5. 查找 XSDB 表中计算机成绩最高分的学生，将其姓名和计算机字段的内容显示出来，如：王迪　98。

```
SET TALK OFF
USE XSDB
MAX=计算机
* * * * * * SPACE * * * * * *
(      )
DO WHILE . NOT. EOF( )
   IF MAX<计算机
      MAX=计算机
* * * * * * SPACE * * * * * *
      (      )
   ENDIF
* * * * * * SPACE * * * * * *
  (      )
ENDDO
? XM, MAX
USE
SET TALK ON
```

四、编程题

1. 判断一个三位数是否为“水仙花数”，并输出判断结果，是为 1，否为 0。所谓“水仙花数”是指一个 3 位数，其各位数字立方和等于该数本身。将结果存入变量 OUT 中。

OUT=-1

N=153

* * * * * * * * * * Program * * * * * * * * * *

* * * * * * * * * *   End   * * * * * * * * * *

2. 输出 10 到 50 之间所有能被 7 整除的数(用 do while …enddo 语句实现)，并将这些数的和存入所给变量 OUT 中。

OUT=-1

* * * * * * * * * * Program * * * * * * * * * *

* * * * * * * * * *   End   * * * * * * * * * *

3. 编程求出并显示 3！ +4！ +5！的值，将结果存入变量 OUT 中。要求用 For..EndFor 编程。

OUT=-1

* * * * * * * * * * Program * * * * * * * * * *

* * * * * * * * * *   End   * * * * * * * * * *

4. 编程求一分数序列 2/1，3/2，5/3，8/5，13/8，21/13…的前 20 项之和，将结果存入变量 OUT 中。要求用 For 循环语句实现。

OUT=-1

* * * * * * * * * * Program * * * * * * * * * *

* * * * * * * * * *   End   * * * * * * * * * *

5. 编程将一个由四个数字组成的字符串转换为每两个数字间有一个字符“ * ”的形式输出，例如输入"4567"，应输出"4 * 5 * 6 * 7"，将结果存入变量 OUT 中。

str="4567"

OUT=""

* * * * * * * * * * Program * * * * * * * * * *

* * * * * * * * * *   End   * * * * * * * * * *

第3章 数据库和表的管理

在 Visual FoxPro 6.0 中，数据库文件是表、视图、连接、关系和存储过程等文件的集合。数据库类似一个容器，记录了其他各种类型文件的信息，例如文件名、保存位置等。可以把逻辑相关的表文件、本地视图文件、远程视图文件和存储过程等多种元素包含进来进行组织管理。

3.1 【案例5】创建项目—学生成绩管理系统

3.1.1 案例描述

项目管理器是 Visual FoxPro 6.0 中所有对象与数据处理的“控制中心”，是开发人员工作的平台，各种格式的文件通过项目管理器捆绑在一起。项目管理器以树型结构提供了简易且可见的方式组织处理表、表单、数据库、报表、查询和其他文件，用于管理表和数据库或创建应用程序。

项目管理器的主要功能是建立、打开项目以及维护各类文件，包括建立、新增、删除、修改、浏览及执行文件等工作。接下来以创建“学生成绩管理系统”项目为基础，开发该数据库项目。

3.1.2 操作步骤

建立一个项目可以采取新建项目文件、项目向导和项目创建命令这 3 种方法来实现。新建项目文件和使用项目创建命令将建立一个不包含任何文件的空项目，使用项目向导可以利用系统提供的模板建立一个包含文件的项目。

1. 新建项目文件

① 打开 Visual FoxPro 6.0 程序，单击“文件”菜单中的“新建”命令，打开“新建”对话框，或单击工具栏中的“新建”图标，系统将弹出“新建”对话框，如图 3-1-1 所示。在“文件类型”选项组中，系统默认选中“项目”单选按钮，并提供了“新建文件”和“向导”两种方式建立项目文件。

② 单击“新建文件”按钮，打开“创建”对话框，如图 3-1-2 所示。在“保存类型”下拉列表中，系统默认为“项目(*. pjx)”，选择合适的存储位置，输入项目文件名称“学生成绩管理系统 . pjx”(默认名称为“项目 1”)。

③ 单击“保存”按钮，打开“项目管理器—学生成绩管理系统”对话框，如图 3-1-3 所示。此时在 Visual FoxPro 6.0 的菜单栏中增加了“项目”菜单项，在 E 盘的 VFP 文件夹中，系统在生成“学生成绩管理系统 . pjx”文件的同时还生成了一个扩展名为 . pjt 的备注文件“学生成绩管理系统 . pjt”。

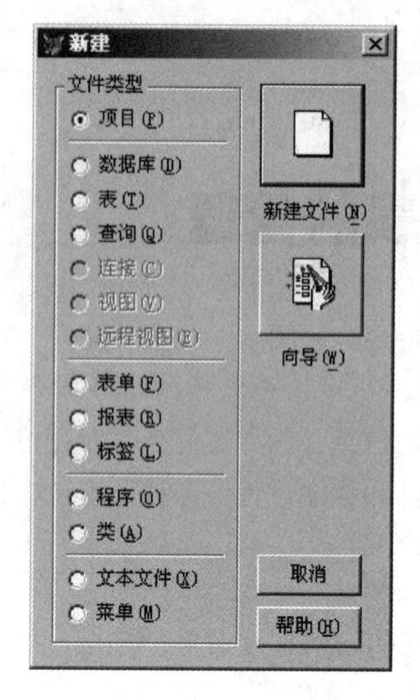

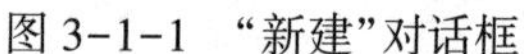

图 3-1-1 “新建”对话框

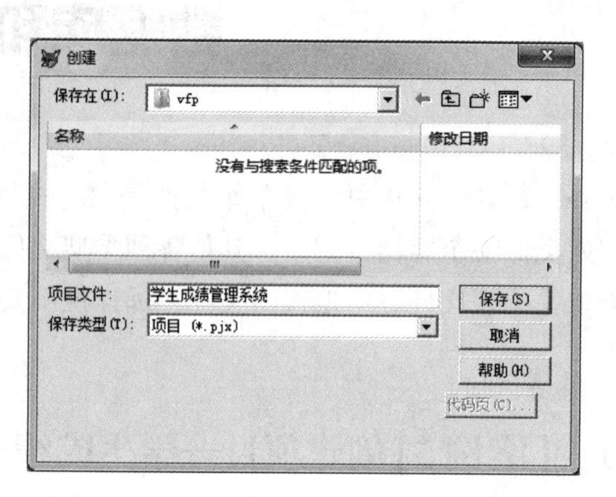

图 3-1-2 “创建”对话框

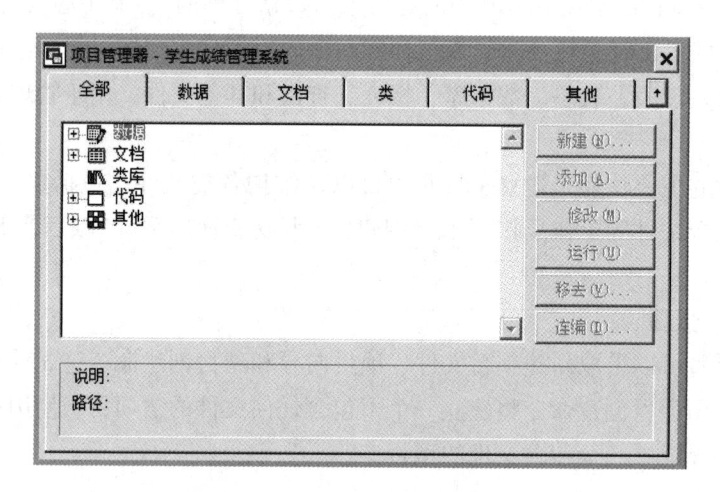

图 3-1-3 项目管理器对话框

2. 使用向导创建项目文件

① 打开 Visual FoxPro 6.0 程序，单击“文件”菜单中的“新建”命令，打开“新建”对话框，或单击工具栏中的“新建”图标，系统将弹出“新建”对话框。

② 如果在“新建”对话框中，单击“向导”按钮，将打开“应用程序向导”对话框，如图3-1-4所示。

③ 在“项目名称”文本框中输入“学生成绩管理系统”，此时“项目文件”文本框为可选状态，可以单击“浏览”按钮，选择项目文件存储位置。如果选中“创建项目目录结构”复选框，则在同一文件夹下，系统会自动生成多个空的子文件夹，将文件进行归类存储。建议用户将不同类型的文件存入相应的文件夹，即使不使用向导创建，也希望用户能手动创建这些文件夹，这样既便于使用也便于备份。

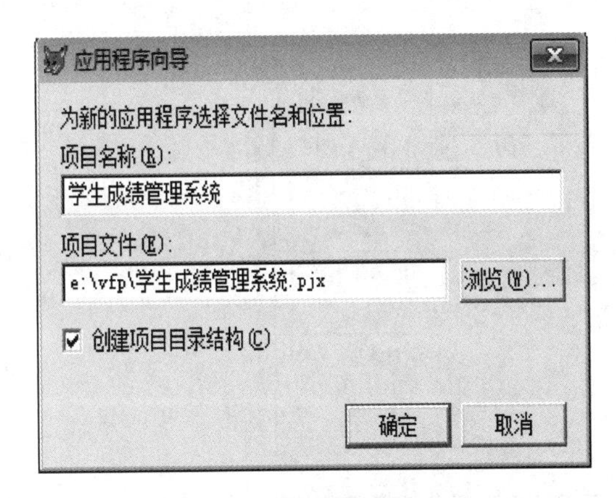

图 3-1-4 “应用程序向导”对话框

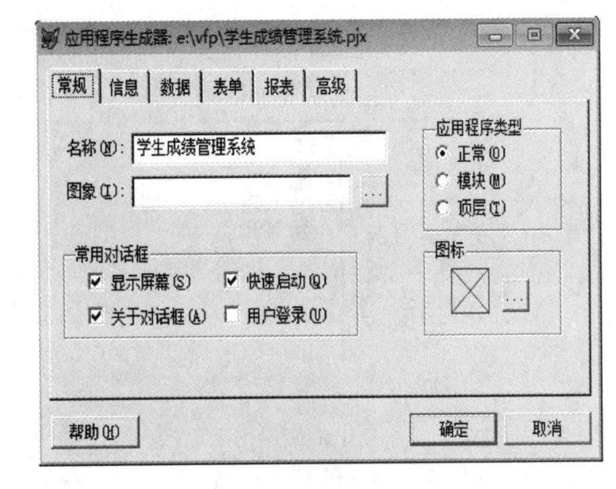

图 3-1-5 “应用程序生成器”对话框

④ 单击“确定”按钮，打开“正在生成应用程序，请耐心等待…”对话框，稍后打开如图3-1-3所示的“项目管理器—学生成绩管理系统”对话框和如图3-1-5所示的“应用程序生成器”对话框，配置该项目的基本工作环境。

3. 使用命令方式创建

在“命令”窗口中输入创建项目的命令：

CREATE PROJECT [<项目名称>]

作用：建立一个新项目。

3.1.3 相关知识

开发一个完善的数据库应用系统必然涉及许多不同类型的文件，这些文件中有些是用户创建的，有些是系统自动生成的。为了便于使用、修改、管理这些文件，Visual FoxPro 6.0提供了一个管理工具——项目管理器。项目管理器是Visual FoxPro 6.0开发应用系统的“控制中心”，是数据、程序、文档及对象的管理者。灵活运用项目管理器可提高系统开发效率。

项目管理器可以将开发系统时所用到的各种数据、文档、代码、类库以及菜单、文本等文件都记录到一个项目文件中，帮助用户按一定的顺序和逻辑关系对这些文件进行有效的管理和组织。项目文件的扩展名为.pjx。

项目管理器由“全部”、“数据”、“文档”、“类”、“代码”和“其他”六个选项卡组成。按照每个选项卡所包含的内容将各类文件分别存放到相应位置。

1. “全部”选项卡

“全部”选项卡中包括了其他五个选项卡的所有内容，在此可以显示和管理所有类型的文件，如图3-1-6所示。

每个选项卡的右侧都有六个命令按钮，根据当前选定对象的不同，决定按钮的名称、作用以及是否可用。其他按钮的具体用法依各个选项卡设置而定。

“连编”按钮可以将项目中的各类文件编译，连接成一个可执行的目标文件，单击“连编”按钮，打开“连编选项”对话框，如图3-1-7所示。

(1) 其中“操作”选项组中各单选按钮的作用如下：

① 重新连编项目：用于当项目管理器中有文件被添加、移出和修改时重新编译。

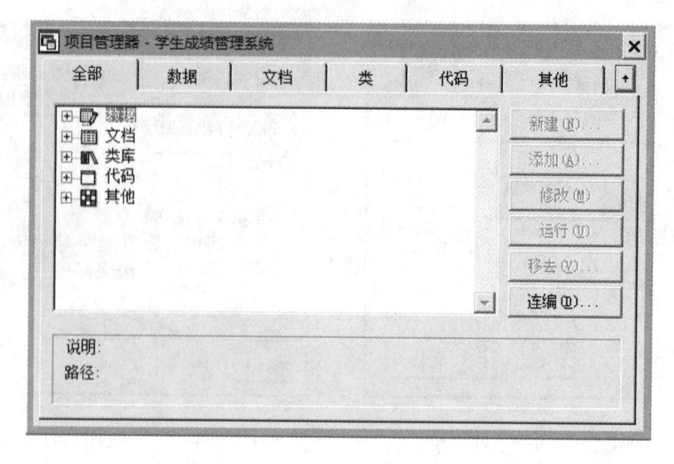

图 3-1-6 “全部”选项卡

② 连编应用程序：用于将项目文件编译成扩展名为 . app 的文件。该类文件不能脱离 Visual FoxPro 6. 0 环境。

③ 连编可执行文件：用于将项目文件编译成扩展名为 . exe 的文件，但执行过程中需要借助 DLL 动态链接库。此时“版本”按钮可用，单击“版本”按钮，打开“EXE 版本”对话框，如图 3-1-8 所示，定义所开发系统的版本号和版本信息。

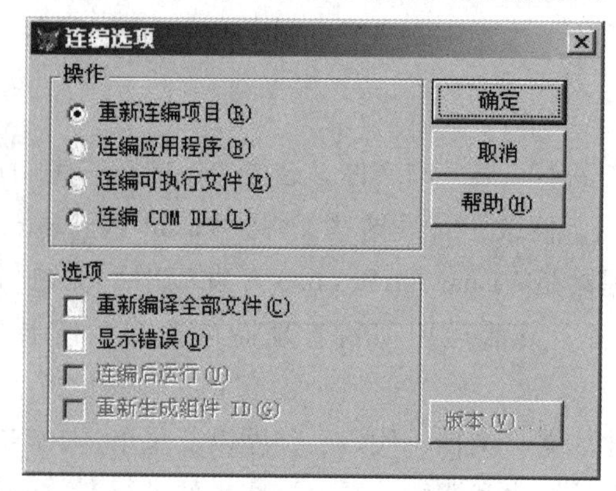

图 3-1-7 “连编选项”对话框

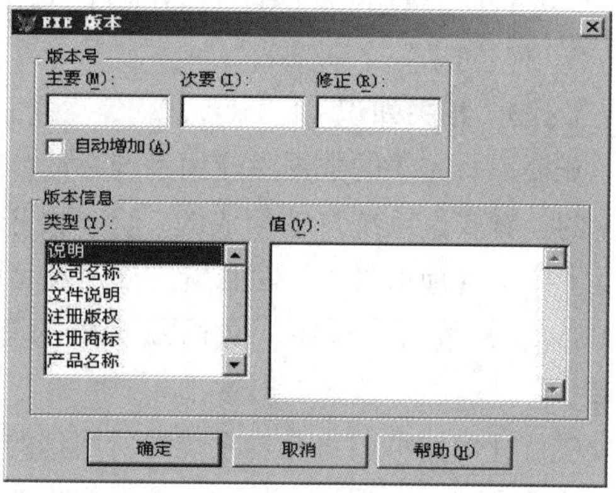

图 3-1-8 “EXE 版本”对话框

④ 连编 COM DLL：将项目文件编译成可以支持 OLE SERVER 的 . dll 文件，“版本”按钮可用。

(2) 其中“选项”选项组中各复选框的作用如下：

① 重新编译全部文件：将项目中的所有文件(无论是否被编译过)都重新编译。

② 显示错误：显示编译过程中的错误信息，并生成扩展名为 . err 的文件。

③ 连编后运行：将项目文件连编后直接运行。

④ 重新生成组件 ID：重新生成组件 ID 号码。

2. “数据”选项卡

“数据”选项卡包括了一个项目中的所有数据：数据库、自由表、查询和视图，如图 3-1-9所示。

“数据库”是表的集合，一般通过公共字段彼此关联。使用“数据库设计器”可以创建一

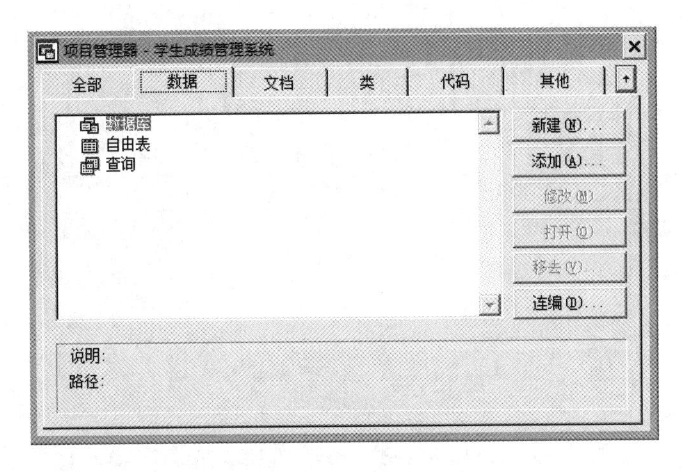

图 3-1-9 “数据”选项卡

个数据库，数据库文件的扩展名为 . dbc。

“自由表”存储在扩展名为 . dbf 的文件中，它并不是数据库的组成部分。

“查询”是检查存储在表中的特定信息的一种结构化方法，用户可利用“查询设计器”设置查询的格式，查询将按照输入的规则从表中提取记录。查询被保存为扩展名为 . qpr 的文件。

“视图”是特殊的查询，通过更改由查询返回的记录，可以更新原表。视图只能存在于数据库中，不是独立的文件。

3. “文挡”选项卡

“文档”选项卡包括了处理数据时所用的全部文档，包括输入和查看数据所用的表单以及打印表和查询结果所用的报表和标签，如图 3-1-10 所示。

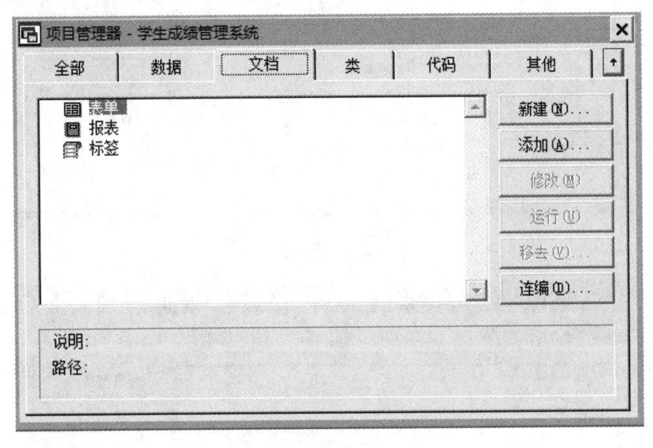

图 3-1-10 “文档”选项卡

“表单”用于显示和编辑表的内容；“报表”是一种文件，它告诉 Visual FoxPro 6. 0 如何将它们打印出来；“标签”是打印在专用纸上的带有特殊格式的报表。

4. “类”选项卡

“类”选项卡包括了显示、管理用户建立的类文件，在新建的项目文件中还未建立任何类文件，所以此项暂时为空，如图 3-1-11 所示。

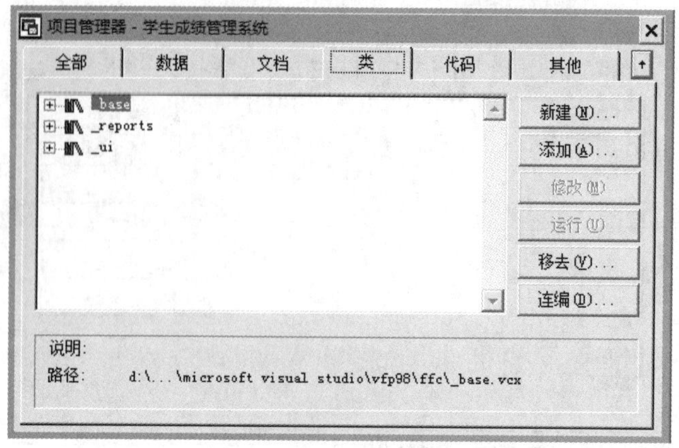

图 3-1-11 “类”选项卡

5.“代码”选项卡

“代码”选项卡包括了显示、管理所有的代码文件，例如程序、API 库和应用程序，如图 3-1-12 所示。

6.“其他”选项卡

“其他”选项卡可以对菜单、文本文件和其他诸如图标、背景图片、背景音乐和声音等文件进行管理和维护，如图 3-1-13 所示。

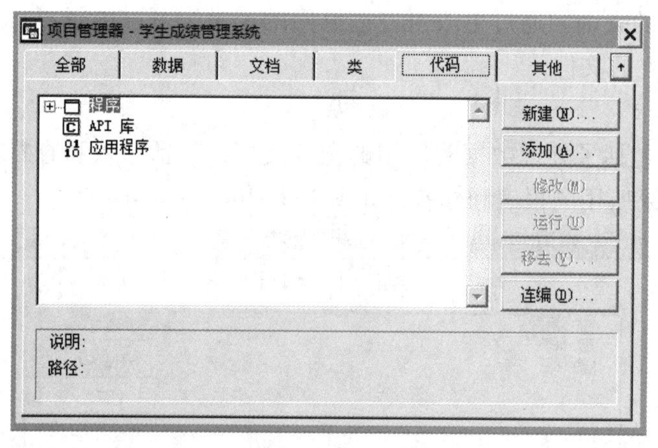

图 3-1-12 “代码”选项卡

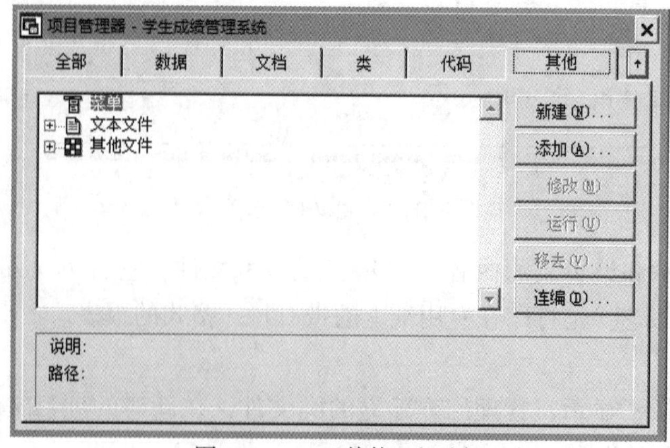

图 3-1-13 “其他”选项卡

3.2 【案例6】创建“学生成绩管理”数据库

3.2.1 案例描述

数据库是表的集合，数据库文件实质就是 Visual FoxPro 6.0 的一种表文件，记录了其他各种类型文件的信息。表文件可以在数据库中创建，也可以单独创建之后再添加到数据库中。数据库文件的扩展名是 .dbc，在建立数据库时，系统还会建立一个扩展名是 .dct 的数据库备注文件和一个扩展名是 .dcx 的索引文件。

本案例以创建“学生成绩管理”数据库为基础，维护学生成绩管理数据库。

3.2.2 操作步骤

建立数据库有两种方法：使用数据库设计器和使用建立数据库的命令。数据库可以在项目文件中建立，也可以先建立数据库，再添加到项目文件中。

1. 使用项目管理器创建

①单击“文件”→“打开”菜单命令，打开“打开”对话框，如图 3-2-1 所示。在“文件类型”下拉列表中，系统默认文件类型为“项目”，选中“学生成绩管理系统 .pjx”项目文件。

②单击“确定”按钮，打开“项目管理器-学生成绩管理系统”对话框，如图 3-2-2 所示，选择“数据”选项卡中的“数据库”选项。

③单击“新建”按钮，打开“新建数据库”对话框，如图 3-2-3 所示。在此提供了“数据库向导”和“新建数据库”两种创建方式。如果单击了“数据库向导”按钮，打开数据库向导对话框，按照向导的提示，从系统提供的实例数据库中选择需要的数据库文件、表文件等，并根据需求修改相关设置，创建数据库。在此不选用这种方法。如果对数据库的建立形式不是很明白，则可以通过向导的帮助来完成创建过程。

④单击“新建数据库”按钮，打开“创建”对话框，在“保存类型”下拉列表中系统默认选择“数据库(＊.dbc)”。选择保存位置，在“数据库名”文本框中输入数据库文件的名称“学生成绩管理.dbc”(系统默认为“数据库 1.dbc”)，如图 3-2-4 所示。

⑤ 单击“保存”按钮，打开“数据库设计器-学生成绩管理”窗口，如图 3-2-5 所示。此时，“学生成绩管理.dbc”数据库文件建立完毕，与此相关的库索引文件“学生成绩管理.dcx”和

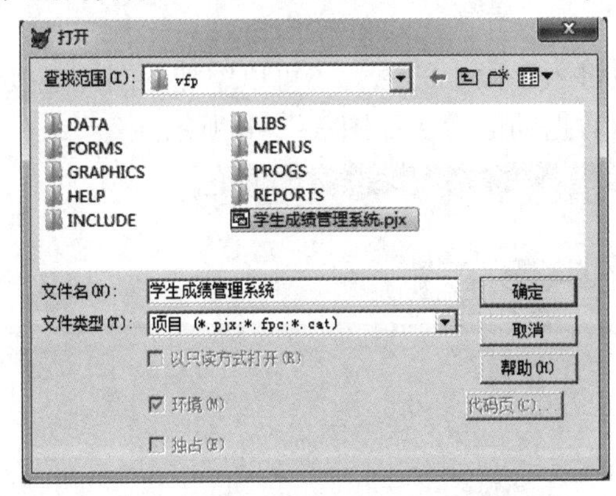

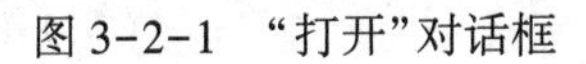
图 3-2-1 “打开”对话框

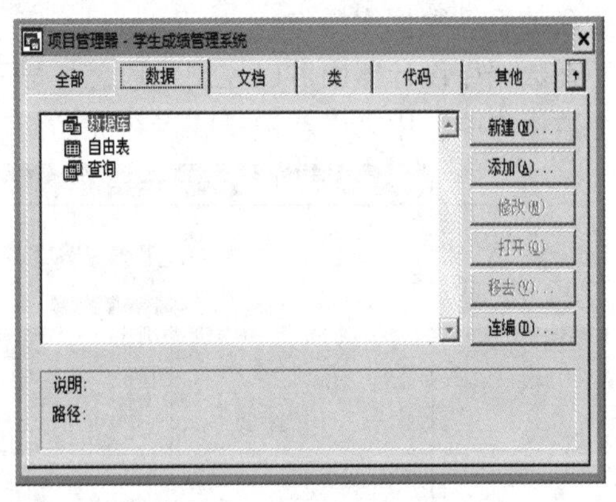

图 3-2-2 “数据”选项卡

备注文件“学生成绩管理 .dct”也一同自动生成。但是该数据库中没有包含任何其他文件，是一个空数据库。在打开数据库设计器的同时，Visual FoxPro 6.0 系统菜单中多了“数据库”菜单项，并打开“数据库设计器”工具栏，以方便用户对数据库操作。

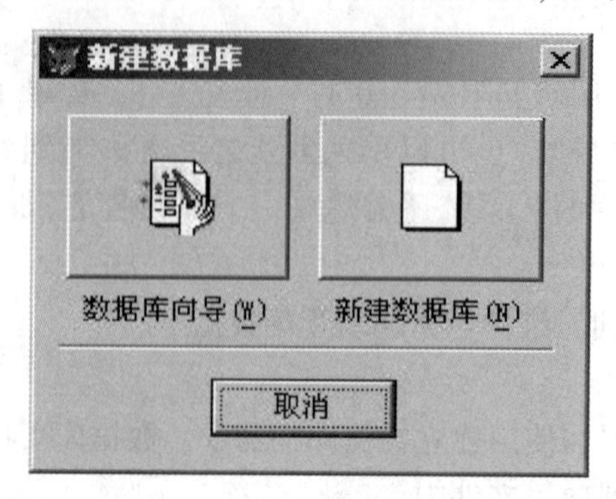

图 3-2-3 “新建数据库”对话框

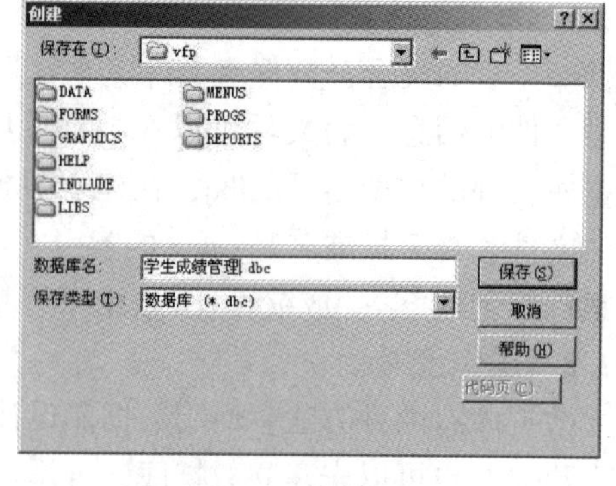

图 3-2-4 “创建”对话框

图 3-2-5 “数据库设计器-学生成绩管理”窗口

2. 使用命令方式创建

在“命令”窗口中输入如下的命令，创建数据库“学生成绩管理”。

CREATE DATABASE 学生成绩管理

接下来的操作步骤同在项目管理器中创建数据库的方法。

3.2.3 相关知识

1. 数据库设计器的使用

在打开的数据库中，利用数据库设计器提供的工具或快捷菜单，可以方便地建立数据库表或建立视图，也可以将自由表添加到数据库中，成为数据库表，以及建立数据库表间的永久关联关系等数据库操作。

在数据库设计器中可以控制字段怎样显示或键入字段中的值，还可以添加视图并连接到一个数据库中，用来更新记录或者扩充访问远程数据的能力，如图 3-2-6 所示。

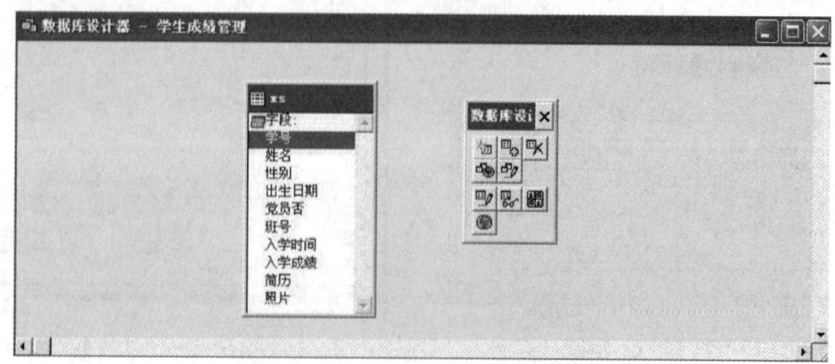

图 3-2-6 “数据库设计器”窗口

2. 使用“项目管理器”管理数据库

(1) 添加和删除数据库

可以使用“项目管理器”添加已有的文件或者用它来创建新的文件。例如，想把一些已有的扩展名为“. dbf”的表添加到项目中，只需要在“数据”选项卡中选择“自由表”选项，然后单击“添加”按钮把它们添加到项目中。

如果要从项目中移去文件，可先选定要移去的内容，然后单击“移去”按钮，打开删除提示框，并在提示框中单击“移去”按钮，如图 3-2-7 所示。移去只是将数据从项目中移动到项目外，文件依然存在，如果要彻底删除该文件，应在提示框中单击“删除”按钮。

图 3-2-7　删除数据库

(2) 修改数据库

“项目管理器”简化了创建和修改文件的过程。用户只需选定要创建或修改的文件类型，然后单击“新建”或“修改”按钮，Visual FoxPro 6.0 将显示与所选文件类型相应的设计工具。如果要创建添加到“项目管理器”中的文件，可以先选定要创建的文件类型，然后单击“新建文件”按钮。对于某些项，可以利用向导来创建文件。如果要修改文件，可以先选定一个已有的文件，然后单击“修改”按钮。

例如，要修改一个表，先选定表的名称，然后单击“修改”按钮，该表便显示在“表设计器”中。

3. 创建和管理数据库的相关命令

(1) 创建数据库

CREATE DATABASE[<数据库名>|?]

其中，<数据库名>用于指定创建数据库的位置、文件名。如果不指定数据库名或者在命令后加“?”，则会打开“创建”对话框。

(2) 打开数据库

OPEN DATABASE[<文件名>|?][EXCLUSIVE|SHARED][NOUPDATE]

打开一个数据库，如果不指定文件名或者在命令后加“?”，则会打开“打开”对话框。EXCLUSIVE 表示以独占的方式打开数据库；SHARED 表示以共享的方式打开数据库；NOUPDATE 表示不能对数据库进行任何修改。

(3) 修改数据库

MODIFY DATABASE[<数据库名>|?][NOWAIT][NOEDIT]

打开数据库设计器，交互地修改当前数据库，如果不指定数据库名或者在命令后加“?”，则会打开“创建”对话框。NOWAIT 表示在打开数据库设计器后继续程序的执行，不必等待数据库设计器关闭；NOEDIT 表示禁止修改数据库。

(4) 关闭数据库

CLOSE DATABASES

关闭当前的数据库和表，如果没有当前数据库，则关闭所有打开的自由表。

(5) 删除数据库

DELETE DATABASE[<数据库名>|?][DELETETABLES][RECYCLE]

从磁盘上删除数据库，如果不指定数据库名或者在命令后加“?”，则会打开“打开”对话框。DELETETABLES 表示从磁盘上删除包含在数据库中的表；RECYCLE 表示将删除的数据库放入回收站。

3.3 【案例7】创建“XS”表

3.3.1 案例描述

表是处理数据和建立关系型数据库及应用程序的基本单元。表的操作包括处理当前存储于表中的信息、定制已有的表或者创建自定义的表来存储数据。

在 Visual FoxPro 6.0 中有两种表：数据库表和自由表。数据库表是数据库的一部分，而自由表是独立存在于任何数据库之外的。

下面来创建数据库表“学生”表，表名为“XS. dbf”。

3.3.2 操作步骤

1. 交互方式创建表

(1) 打开“项目管理器—学生成绩管理系统”对话框，切换到“数据”选项卡，与未建数据库文件时相比，在“数据库”选项的前面多了“⊞”号图标。单击“⊞”号图标，展开“学生成绩管理”数据库，如图 3-3-1 所示。在此可以看到数据库中包括表、本地视图、远程视图、连接和存储过程。

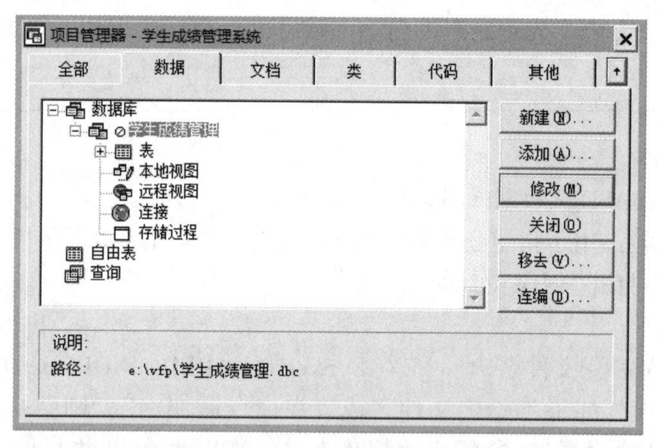

图 3-3-1 “学生成绩管理”数据库

(2) 选中“学生成绩管理”数据库下面的“表”文件，单击“新建”按钮，打开“新建表”对话框，如图 3-3-2 所示。在此提供了“表向导”和“新建表”两种创建方式。如果单击了“表向导”按钮，打开“表向导”对话框，按照向导的提示，依次从系统提供的实例表中选择需要的字段，并根据需求修改字段属性，创建表，在此不选用这种方法。如果对表的建立形式不是很明白，则可以通过向导的帮助来完成创建过程。

(3)单击“新建表”按钮，打开“创建”对话框，在“保存类型”下拉列表中系统默认选择“表/DBF(*. dbf)”。选择保存位置，在“输入表名”文本框中输入表文件的名称“XS. dbf”

(默认文件名为“表1”)，如图3-3-3所示。

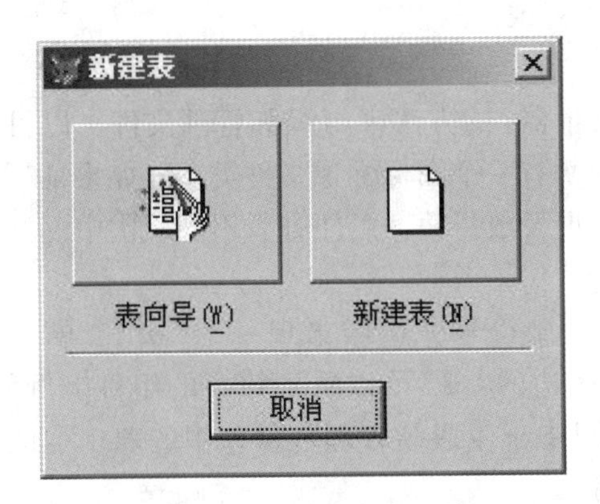

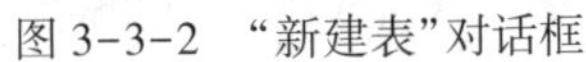
图3-3-2 “新建表”对话框

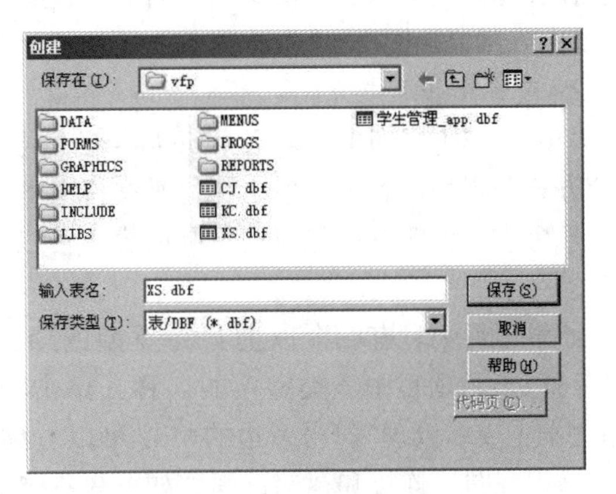

图3-3-3 “创建”对话框

(4) 单击“保存”按钮，打开“表设计器-XS”对话框，如图3-3-4所示。此时，“XS. dbf”表文件建立完毕。

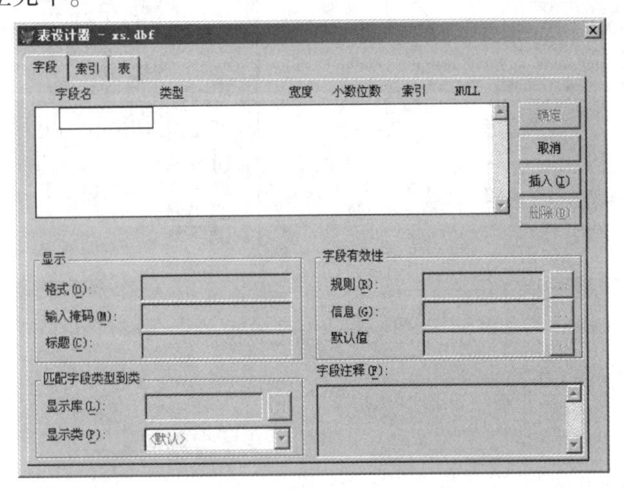

图3-3-4 数据库表表设计器对话框“字段”选项卡

2. 使用命令方式创建

在“命令”窗口中输入如下的命令，创建表。

CREATE XS

该命令直接打开“表设计器-XS”对话框，如图3-3-4所示。

3.3.3 相关知识

如果把若干个表放入数据库，可减少冗余数据的存储，保护数据的完整性。表文件可以在数据库中创建，也可以单独创建之后再添加到数据库中。当然，也可以不把表文件添加到数据库中或将数据库中的表文件移出。根据表文件是否被添加到数据库中，将表分为两类：数据库表和自由表。

1. 表文件名

建立表时，首先要给表起名字，在Visual FoxPro中规定，表文件名可以使用不超过255个字符(字母、汉字、数字或下划线)的名称，第一个字符必须是字母、汉字或下划线。注意一个汉字占用两个字符位置。表文件名的扩展名为.DBF。

在实际使用时，表名应该简明且容易记忆，可以使用汉语拼音声母组合或简短汉字作为表文件名。例如建立一个数据库表，可以命名为“XS”或“学生”。

2. 查看数据库中的表

“项目管理器”使用类似于Windows的“资源管理器”的方法来组织和管理文件，以目录树的方式分层列出各类文件，在每类文件名的左边都有一个图标标识文件类型。如果某项前有加号标志，说明它还包含下一级内容，可以将其展开或折叠，以便查看不同层次中的详细内容。

如果项目中具有一个以上某一类型的项，其类型符号旁边会出现一个“⊞”。单击该“⊞”可以显示项目中该类型项的名称，单击项目旁边的“⊞”可以看到该项的组件。例如，单击“学生成绩管理”符号旁边的“⊞”可以看到项目中学生成绩管理数据库中的表、本地视图、远程视图、连接和存储过程，如图3-3-5所示。

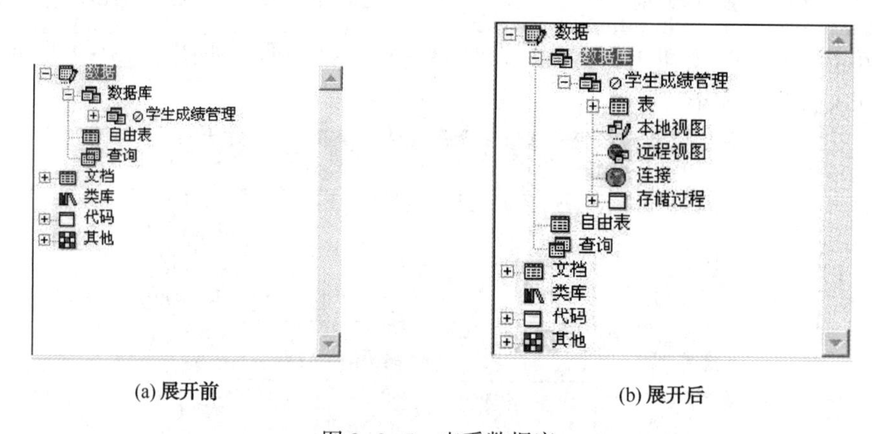

(a) 展开前　　(b) 展开后

图3-3-5　查看数据库

3. 管理表的命令

(1) 创建表

CREATE[<文件名>|?]

生成一个新表。如果不指定文件名或者在命令后加“?”，则会打开“创建”对话框，提示为正在创建的表命名。

(2) 向数据库中添加表

ADD TABLE[<表名>|?][NAME 长表名]

向当前数据库中添加自由表。

(3) 从表中移去相应的数据库信息

FREE TABLE[表名]

如果偶然从磁盘上删除了一个数据库，该数据库中的表仍然保留着对该数据库的引用。使用该命令可以从一个表中删除对数据库的引用，然后就可以打开该表或者将该表添加到其他数据库中。注意，如果数据库还存在，不能使用该命令，那样会导致数据库不能使用。

(4) 从数据库中移去表命令

REMOVE TABLE[<表名>]

将当前数据库中的表从数据库中移去，一旦表被移出，数据库长表名和长字段就不能被用于索引或者程序，该表就成为自由表，并可以添加到另一个数据库中去。

3.3.4 案例拓展

前边介绍了数据库表的创建，下面介绍自由表的创建，自由表的创建与数据库表的创建方法类似。

1. 交互方式创建表

（1）打开“项目管理器—学生成绩管理系统”对话框，切换到“数据”选项卡。选中自由表，单击“新建”按钮，打开“新建表”对话框，如图 3-3-2 所示。在此提供了“表向导”和“新建表”两种创建方式。如果单击了“表向导”按钮，打开“表向导”对话框，按照向导的提示，依次从系统提供的实例表中选择需要的字段，并根据需求修改字段属性，创建表，在此不选用这种方法。如果对表的建立形式不是很明白，则可以通过向导的帮助来完成创建过程。

（2）单击“新建表”按钮，打开“创建”对话框，在“保存类型”下拉列表中系统默认选择“表/DBF(*. dbf)”。选择保存位置，在“输入表名”文本框中输入表文件的名称“XS. dbf”（默认文件名为“表 1”），如图 3-3-3 所示。

（3）单击“保存”按钮，打开“表设计器-XS”对话框，如图 3-3-6 所示。此时，“XS. dbf”表文件建立完毕。

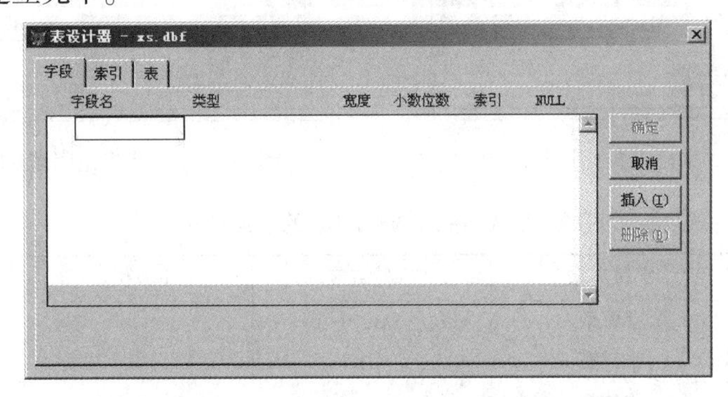

图 3-3-6 自由表表设计器对话框“字段”选项卡

2. 使用命令方式创建

在“命令”窗口中输入如下的命令，创建表。

CREATE XS

该命令直接打开“表设计器-XS”对话框，如图 3-3-6 所示。

3.4 【案例 8】定制“XS”表

3.4.1 案例描述

要创建表首先要创建该表的结构，然后才可以向表中输入数据信息。

定制表需要注意三点，首先，字段的数据类型应与将要存储在其中的信息类型相匹配；其次，使字段的宽度足够容纳将要显示的信息内容；最后，为“数值型”或者“浮点型”字段设置正确的小数点。

接下来按照“学生”表的需要创建数据库表，为“XS. DBF”设置字段并输入相应数据记录。

3.4.2 操作步骤

1. 定制表结构

① 如图 3-3-4 所示，在“字段”选项卡中，首先需要在“字段名”文本框中输入字段名称，例如输入“学号”，然后字段的类型和宽度就可以设置了。

可以为该字段选择适合的数据类型，系统默认的是字符型。根据字段的类型为其设置宽度，如图 3-4-1 所示。对于一些数据类型，如日期型、逻辑型、备注型和通用型等，不用设置数据宽度，它们有默认的数据宽度。

② 根据表 3-4-1 所示内容，重复第①步的操作，直至添加完所有的字段，如图 3-4-2 所示，完成“XS. dbf”表的结构设计。

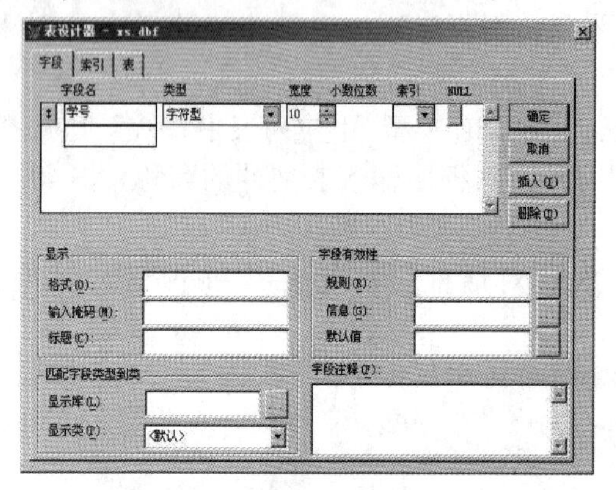

图 3-4-1 “字段”选项卡设置

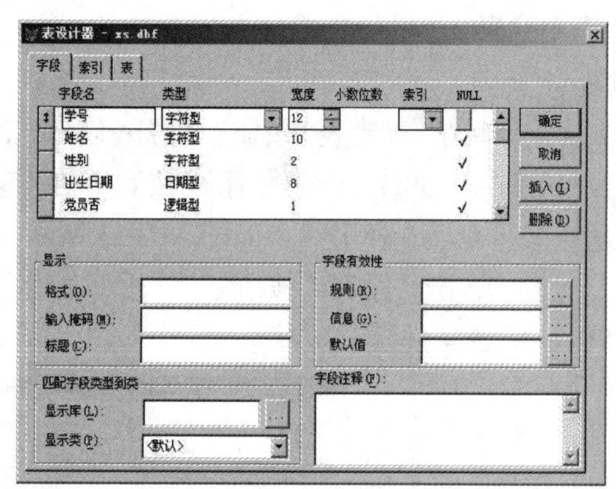

图 3-4-2 添加完字段的“字段”选项卡

表 3-4-1 XS. DBF 的表结构

字段名	字段类型	字段宽度	小数位数	NULL
学号	字符型	12		否
姓名	字符型	10		是
性别	字符型	2		是
出生日期	日期型	8		是
党员否	逻辑型	1		是
班号	字符型	3		是
入学时间	日期型	8		是
入学成绩	数值型	5	1	是
简历	备注型	4		是
照片	通用型	4		是

③ 单击“确定”按钮，弹出 Visual FoxPro 6.0 系统提示信息对话框，询问“现在输入数据记录吗?”，如图 3-4-3 所示。

④ 如果单击“否”按钮，则关闭对话框，生成一个空表文件，以后再输入记录。如果单击“是”按钮，打开数据录入编辑窗口，每个字段按照设计的宽度独占一行，每条记录占一块区域，可以在此输入各条记录的具体数据，如图 3-4-4 所示。

2. 输入数据记录

① 分别在“学号”字段后输入“070101140101”，在“姓名”字段后输入“杨洋”等各字段内容，数据如表 3-4-2 所示。

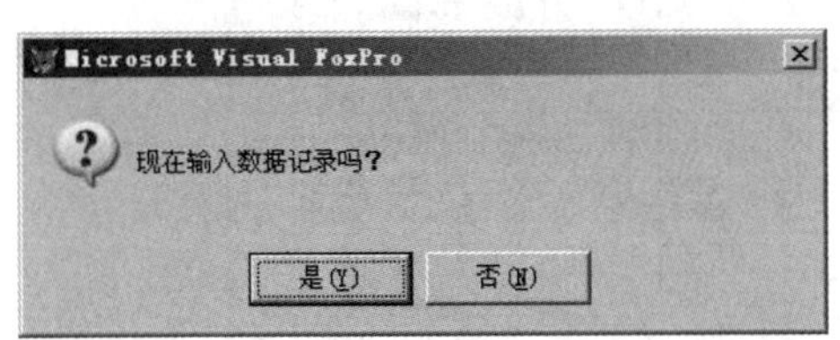

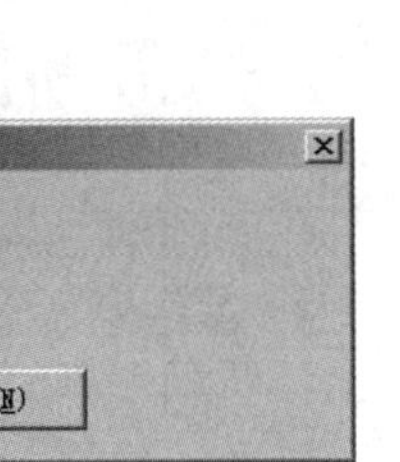

图 3-4-3　提示信息对话框

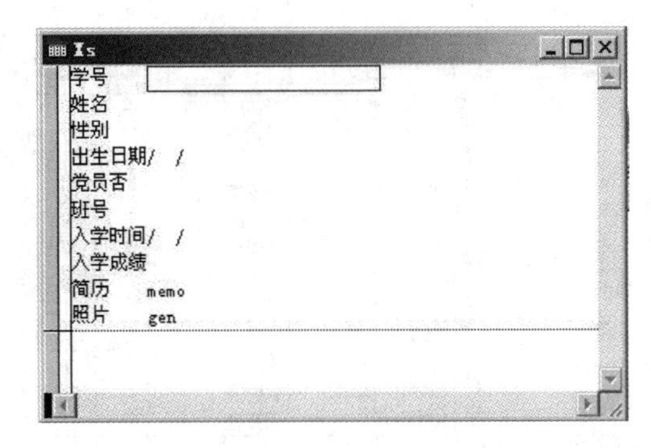

图 3-4-4　输入记录

② 当输入到"简历"字段时，我们可以看到该字段后面跟有"memo"，如果这里 memo 为小写，表示该字段没有内容，如果有内容，则变为大写"Memo"。备注型字段的录入，双击"memo"，进入编辑器，输入完字符型数据后关闭编辑器，此时"memo"变为大写"Memo"。

表 3-4-2　XS. DBF 的记录

学号	姓名	性别	出生日期	党员否	班号	入学时间	入学成绩	简历	照片
070101140101	杨洋	男	1988-5-10	. T.	1	2007-9-1	650	黑龙江省"优秀三好学生"	
070101140102	李明浩	男	1989-1-3	. F.	1	2007-9-1	643		
070101140103	王月	女	1990-6-6	. F.	1	2007-9-1	610		
080701140101	赵玉梅	女	1990-9-12	. T.	1	2008-9-1	630		
080701140201	冯天鹏	男	1991-3-6	. F.	2	2008-9-1	591		
080701140202	刘渊博	男	1990-12-1	. T.	2	2008-9-1	595	获全国中学化学竞赛一等奖	
090603140208	罗萍萍	女	1989-8-4	. F.	2	2009-9-1	610		
090603140205	吴昊	男	1991-6-7	. T.	2	2009-9-1	670		
090603140301	张爽	女	1990-3-6	. F.	3	2009-9-1	623		
100801140101	邵亮	男	1992-7-5	. T.	1	2010-9-1	600		
100801140201	于明秀	女	1992-6-8	. F.	2	2010-9-1	585		
100801140305	周红岩	男	1993-9-5	. F.	3	2010-9-1	612		

③ 当输入到"照片"字段时，我们可以看到该字段后面跟有"gen"，这里如果"gen"为小写，表示该字段中没有图片，如果有图片，则变为大写"Gen"。通用型字段的输入，双击"gen"，进入编辑窗口，此时可以选定【编辑】菜单的【插入对象】命令，插入图形、声音等多媒体数据文件，或者先将图片复制到剪贴板上，然后在编辑窗口再粘贴，然后关闭编辑器，此时"gen"变为"Gen"。

④ 所有记录输入完毕后关闭输入记录窗口，回到"项目管理器-学生成绩管理系统"对话框中，在"数据库设计器-学生成绩管理"窗口中出现了刚建立的"XS"表，双击"XS"表的标题或者选择"XS"表，然后单击项目管理器面板中的"浏览"按钮，打开"XS"浏览记录窗口，如图 3-4-5 所示。

Xs

学号	姓名	性别	出生日期	党员否	班号	入学时间	入学成绩	简历	照片
070101140101	杨洋	男	05/10/88	T	1	09/01/07	650.0	Memo	gen
070101140102	李明浩	男	01/03/89	F	1	09/01/07	643.0	memo	gen
070101140103	王月	女	06/06/90	F	1	09/01/07	610.0	memo	gen
080701140101	赵玉梅	女	09/12/90	T	1	09/01/08	630.0	memo	gen
080701140201	冯天鹏	男	03/06/91	F	2	09/01/08	591.0	memo	gen
080701140202	刘渊博	男	12/01/90	T	2	09/01/08	595.0	Memo	gen
090603140208	罗萍萍	女	08/04/89	F	2	09/01/09	610.0	memo	gen
090603140205	吴昊	男	06/07/91	T	2	09/01/09	670.0	memo	gen
090603140301	张爽	女	03/06/90	F	3	09/01/09	623.0	memo	gen
100801140101	邵亮	男	07/05/92	T	1	09/01/10	600.0	memo	gen
100801140201	于明秀	女	06/08/92	F	2	09/01/10	585.0	memo	gen
100801140305	周红岩	男	09/05/93	F	3	09/01/10	612.0	memo	gen

图 3-4-5 “XS”浏览记录窗口

3.4.3 相关知识

1. 表的结构

表文件由表结构和记录两部分组成，每行称为一条记录，每列称为一个字段，如图 3-4-5 所示。表结构是表文件必不可少的部分；记录可多可少，没有记录只有表结构的表文件称为空表。表文件的扩展名为 . dbf，若表有备注型字段，则同时会生成同名的 . fpt 的备注文件，否则没有该文件。

2. 表设计器的使用

在字段中可以设计表文件的结构，包括字段名、字段类型、字段宽度和小数位数等属性。另外，还包括是否对该字段建立索引、该字段是否可以包含空值的选项。在“表设计器”对话框中包括字段、索引和表 3 张选项卡，默认打开的是“字段”选项卡。通过单击“类型”下拉列表可选择所需类型，如图 3-4-6 所示。

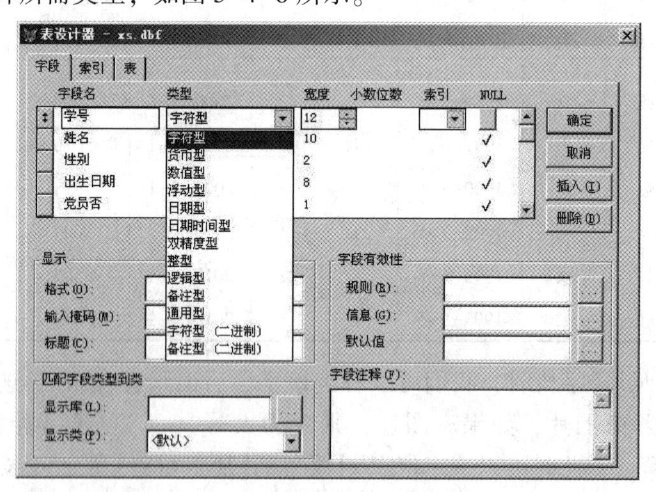

图 3-4-6 数据库表设计器

字段名是一种字段变量，它以字母或汉字开头，后面可以用字母、数字、汉字和下划线等符号。数据库表字段名总长度不超过 128 个字符，不能用空格，而自由表字段名总长度不超过 10 个字符。字段类型指定了数据的类型，字段宽度指定了被存储数据的最大长度。有些字段的宽度可由用户按需要设定，有些则由系统默认指定。各种字段类型及其相应宽度如表 3-4-3 所示。

只有将字段类型设置为数值型、浮点型、双精度型才需要设置小数位数，小数位数一列才为可用状态。带小数的数值型字段宽度计算如下：

字段宽度=1(正负号)+整数位数+1(小数点)+小数位数

例如：数值型字段宽度为7，小数位数为2位，则能存放的最大数值为9999.99，最小数值为-999.99。

索引是一种逻辑排序方式，如果希望输出记录时按照某个字段的升序或降序输出，可以单击“索引”的下拉箭头，选择排序方式。

NULL在数据库中有特殊的作用，他既不是“0”和“空格”，也不是空字符串，他等同于没有任何值，NULL可以作为某些函数的判断依据，但主关键字段不允许有空值。

表3-4-3 字段类型及其相应宽度

类型	字母简称	字段宽度	说明
字符型	C	1~254	存储文本信息，宽度由用户根据需要设定
货币型	Y	8	存储货币数据，数值保留4位小数
数值型	N	1~20	存储数值信息，宽度由用户根据需要设定
浮动型	F	4	存储数值信息
日期型	D	8	存储日期数据
日期时间型	T	8	存储日期和时间数据
双精度型	B	8	存储高精度的数值信息
整型	I	4	存储无小数位的数值信息
逻辑型	L	1	存储.T.或.F.两个逻辑数据
备注型	M	4	存储较长的文本信息
通用型	G	4	存储OLE对象
字符型(二进制)	C	4	存储二进制字符型数据，类似于字符型，不需要通过代码页进行转换
备注型(二进制)	M	4	存储二进制备注信息，类似于备注型，不需要通过代码页进行转换

3. 管理数据的相关命令

(1) 打开表

USE[<表名>][EXCLUSIVE|SHARED]

打开一个表，EXCLUSIVE表示以独占的方式打开表；SHARED表示以共享的方式打开表。

如果不加表名执行USE命令，并且现在工作区中已打开了一个表，则表示关闭表。

(2) 浏览表的结构

DISPLAY|LIST STRUCTURE[TO PRINTER|TO FILE<文件名>]

LIST以滚动显示的方式显示表的结构，DISPLAY以分屏显示的方式显示表的结构，即先显示第一屏，然后暂停，按任意键或在任意位置单击鼠标显示下一屏的信息，这样可以依次清楚地观看显示的各屏信息。TO PRINTER将内容输出到打印机，TO FILE<文件名>将内容存入文本文件。

(3) 表结构的修改

MODIFY STRUCTURE

打开“表设计器”，修改当前表的表结构。

(4) 浏览表

BROWSE[FIELDS 字段名列表]

打开浏览窗口，显示当前或选定表的记录，选择了 FIELDS 可以选择表中的字段。

(5) 显示记录

LIST|DISPLAY[OFF][FIELDS<字段名列表>][<范围>][FOR<条件>][WHILE<条件>][TO PRINTER[PROMPT]|TO FILE<文件名>]

说明：

[OFF]：使用 OFF 时，不显示记录号，否则显示记录号。

[<范围>]：范围为可选项，选择时为 ALL、RECORD n、NEXT n、REST 中的一个参数，表示记录显示的范围。

ALL：对当前数据表中的所有记录进行操作。

NEXT n：对从当前记录开始的 n 条记录进行操作(包括当前记录在内)。

RECORD n：仅对指定的第 n 条记录进行操作。

REST：对从当前记录开始到数据表结尾的所有记录进行操作。

FIELDS<字段名列表>：若省略<字段名表列>，则显示当前表中的所有字段，否则显示指定的字段。如果备注字段名出现在<字段名表列>中，则它的内容按 50 个字符列宽显示。

FOR<条件>：该子句用于选择条件满足的所有记录，省略<范围>则默认为 ALL，全部记录。

WHILE<条件>：在规定的范围内，只要条件成立，就对当前记录执行该命令，并把记录指针指向下一个记录，一旦遇到使条件不满足的记录，就停止搜索并结束该命令的执行。即遇到第一个不满足条件的记录时，就停止执行该命令，即使后面还有满足条件的记录也不执行。若省略范围则默认为 REST。

LIST 命令省略所有可选项，系统默认范围为所有记录，而 DISPLAY 则默认为当前记录。

注意：命令的结构是由命令动词和命令短语构成，命令短语分必选短语和可选短语，在命令格式中，约定界限符[ ]中的内容就是可选的，<>中的内容是必选的，| 表示在其中任选一项。命令的书写规则如下：

① 每一个命令必须以一个命令动词开头，而命令中的各个子句可以以任意次序排列。

② 命令行中各个词应以一个或多个空格隔开。

③ 一个命令行的最大长度是 8192 个字符。一行写不下，可以用续行符“;”进行续行。

④ 命令行的内容可以用英文字母的大写、小写或大小写混用。

⑤ 命令动词和子句中的短语可以使用其前 4 个以上字母缩写表示。如：

DISPLAY STRUCTURE 简写成 DISP STRU

⑥ 一行只能写一条命令，每条命令的结束标志是回车键。

(6) 表记录指针的定位

① 绝对定位

GO[TO]　<记录号>|TOP|BOTTOM

GO 命令是将记录指针定位到指定的记录上。命令中记录号的取值范围是 1 至当前表中的最大记录个数，即函数 RECCOUNT()的值，否则出错。TOP 和 BOTTOM 分别表示表的第一条和最后一条记录。

② 相对定位

SKIP[<数值表达式>]

把记录指针以数据表的当前记录为基准进行移动。移动的记录数等于<数值表达式>的值，其值为正数时，记录指针向下移动；当<数值表达式>是负数时，记录指针向上移动。省略选择项<数值表达式>，约定为向下移动一条记录，即 SKIP 等价于 SKIP 1。

如果记录指针指向末记录而执行 SKIP，则 RECNO( )返回一个比表记录数大 1 的数，且 EOF( )返回 . T. 。

如果记录指针指向首记录而执行 SKIP -1，则 RECNO( )返回 1，且 BOF( )返回 . T. 。

(7) 追加记录

APPEND[BLANK]

在表的末尾添加一个或者多个新记录，如果选择了 BLANK，表示在当前表的末尾添加一个空记录。

(8) 插入记录

INSERT[BLANK][BEFORE]

在当前记录之前或之后插入一条新记录。选择[BEFORE]子句，新记录插在当前记录之前，当前记录和其后的记录向后顺序移动；否则插在当前记录之后，当前记录之后的记录顺序向后移动。选择[BLANK]子句，则插入一条空记录。省略所有可选项，则在当前记录之后插入新记录。

(9) 修改记录

① EDIT|CHANGE

两个命令功能相同，打开编辑窗口编辑表中的记录。

② REPLACE<字段 1>WITH<表达式 1>[ADDITIVE][,<字段 2>WITH<表达式 2>[ADDITIVE]][,…][<范围>][FOR<条件>][WHILE<条件>]

该命令不进入全屏幕编辑方式，根据命令中指定的条件和范围，用一个表达式的值替换当前表中一个字段的值。<字段 1>指定要替换值的字段，WITH<表达式 1>指定用来进行替换的表达式或值。该命令一次可以替换多个字段的值，但每个字段要一一指出。

REPLACE 命令省略所有可选项，系统默认范围为当前记录。

(10) 逻辑删除记录

DELETE[<范围>][FOR<条件>][WHILE<条件>]

对当前表文件中指定的记录做删除标记，记录本身并没有被删除，仅仅是打上了删除标记。若缺省所有可选项，DELETE 默认只删除当前记录。

(11) 取消删除标记

RECALL[<范围>][FOR<条件>][WHILE<条件>]

取消指定范围内符合条件记录的删除标记。

(12) 物理删除

① PACK

从当前表中永久删除做了删除标记的记录。使用此命令，不能再恢复已删除的记录。

② ZAP

从表中删除所有记录，无论记录是否打上删除标记，全部被删除，只留下表的结构。

（13）表结构复制命令

COPY STRUCTURE TO<文件名>[FIELDS<字段名列表>]

该命令仅复制当前表的结构，不复制其中的数据。不加可选项表示复制所有字段，否则，用 FIELDS 指明新表所包含的字段，同时指明了字段的顺序。

（14）表复制命令

① COPY FILE<文件名 1>TO<文件名 2>

该命令可以复制任何类型文件，从文件名 1 复制到文件名 2，被复制的文件必须处于关闭状态，不能打开。若复制表时，该表若有备注文件，则备注文件也要复制，否则复制的新表不能被打开。

② COPY TO <文件名>[FIELDS <字段名表>][<范围>][FOR<条件>][WHILE <条件>][[TYPE]SDF|DELIMITED|XLS][WITH <定界符>|BLANK]

该命令将当前表中的数据与结构同时复制到指定的表中，即复制了一个新的表。此命令还可以将当前表复制生成一个其他格式的数据文件。被复制的表必须处于打开状态，<文件名>为新表的文件名。若表含有备注文件，连同备注文件一起复制。

TYPE SDF：新文件为文本文件，数据间无分隔符，无定界符。

TYPE DELIMITED：新文件为文本文件，数据间分隔符为“,”，定界符为双引号。

TYPE XLS：新文件为 Excel 文件。

TYPE DELIMITED WITH <定界符>：新文件为文本文件，数据间分隔符为“,”，定界符用<定界符>指定。

TYPE DELIMITED WITH BLANK：新文件为文本文件，数据间分隔符为空格，定界符为双引号。

（15）排序命令

SORT TO <文件名> ON <字段 1>[/A|/D][/C][,<字段 2>[/A|/D][/C]…][FIELDS <字段名表>][<范围>][FOR <条件>][WHILE <条件>]

该命令对当前表中的记录按指定的字段排序，并将排序后的记录输出到一个新的表中。命令中各子句的含义是：

① <文件名>是排序后产生的新表文件名，其扩展名默认为 .dbf。

② 由<字段 1>的值决定新表中记录的排列顺序，缺省时，按升序排列。不能按备注型或通用型字段排序。可以用多个字段排序，<字段 1>为首要排序字段，<字段 1>的值相等的记录再按<字段 2>进一步排序，依此类推。

③ 对于在排序中使用的每个字段，可以指定升序或降序的排列顺序。/A 表示升序，/D 表示降序，/A 或/D 适合于任何类型的字段。缺省时，字符型字段中的字母大小写是不同的。如果在字符型字段后加上/C，则忽略大小写。可以把/C 与/A 或/D 选项结合在一起使用。例如，/AC，/DC。

④ 由 FIELDS 指定从当前表中的字段来生成新表中包含的字段名。如果省略 FIELDS 子句，当前表中的所有字段都包含在新表中。

⑤ 各种类型的字段名都可用作排序关键字。数值型字段按数值大小进行排序，字符型字段值的大小根据组成字符串的字符的 ASCII 码值的大小进行排序，汉字按其内码大小，日期型字段按年、月、日的先后顺序进行排序，逻辑型字段 .F. 小于 .T. 。

⑥ 若省略<范围>、FOR <条件>和 WHILE <条件>等选项，表示对所有记录排序。

4. 索引

(1) 索引的概念

索引是按索引表达式使数据表中的记录有序地进行逻辑排列的技术。索引不改变当前表记录的物理顺序，而是建立一个与数据表相对应的索引文件。在索引文件中，只保留按索引关键字表达式值的逻辑顺序的索引条目。索引文件发生作用后，要显示表记录时，系统能按索引文件中的索引条目取出表中的物理记录，达到按索引关键字的逻辑顺序来列出记录的效果。

对于用户来说，虽然排序和索引都以增加文件为代价，但索引文件只包含关键字值和记录号，比被索引的要小得多。索引起作用后，增删或修改表的记录时，索引文件会自动更新。索引不但可以使数据记录重新组织时节省磁盘空间，而且可以提高表的查询速度。

(2) 索引文件的种类

Visual FoxPro 提供了两种不同类型的索引文件：单索引文件和复合索引文件。

① 单索引文件：单索引文件是指一个索引文件中只能保存一个索引，其扩展名为 .IDX。这类索引是为了与旧版本 FoxBASE 和开发的应用程序兼容而保留的，现在已很少使用。

② 复合索引文件：复合索引文件可以存储多个索引，其扩展名为 .CDX。复合索引文件一定是压缩的索引文件。复合索引文件又分为结构复合索引和非结构复合索引两种。

结构复合索引文件，它的文件名与相应的表名相同，扩展名仍为 .CDX。结构复合索引文件的特殊性在于随着表的打开，该索引文件自动打开，随着对表记录的修改，索引也将自动更新。

非结构复合索引文件名与数据表文件名不同，扩展名仍为 .CDX。打开非结构复合索引的文件需要使用 SET INDEX 命令或 USE 命令中的 INDEX 子句。

(3) 索引的类型

Visual FoxPro 索引分为主索引、候选索引、唯一索引和普通索引。

① 主索引：指关键字段或索引表达式中不允许出现重复值的索引，主要用于主表或被引用的表，用来在一个永久关系中建立参照完整性。对于表而言，只能创建一个主索引，而且只能在数据库表中创建。

② 候选索引：可以作主关键字的索引，因为它不包含 NULL 值或重复值。在数据表和自由表中均可以为每个表建立多个候选索引。

③ 普通索引：可以用来对记录排序和搜索记录，它不强迫记录中的数据具有唯一性。在一个表中可以有多个普通索引。

④ 唯一索引：是指数据表记录在排序时，相同关键字值的第一条记录收入索引中，为了保持与早期版本的兼容性。

(4) 索引的建立

INDEX ON<索引关键字表达式>TAG<索引标识名>[TO<单索引文件名>][OF<复合索引文件名>][ASCENDING| DESCENDING][UNIQUE|CANDIDATE][ADDITIVE]

建立索引文件或建立索引标识。

命令说明：

① TAG 子句用于建立复合索引标识或复合索引文件。TO 子句用于建立单索引文件。

② OF<复合索引文件名>选项用于指定非结构复合索引文件的名字，缺省表示建立结构复合索引。

③ ASCENDING | DESCENDING：分别用于指定升序或降序，缺省默认为升序，单索引文件只能按升序排列，而复合索引文件既可以按升序排列也可以按降序排列。

④ UNIQUE | CANDIDATE：用于表示索引类型，UNIQUE 表示建立唯一索引，CANDIDATE 表示建立候选索引，缺省默认为普通索引。

⑤ ADDITIVE 表示建立索引文件时不关闭先前打开的索引文件。

（5）索引的使用

① 打开单索引文件

USE <表文件名>INDEX<单索引文件名表>

在打开数据表的同时打开一个或多个索引文件。如果文件有多个，文件之间用逗号隔开，并确定第一个索引文件为主控索引文件。

SET INDEX TO <单索引文件名表>[ADDITIVE]

先打开表，然后打开索引文件。该命令打开当前表的一个或多个索引文件，并确定第一个索引文件为主控索引文件。缺省 ADDITIVE 选项，则在打开单索引文件的同时关闭其他前面打开的单索引文件。

② 单索引文件的关闭

CLOSE INDEX 或 SET INDEX TO

数据表关闭时单索引文件也随之关闭，或者用上述命令关闭。

③ 设置主控索引

SET ORDER TO[<数值表达式>]|[TAG <索引标识名>][OF <复合索引文件名>][ASCENDING|DESCENDING][ADDITIVE]

为当前表指定主控索引。<数值表达式>表示索引的序号，当数值表达式的值为 0 时，或省略所有可选项，只写 SET ORDER TO，取消主控索引，记录仍按照记录号的物理顺序显示，但并未关闭索引文件。

④ 删除索引

DELETE FILE <单索引文件名>

该命令用于删除一个单索引文件。

DELETE TAG ALL | <索引标标识表>

该命令用于删除打开的复合索引文件的所有索引标识或指定的索引标识。如果一个复合索引文件的所有索引标识都被删除，则该复合索引文件也就自动被删除了。

⑤ 重新索引

REINDEX

对单索引文件和非结构索引文件，如对数据进行插入、删除或修改时没有打开它们，那么这些索引文件就无法随数据表的内容及时更新，为了保持数据表和索引数据的完整性，就必须重新索引。重新索引必须打开数据表和索引文件，然后执行重新索引命令。

5. 查询命令

（1）顺序查询

顺序查找是在指定范围内，按照记录号的顺序查找满足条件的记录，并将记录指针定位于第一个满足条件的记录。如果查找不成功，则记录指针定位于指定范围的最后一条记录的下一条。

LOCATE FOR[Expression][Scope]

按顺序搜索表，从而找到满足指定逻辑表达式的第一条记录。其中 FOR[Expression]表示让 LOCATE 按顺序搜索当前表以找到满足表达式[Expression]的第一条记录。[Scope]表示指定要定位的记录范围，可以使用 ALL、NEXT 记录数、RECORD 记录号、REST 四种范围。

由于该命令只能找到满足条件的第一条记录，所以在发现了该记录后，应当执行 CONTINUE 命令，在表的剩余部分寻找其他满足条件的记录。

CONTINUE

当执行 CONTINUE 时，搜索操作从满足条件的记录的下一个记录开始继续执行。可以重复执行 CONTINUE 命令，直到到达范围边界或表尾。

(2) 判断查询是否成功

FOUND()

用来判断查询命令是否成功，该函数返回一个逻辑值，指明最近执行的命令 LOCATE、CONTINUE 是否成功。如果搜索成功，该函数返回“真”(.T.)值。

(3) 索引查询

① FIND <字符串>|<数字>

查找字符型常量不用定界符，查找字符型变量，必须使用宏替换函数。

② SEEK

SEEK <表达式>[ORDER nIndexNumber|[TAG]TagName];

[ASCENDING|DESCENDING]

其中表达式的值是索引项或索引关键字的值，可以用索引号(nIndexNumbe)或索引名(TagName)指定按哪个索引定位，还可以使用 ASCENDING 或 DESCENDING 说明按升序或降序定位(当表中的记录非常多时，根据索引关键字的值决定从前面开始查找或从后面开始查找，以提高查找的速度)。表达式类型可以是字符型、数值型和日期型。如果查找字符型常量，必须使用定界符，且查找字符型变量。变量前不使用宏替换函数。

6. 统计命令

(1) 记录数统计命令

COUNT[<范围>][FOR<条件>][WHILE<条件>][TO <内存变量>]

该命令计算指定范围内满足指定条件的记录个数。范围缺省默认所有记录。

(2) 求和命令

SUM[<表达式表>][<范围>][FOR<条件>][WHILE<条件>];

[TO <内存变量表>|ARRAY <数组>]

该命令对当前表中，求指定的数值表达式之和。范围缺省默认所有记录。

(3) 求平均值命令

AVERAGE[<表达式表>][<范围>][FOR<条件>][WHILE<条件>];

[TO <内存变量表>|ARRAY <数组>]

该命令对当前表中，求指定的数值表达式的平均值。范围缺省默认所有记录。

3.4.4 案例拓展

例 1：根据 XS.DBF，写出进行如下操作的命令：

(1) 显示前 5 条记录。

USE XS

LIST NEXT 5

(2) 显示记录号为偶数的记录。
LIST FOR MOD(RECNO( ),2)= 0
(3) 显示所有男生党员的信息。
LIST FOR 性别="男" AND 党员否=.T.
(4)显示入学成绩超过600的学生学号、姓名、性别、年龄以及简历。
LIST 学号，姓名，性别，YEAR(DATE( ))-YEAR(出生日期)，简历 FOR 入学成绩>600
例2：根据XS.DBF，写出进行如下操作的命令：
(1) 将所有女生的入学成绩增加5分。
USE XS
REPLACE 入学成绩 WITH 入学成绩+5 FOR 性别="女"
(2) 将“刘渊博”的出生日期修改为1990年12月5日；
REPLACE 出生日期 WITH {^1990-12-05} FOR 姓名="刘渊博"
(3) 对XS.DBF增加5号记录。
GO 5
INSERT BEFORE
或GO 4
  INSERT
(4) 对XS.DBF第5号记录作删除标记。
DELETE RECORD 5
或GO 5
  DELETE
(5) 删除学生表中6~10之间的全部记录。
GO 6
DELETE NEXT 5
PACK
例3：分析下面语句执行后的结果，注意BOF( )，EOF( )和RECNO( )的值。
UES XS
? RECNO( ),BOF( )
SKIP-1
? RECNO( ),BOF( )
SKIP 2
? RECNO( ),BOF( )
GO BOTTOM
? RECNO( ),EOF( )
SKIP
? RECNO( ),EOF( )
例4：根据XS.DBF，写出进行如下操作的命令：
(1) 复制XS.DBF的表结构到XS1.DBF中。
USE XS
COPY STRUCTURE TO XS1

```
USE XS1                                && 查看 XS1 表的结构
LIST STRUCTURE
```

(2) 将入学成绩大于 600 分的记录复制到 new. dbf 中。

```
USE XS
COPY TO new FOR 入学成绩>600
USE new                                && 查看新表的记录
LIST
```

例 5：根据 XS. DBF，显示入学成绩最高的前 5 名学生的信息。

方法 1：用排序方法实现

```
USE XS
SORT ON 入学成绩/D TO cjb
USE cjb                                && 打开排序后生成的新表文件
LIST NEXT 5
```

方法 2：用单索引的方法实现

```
USE XS
INDEX ON-入学成绩 TO sy1               && 单索引只能升序,不能降序,注意表示方法
LIST NEXT 5
```

方法 3：用结构复合索引的方法实现

```
USE XS
INDEX ON 入学成绩 TAG rxcj DESCENDING
LIST NEXT 5
```

例 6：为 XS. DBF 表建立结构复合索引文件。

(1) 记录以姓名升序排列，索引标识 xm，索引类型为普通索引。

(2) 记录以出生日期升序排列，索引标识 csrq，索引类型为唯一索引。

(3) 记录以性别降序排列，性别相同的再按出生日期降序排列，索引标识 xbcsrq，索引类型为候选索引。

```
USE XS
INDEX ON 姓名 TAG xm
LIST
INDEX ON 出生日期 TAG csrq UNIQUE
INDEX ON 性别+DTOC(出生日期) TAG xbcsrq DESCENDING CANDIDATE
```

注意：索引关键字表达式必须是一个，若有多部分组成时，必须写成一个表达式且类型必须相同。

例 7：当有索引文件时，分析记录指针的移动规律。

```
USE XS
INDEX ON 入学成绩 TO sy3
? RECNO(),姓名
GO 5
? RECNO(),姓名
SKIP
? RECNO(),姓名
```

注意：使用索引文件后，虽然表中各记录的物理顺序并未改变，但记录指针不再按物理顺序移动，而是按主控索引文件中记录的逻辑顺序移动，于是整个表中的记录是按索引关键表达式值排序的效果。使用索引文件时，还要特别注意以下几点：

① 在使用 GO 命令时，GO <数值表达式>使记录指针指向具体的物理记录号，而与索引无关，而 GO TOP | BOTTOM 将使记录指针指向逻辑首或逻辑尾记录，这时 GO TOP 不再等同于 GO 1。

② SKIP 命令按逻辑顺序移动记录指针。

③ 表被打开后，记录指针位于 TOP 位置，而不一定指向 1 号记录。

例 8：根据 XS. DBF，分别统计男女生的人数。

```
USE XS
COUNT FOR 性别="女" TO x1
COUNT FOR 性别="男" TO x2
? x1,x2
```

例 9：根据 XS. DBF，求全体学生的平均年龄。

```
USE XS
AVERAGE YEAR(DATE())-YEAR(出生日期) TO y
? y
```

3.5 【案例 9】修改“KC”表的结构

3.5.1 案例描述

在学生成绩管理数据库中建立 KC. DBF，表的结构如表 3-5-1 所示。建立表结构时，先建立“课程名称”字段，“课程号”字段留着修改时添加，然后输入“课程名称”字段的内容如图 3-5-1 所示。录入记录后可以在 Visual FoxPro 6.0 中查看和编辑表中的数据，当打开表后，会在系统菜单中增加“表”菜单，利用该菜单，可以方便地进行表中的数据编辑和处理。用户还可以按照不同的需求定制“浏览”窗口。可以进行重新安排列的位置、改变显示格式、设置字段级和记录级的有效性检查，保证主关键字字段内容的唯一性等相关操作。

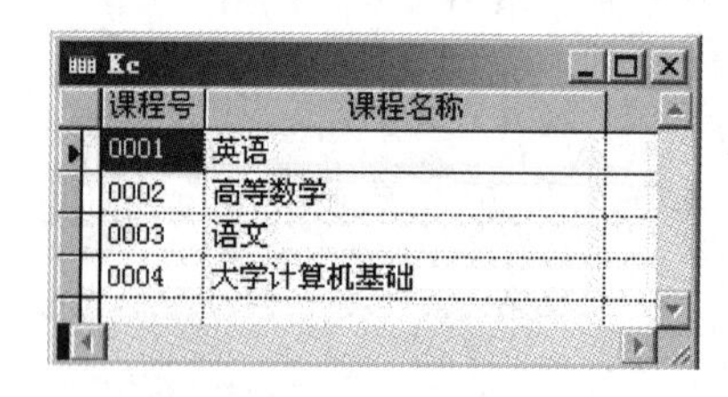
Kc

课程号	课程名称
0001	英语
0002	高等数学
0003	语文
0004	大学计算机基础

图 3-5-1　KC. DBF 的记录

接下来按照 KC. DBF 的浏览需要，修改表的结构及显示的方式。

表 3-5-1　KC. DBF 的表结构

字段名	字段类型	字段宽度	小数位数
课程号	字符型	4	
课程名称	字符型	20	

3.5.2 操作步骤

1. 建立 KC. DBF

打开“学生成绩管理系统”项目文件，单击“数据”选项卡，选中“学生成绩管理”数据库下面的“表”文件，单击“新建”按钮，打开“新建表”对话框，输入表名“KC”，打开表设计器，在字段名的位置输入“课程名称”，设置类型为“字符型”，宽度为“20”。单击确定按钮，弹出是否输入数据窗口，单击“是”按钮，录入“课程名称”数据，录入完成后，单击关闭按钮。

2. 修改表的结构

（1）在“学生成绩管理系统”项目文件中，单击“数据”选项卡，选中“学生成绩管理”数据库下面的“KC”表文件，单击“修改”按钮，打开表设计器，如图 3-5-2 所示。

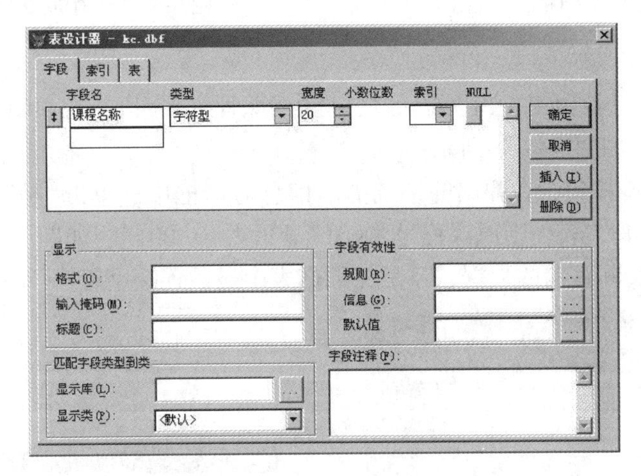

图 3-5-2　KC. DBF 的表设计器

（2）选中“课程名称”字段，单击“插入”按钮，则在该字段前出现一个空的新字段，在“字段名”中输入“课程号”，设置类型为“字符型”，宽度为“4”，如图 3-5-3 所示。

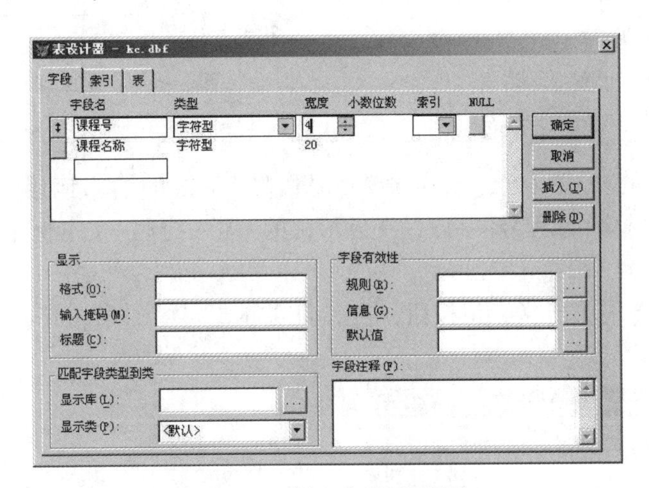

图 3-5-3　插入字段“课程号”

（3）插入字段完成后，单击“确定”按钮，弹出系统提示信息对话框，询问是否用此规则永久修改表结构，如图 3-5-4 所示。

（4）单击“是”按钮，返回到项目管理器，选择“KC”表，单击“浏览”按钮，打开浏览记录窗口。在 KC 表的“课程号”字段中输入“0001”，如图 3-5-5 所示。

（5）参考步骤(4)依次补全其他课程编号。

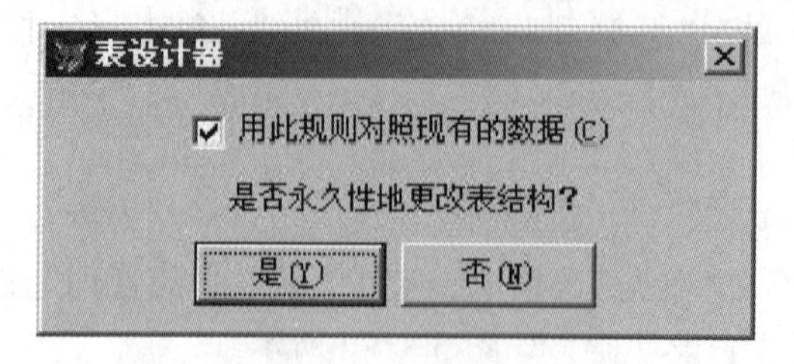

图 3-5-4　是否永久性更改表结构

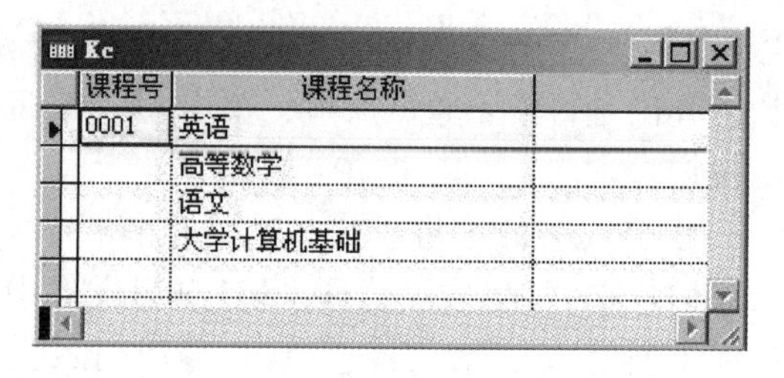

图 3-5-5　浏览 KC 表插入课程号

3. 修改显示格式

（1）打开“表设计器-KC. DBF”对话框，选中“课程号”字段，在显示栏的“格式”文本框中输入“R 9-999”，如图 3-5-6 所示。

（2）单击“确定”按钮，在弹出的系统提示信息对话框中，单击“是”按钮，确认表结构的更改。再次浏览“KC”表，则原课程号“0001”显示为“0-001”，如图 3-5-7 所示。显示格式的改变不会影响实际存储的数据，只是在数据表中显示连接字符“-”。

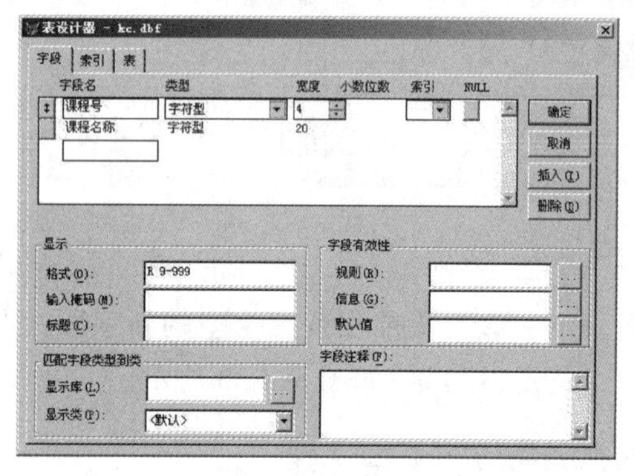

图 3-5-6　设置显示格式

图 3-5-7　更改课程号的显示格式

4. 设置输入掩码

（1）清除以前的格式设置，改为设置“课程号”字段的输入掩码。打开“表设计器-KC. DBF”对话框，选中“课程号”字段，在显示栏的“输入掩码”文本框中输入“9-999”，如图 3-5-8 所示。

（2）在表设计器中单击“确定”按钮，再次浏览“KC”表，课程号格式改变，如图 3-5-9 所示。

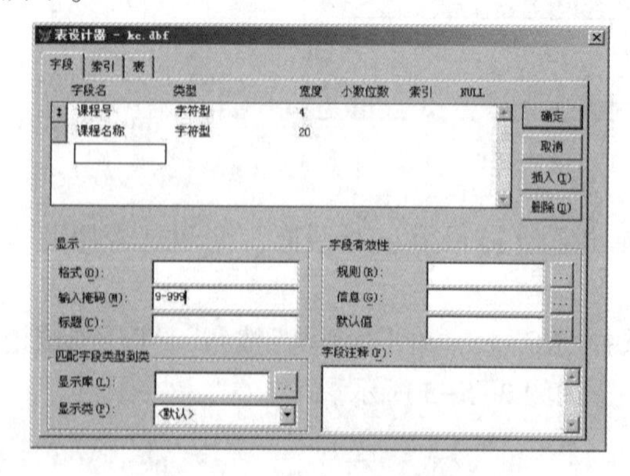

图 3-5-8　设置输入掩码

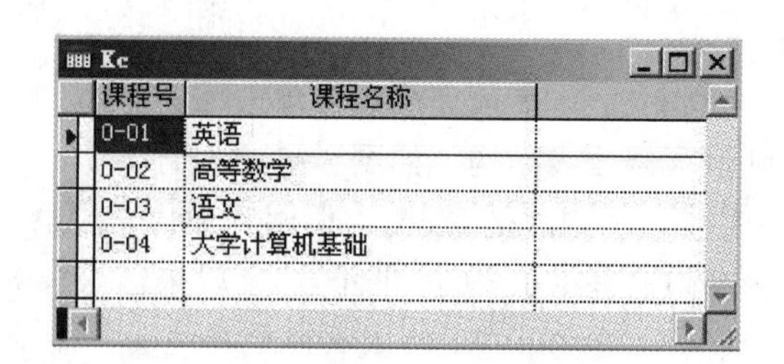

图 3-5-9　设置输入掩码后的课程号

5. 修改显示标题

（1）打开“表设计器-KC. DBF”对话框，选中“课程号”字段，在显示栏的“标题”文本框中输入“ID”，如图 3-5-10 所示。

（2）单击“确定”按钮，或者输入完命令后按下【Enter】键，再次浏览“KC”表，课程号标题改变，如图 3-5-11 所示。

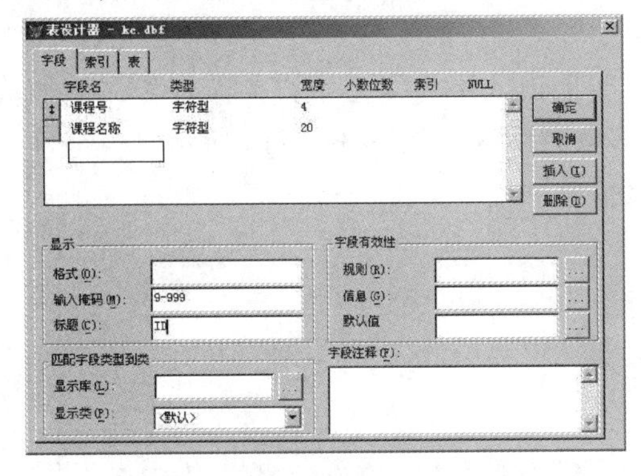

图 3-5-10　设置显示标题

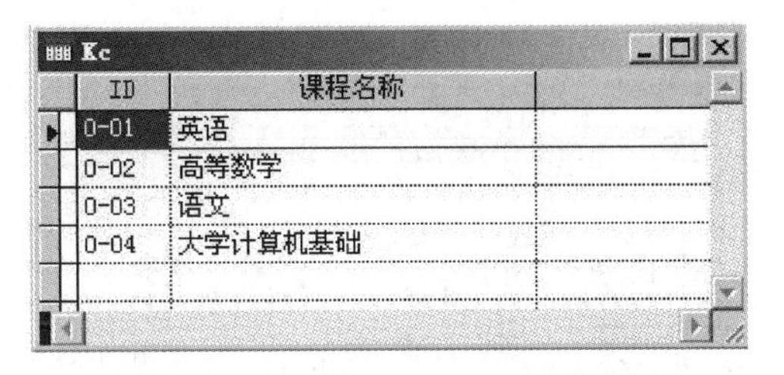

图 3-5-11　更改课程号的标题

6. 设置字段有效性规则

（1）打开“表设计器-KC. DBF”对话框，选中“课程号”字段，单击“规则”文本框右侧的 ... 按钮，打开“表达式生成器”对话框，设置字段的有效性规则。

（2）在“表达式生成器”对话框中，单击“字符串”下拉列表，选中“LEN(expC)”函数，该函数会自动出现在“有效性规则”列表框中，且括号内的 expC 呈高亮显示，如图 3-5-12 所示。expC 是该函数的参数，它代表一个字符串表达式，LEN 函数就是用来返回该表达式长度的。

（3）如果字符串下拉列表中没有所需要的函数，单击“选项”按钮，打开“表达式生成器选项”对话框，默认选中“字符串”单选按钮，单击选中列表框中的“ALLTRIM(expC)”函数，这个函数是用来将字符串前后的空格去掉。对于有些函数，如果不从选项中添加，则在字符串表达式列表中无法找到对应函数。

（4）单击“确定”按钮，返回到“表达式生成器”对话框，单击“字符串”下拉列表，选中其中的“ALLTRIM(expC)”函数，可以看到“有效性规则”文本框中原来高亮显示的部分被新添加的函数所代替，如图 3-5-13 所示。

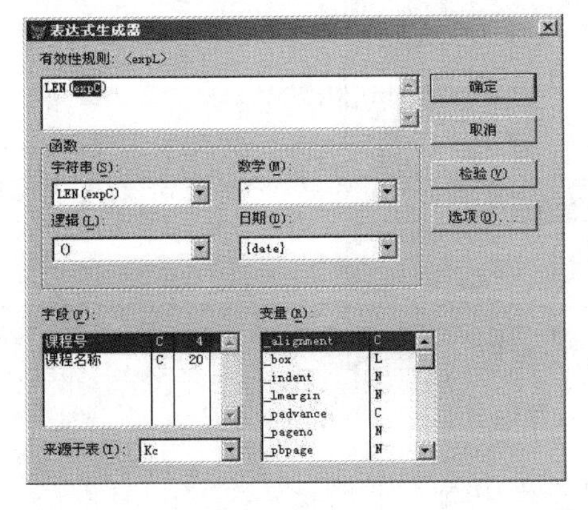

图 3-5-12　设置有效性规则，选择 LEN 函数

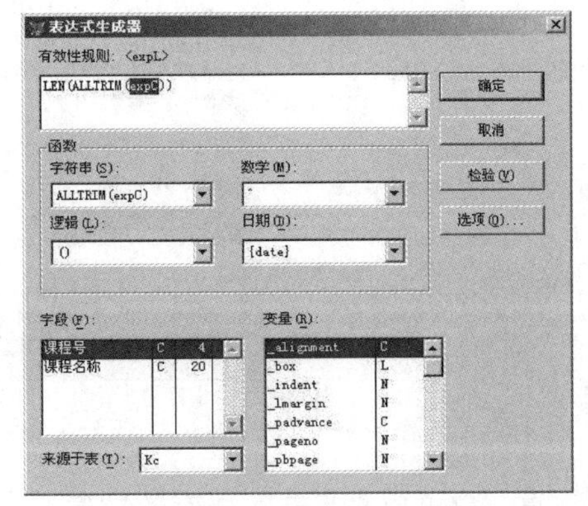

图 3-5-13　设置有效性规则，添加 ALLTRIM 函数

（5）单击选中“字段”列表框中的“课程号”选项替代 expC，然后在表达式的最后输入“＝4”或者从“逻辑”下拉列表中选择“＝”号后，再输入 4，如图 3-5-14 所示。

注意：也可以直接在字段有效性栏的“规则”文本框中输入如下命令：

LEN(ALLTRIM(课程号))＝4

（6）单击“确定”按钮，返回表设计器。单击表设计器的“确定”按钮，永久性修改表的结构。

（7）再次浏览“KC”表，在添加记录的时候，如果输入不为 4 个字符的课程号，例如输入“123”，并按下【Enter】键确认，弹出系统提示信息对话框，如图 3-5-15 所示。拒绝确认该值的输入，必须输入正确格式的内容系统才接受。

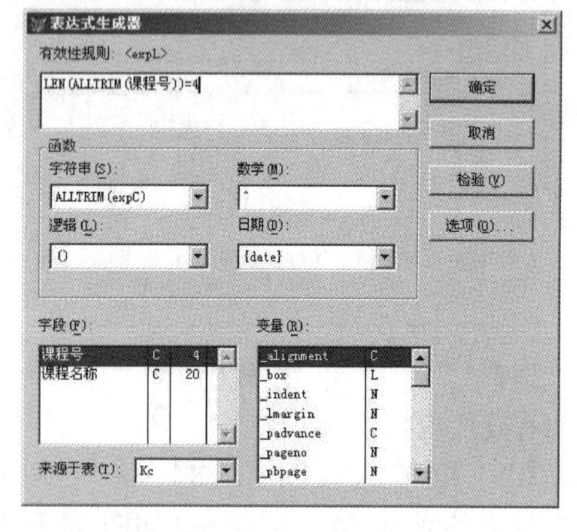

图 3-5-14　设置有效性规则

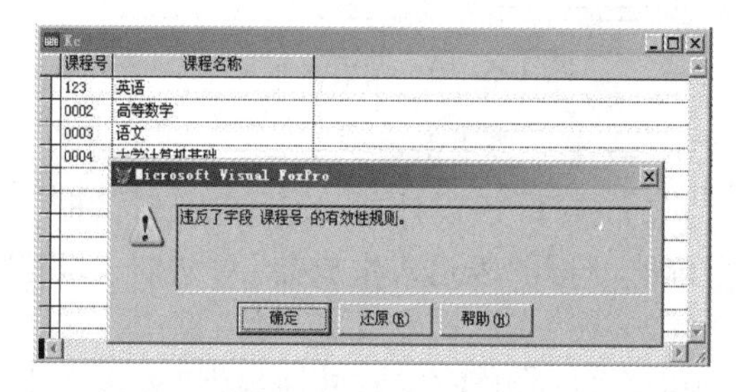

图 3-5-15　系统拒绝输入内容

7. 设置验证信息

（1）如果想改变系统提示信息对话框中提示信息的内容，可以在“表设计器”对话框中，单击“信息”文本框右侧的 ... 按钮，打开“表达式生成器”对话框，设置字段的有效性说明。

（2）在“有效性说明”文本框中输入如下的命令，如图 3-5-16 所示。

"课程号的长度为 4!"+CHR(13)+CHR(10)+"请重新输入。"

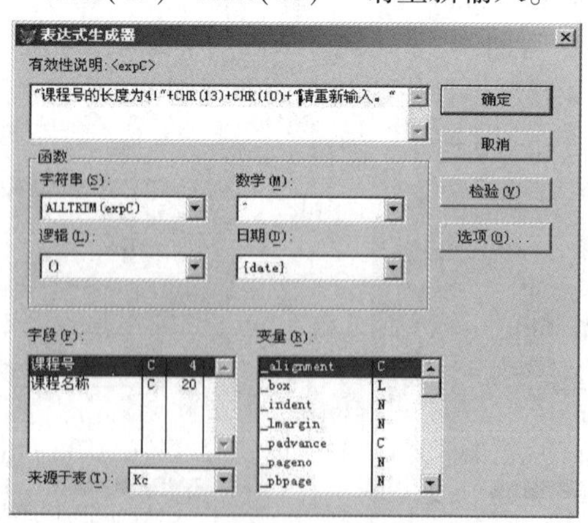

图 3-5-16　设置有效性说明

注意：也可以直接在字段有效性栏的“信息”文本框中输入如下命令：

"课程号的长度为 4!"+CHR(13)+CHR(10)+"请重新输入。"

(3) 单击“确定”按钮，返回到项目管理器，再次浏览“KC”表，输入“123”，并按下【Enter】键确认，弹出系统提示信息对话框，如图 3-5-17 所示。

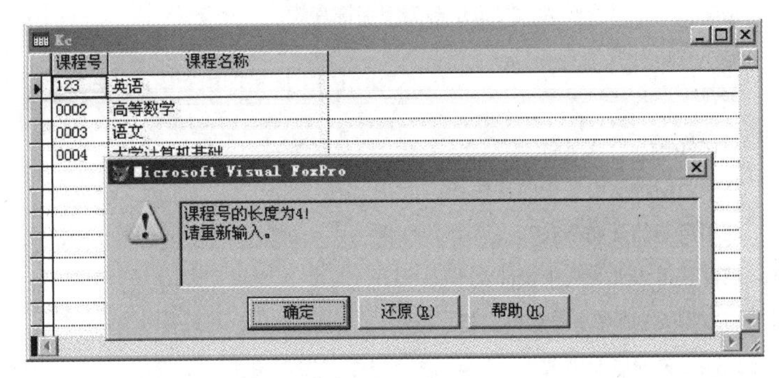

图 3-5-17　更改的系统提示信息

8. 设置默认值

字段有效性栏的“默认值”文本框是该字段的默认输入值，本例设置为“00”。当增加记录时，该字段会自动输入默认值，从而提高输入速度。

9. 字段注释

“字段注释”框用于说明该字段的用途、特性、使用说明等补充信息。本例中在“注释”编辑框中输入：该课程号是个流水编号，每门课程的课程号唯一，可以作为主索引。该文字前后不需要加引号。如图 3-5-18 所示。

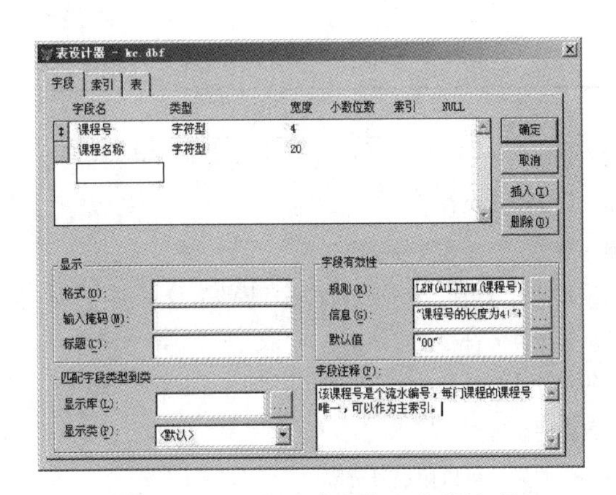

图 3-5-18　设置默认值和字段注释

3.5.3　相关知识

1. 设置显示格式

对字段设置显示格式只能对数据库表进行，此时在“表设计器”中，可以看到一个“显示”区域，其中包含三个内容，即“格式”、“输入掩码”和“标题”。

(1) 设置格式

用户可以对显示格式进行设置，设置格式实质上是对字段的显示定义了一个输入掩码，它决定了字段在表单、“浏览”窗口或报表中的显示风格。

如果要提供格式，可以在“表设计器”“显示”区的“格式”框中键入掩码。表 3-5-2 中列出了一些常用的掩码。

表 3-5-2　常用的显示格式掩码

掩　码	描　述
!	将输入的字母都转为大写，仅对英文字符有效
$	显示货币符号
^	用科学记数法显示数据
A	只允许输入英文字符
D	使用当前环境设置中的日期格式
E	使用英制的日期格式
K	控件获得焦点时选中全部文本
L	用“0”取代前导字符中的空格
M	此掩码为向后兼容使用
R	按 InputMask 属性定义的格式显示
T	从输入的数据库中截取前导和尾部的空格

(2) 设置输入掩码

指定输入掩码就是定义字段中的值必须遵守的标点、空格和其他格式要求。这样字段中的值就有了统一的风格，从而可以减少数据输入错误，提高输入效率。改变输入掩码的设置会影响新数据的输入但不影响现存数据。

如要提供输入掩码，可在“表设计器”的“显示”区中输入掩码。表 3-5-3 定义了一些常用的输入掩码。

表 3-5-3　常用的输入掩码

掩　码	描　述
X	可以输入任何字符
9	可以输入数字及正负符号
#	可以输入数字、空格和符号
$	在固定位置显示货币符号(符号样式由环境设置控制)
$$	显示货币符号，但符号位置浮动
*	在数值的左方填上星号
.	指示小数点的位置
,	对证书部分的显示可以用逗号分隔

例如，有一个字符型字段，用于存储电话号码，可以为该字段指定一个掩码定义分隔符或空格的位置。这样当用户向该字段中填写电话号码时，就不用再考虑分隔符或空格的位置，加快了录入的速度。

(3) 设置标题

可以为数据库表中的每个字段创建一个标题。Visual FoxPro 6.0 将显示字段的标题文字，并以此作为该字段在“浏览”窗口中的列标题(缺省时列标题显示为字段名)以及表格中的默认标题名称。

2. 设置验证规则

表设计器的“表”选项卡中还有一个区是“字段有效性”区，在这个区内可以对字段的验证规则、验证信息和默认值进行设置。

(1) 有效性规则介绍

为控制输入到数据库表字段和记录中的数据，可以创建字段级和记录级规则，为数据的输入实施规则，这些规则称为有效性规则。字段级和记录级规则将把所输入的值与所定义的规则表达式进行比较，如果输入的值不满足规则要求，则拒绝该值。有效性规则只在数据库表中存在。

字段级和记录级规则能够控制输入到表中的信息类型，而不管数据是通过“浏览”窗口、表单，还是使用语言以编程方式来访问。

如果从数据库中移去或删除一个表，则所有属于该表的字段级和记录级规则都会从数据库中删除。这是因为规则存储在扩展名为.DBC的文件中，而从数据库移去表会破坏扩展名为.DBF文件与.DBC文件之间的链接。但是，由被移去或删除的规则引用的存储过程不会被删除，它们不会自动移去，因为保留在数据库中的其他表规则还在使用它们。

(2) 设置字段级验证规则

可以使用字段级有效性规则来控制用户输入到字段中的信息类型，或检查一个独立于此记录其他字段值的字段数据。

(3) 表达式生成器对话框

使用表达式生成器来生成验证表达式。表达式生成器允许创建并编辑表达式。一个表达式可以简单得像一个字段名，也可以像一个包括IIF()函数、级连和数据类型转换的计算一样复杂。

表达式生成器的主要目标是通过提供方法中每一步骤的合适选项的列表使创建表达式更容易，它为用户提供了许多有用的工具，用户可以从函数去选择各种字符串、数学、逻辑和日期函数，可以从字段列表中选择所有打开表中的字段，也可以从变量区中选择内存变量。用户可以直接在上方的“有效性规则”文本框中输入一个表达式，也可以借助生成器提供的各种工具进行选择。

(4) 设置字段验证信息

设置了字段的验证规则之后浏览该表，如果改动了某条记录中该字段的值，使它不满足设置的条件，或者在新添的记录中输入的内容不符合条件，则会在试图离开该字段时出错，打开警告对话框提示出错，并要求继续对该字段进行编辑，直到正确为止。

从警告框里我们可以知道违反了字段的有效性规则，但具体错在什么地方却不是很清楚。为了得到明确的信息提示，可以通过给字段添加有效性文本，来定制当违反规则时要显示的提示信息。用户所输入的文本将代替默认的错误信息并显示出来。

3. 设置记录级规则

记录规则可通过表设计器中的“表”选项卡进行设置，主要包含记录有效性、触发器的设置和表注释。

(1) 记录有效性

记录有效性规则是用来检查同一条记录中各字段之间的逻辑关系。当插入或修改记录时激活，常用来检验数据输入的正确性。记录被删除时不使用有效性规则。记录级规则在字段级规则之后和触发器之前激活运行。

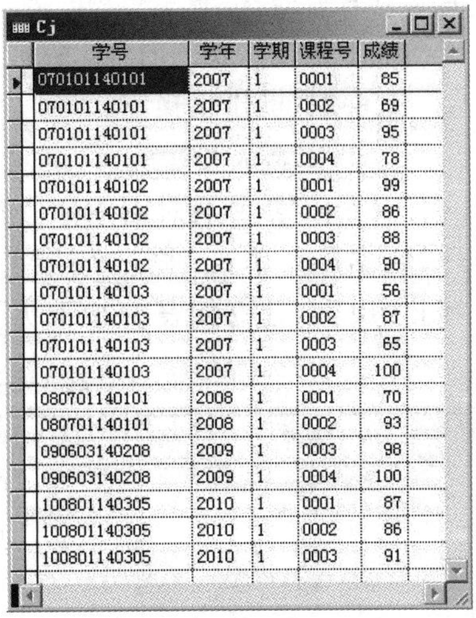

Cj

学号	学年	学期	课程号	成绩
070101140101	2007	1	0001	85
070101140101	2007	1	0002	69
070101140101	2007	1	0003	95
070101140101	2007	1	0004	78
070101140102	2007	1	0001	99
070101140102	2007	1	0002	86
070101140102	2007	1	0003	88
070101140102	2007	1	0004	90
070101140103	2007	1	0001	56
070101140103	2007	1	0002	87
070101140103	2007	1	0003	65
070101140103	2007	1	0004	100
080701140101	2008	1	0001	70
080701140101	2008	1	0002	93
090603140208	2009	1	0003	98
090603140208	2009	1	0004	100
100801140305	2010	1	0001	87
100801140305	2010	1	0002	86
100801140305	2010	1	0003	91

图 3-5-19　CJ.DBF 的记录

"规则"文本框：输入验证规则，光标离开记录时进行检查。

"信息"文本框：输入出错提示信息。当发现输入与规则不符时显示该信息。

（2）触发器

触发器是在记录插入、更新或删除操作之后运行的记录级事件代码，用户可以根据需要进行设置。

插入触发器：用于指定插入规则，每次向表中插入或追加记录时触发该规则，据此检查插入的记录是否满足规则。

更新触发器：用于指定更新规则，每次更新记录时触发该规则。

删除触发器：用于指定删除规则，每次在表中做删除记录(做删除标记)时触发该规则。

3.5.4 案例拓展

在学生成绩管理数据库中建立 CJ. DBF 表，表的结构如表 3-5-4 所示，并录入数据，如图 3-5-19 所示。

表 3-5-4 CJ. DBF 的表结构

字段名	字段类型	字段宽度	小数位数
学号	字符型	12	
学年	字符型	4	
学期	字符型	1	
课程号	字符型	4	
成绩	数值型	3	0

3.6 【案例 10】管理表之间的关系

3.6.1 案例描述

由于一个表中不可能包含所要使用的所有数据，因此在很多时候，我们必须打开多个表。而对于每个表，都是在它自己的工作区里打开的，要访问多个表，就必须使用多个工作区。

多个表中的数据整合在一起描述数据库的内容，因此表之间的关联关系是非常重要的，需要具有数据联动性。

接下来按照表的内容，完成表关系的创建和管理等操作。

3.6.2 操作步骤

1. 建立表永久关系

（1）在"项目管理器—学生成绩管理系统"对话框的"数据"选项卡中，选择"学生成绩管理"数据库，单击"修改"按钮，打开数据库设计器，分别为"XS. DBF"、"KC. DBF"和"CJ. DBF"。建立如表 3-6-1 所示的索引，数据库如图 3-6-1 所示。

表 3-6-1 成绩管理数据库中各表的索引情况

表名	索引名	索引类型	索引表达式
XS	学号	主索引	学号
KC	课程号	主索引	课程号
CJ	学号	普通索引	学号
CJ	课程号	普通索引	课程号

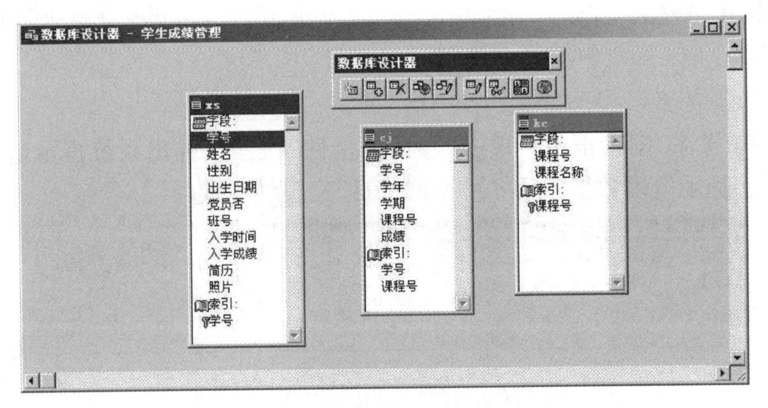

图 3-6-1　数据库设计器窗口

（2）单击“XS”表的索引“学号”，然后拖动到“CJ”表的“学号”索引处，释放鼠标，形成一条一对多关系连线，这样两个表之间就建立了永久关系，此时“XS”表为父表，“CJ”表为子表，如图 3-6-2 所示。

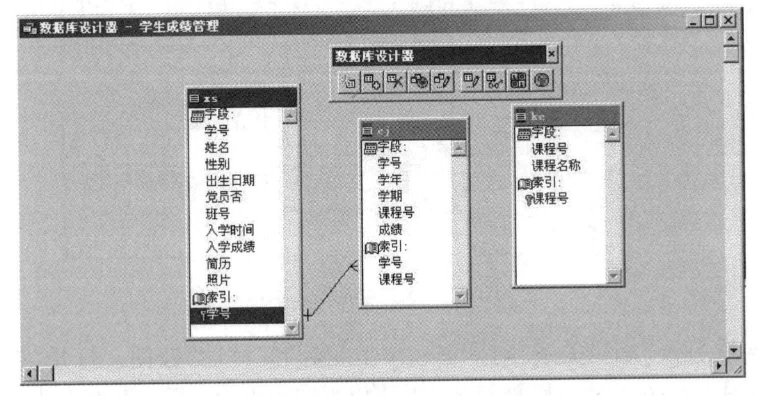

图 3-6-2　建立表关系

（3）双击该表关系的连接线，打开“编辑关系”对话框，如图 3-6-3 所示。这里的关系类型为“一对多”，因为所建关系的类型是由于表中所用的索引的类型决定的，因为父表中的索引类型是主索引，若子表是主索引或者候选索引，则建立的关系是一对一的关系，若子表是普通索引，则建立一对多的关系。

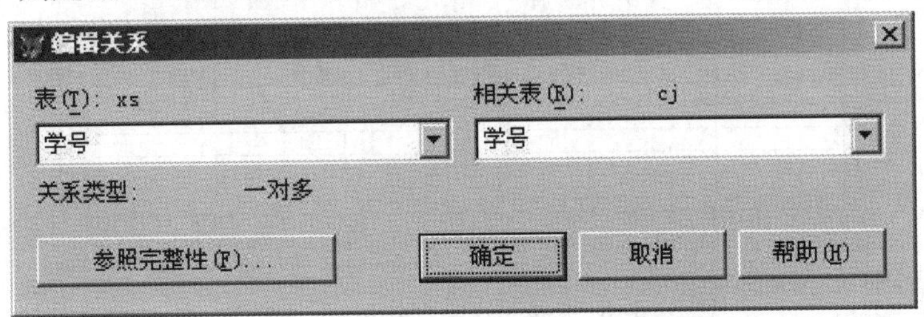

图 3-6-3　“编辑关系”对话框

（4）单击“KC”表的索引“课程号”，然后拖动到“CJ”表的“课程号”索引处，释放鼠标，形成一条一对多关系连线，这样两个表之间就建立了永久关系，此时“KC”表为父表，“CJ”表为子表。

（5）双击该表关系的连接线，打开“编辑关系”对话框，这里的关系类型仍为“一对多”关系。

2. 管理表永久关系

（1）在“编辑关系”对话框中，单击“参照完整性”按钮，弹出系统提示信息对话框，如图 3-6-4 所示，提示清理数据库后才可运行“参照完整性生成器”。

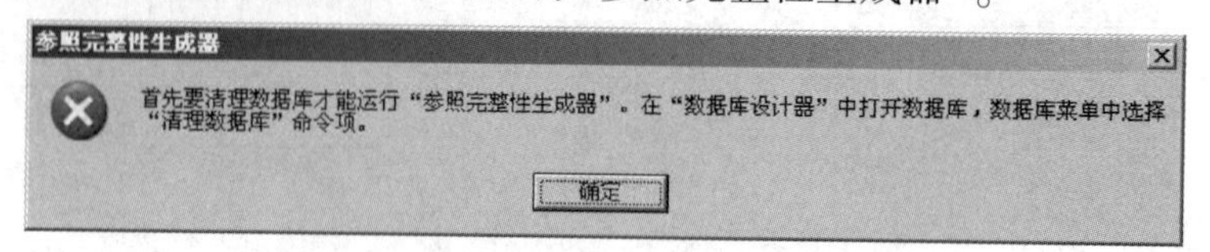

图 3-6-4　“参照完整性生成器”对话框

（2）关闭该对话框，返回数据库设计器窗口，如图 3-6-5 所示。单击“数据库”菜单→“清理数据库”菜单命令，执行数据库的清理。

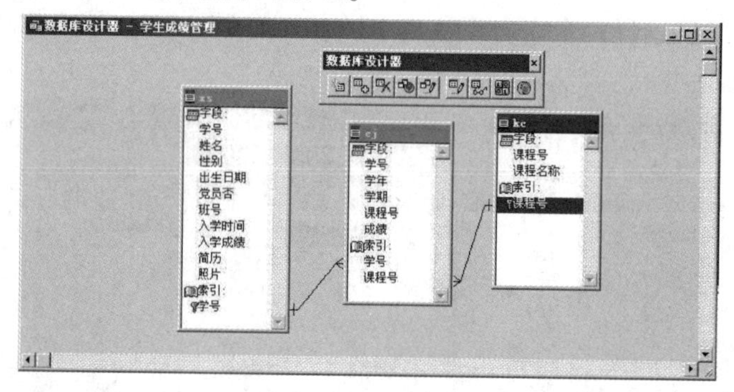

图 3-6-5　管理表关系

（3）然后再次打开“编辑关系”对话框，单击“参照完整性”按钮，打开“参照完整性生成器”对话框，如图 3-6-6 所示。默认打开“更新规则”选项卡，可以查看表关系之间对应的更新方式。

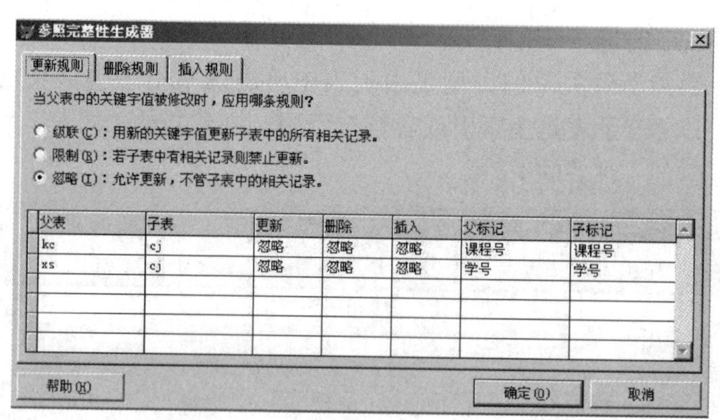

图 3-6-6　“参照完整性生成器”对话框

（4）在列表框中单击“KC”父表选择记录。

（5）单击选择记录的“更新”字段的“忽略”，在打开的下拉列表中单击“级联”规则，将表关系的更新规则设置为“级联”，如图 3-6-7 所示。即如果父表“KC”中用新的关键字值，则自动更新子表“CJ”表中的所有相关记录。

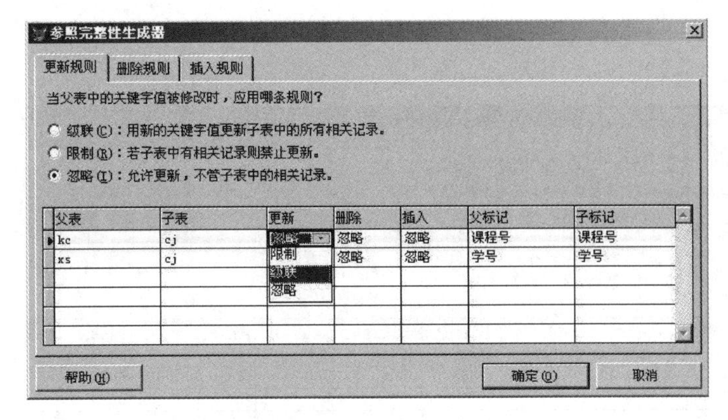

图 3-6-7　设置更新规则

(6) 单击“删除规则”选项卡，然后单击选择“限制(R)：若子表中有相关记录则禁止删除”单选按钮，将表关系的删除规则设置为“限制”，如图 3-6-8 所示。即如果子表“CJ”表中有相关记录，则禁止父表“KC”的删除操作。

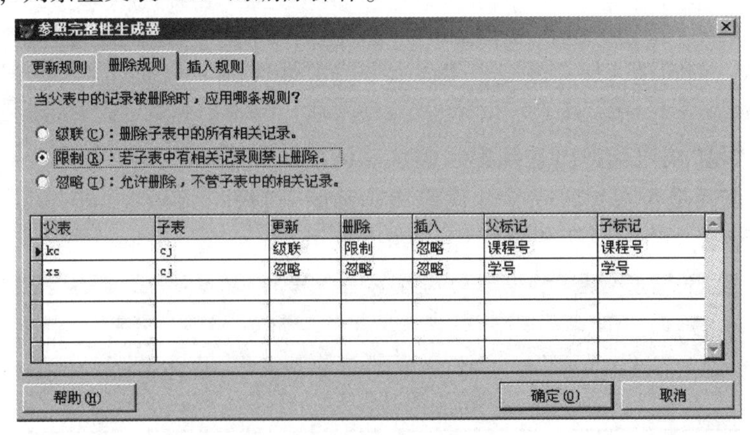

图 3-6-8　设置删除规则

(7) 单击选择记录的“插入”字段的“忽略”，在打开的下拉列表中单击“限制”规则，将表关系的插入规则设置为“限制”，如图 3-6-9 所示。即如果父表“KC”中不存在匹配的关键字值，则禁止子表“CJ”表中插入记录。

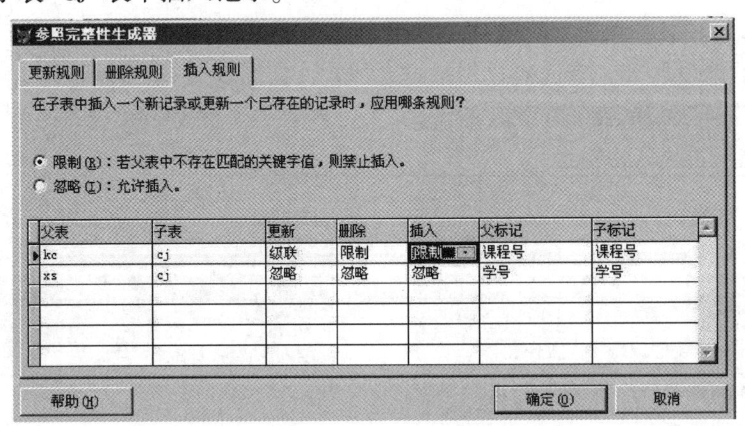

图 3-6-9　设置插入规则

（8）参考步骤(4)～步骤(7)，设置学生成绩管理数据库中的其他表关系，最后设置的规则如图 3-6-10 所示。

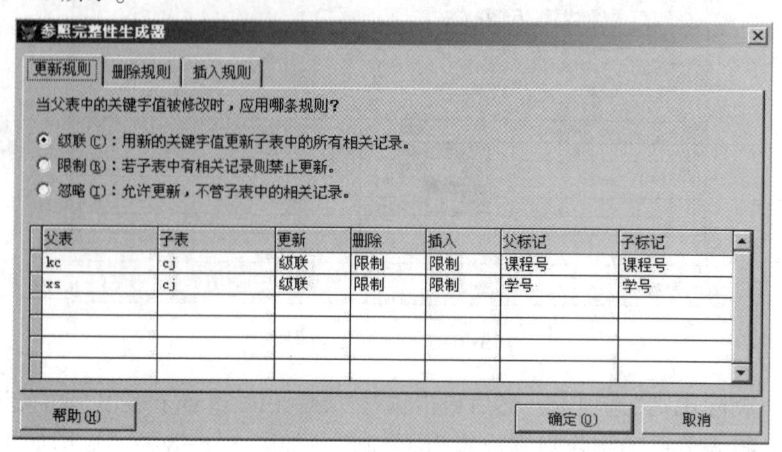

图 3-6-10　参照完整性规则

（9）单击“确定”按钮，弹出系统提示信息对话框，如图 3-6-11 所示，询问是否保存改变，生成参照完整性代码并退出。

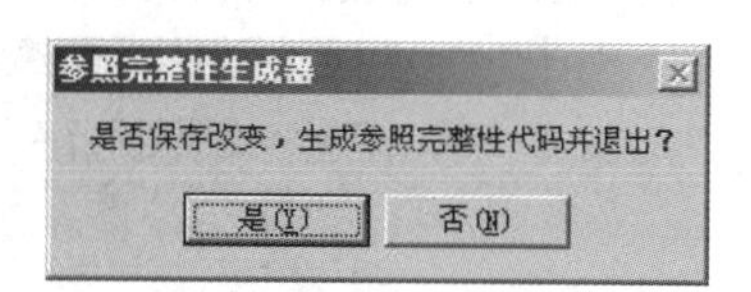

图 3-6-11　询问是否保存更改的规则

（10）单击“是”按钮，弹出系统提示信息对话框，如图 3-6-12 所示，询问是否将参照完整性代码和非参照完整性存储过程合并到“E:\VFP\学生成绩管理.DBC”文件。

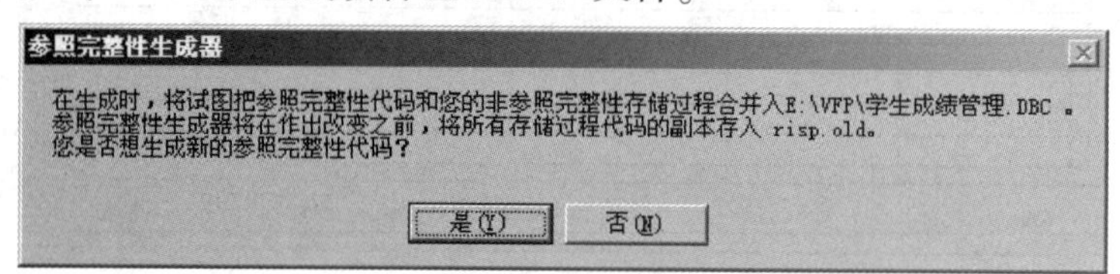

图 3-6-12　询问到是否合并到“.DBC”文件

（11）单击“是”按钮，完成参照完整性设置，返回到“项目管理器—学生成绩管理系统”对话框，在“学生成绩管理”数据库的存储过程中出现相关内容。如图 3-6-13 所示。这个过程就是触发器的代码设置过程。

（12）选择“CJ”表，单击“修改”按钮，打开“表设计器-CJ.DBF”对话框，切换到“表”选项卡，其中的触发器部分有代码过程被自动加入，如图 3-6-14 所示。

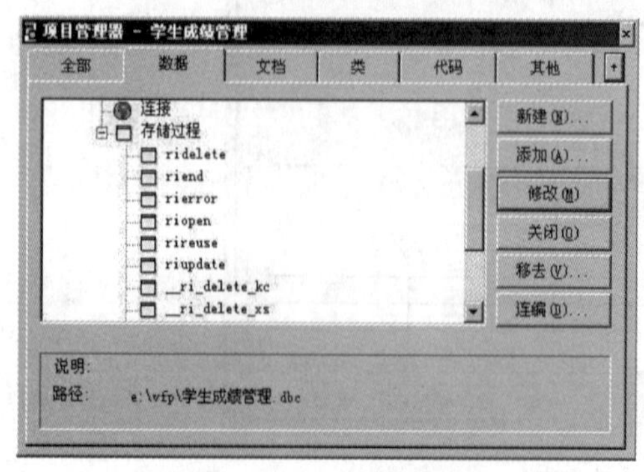

图 3-6-13　存储过程

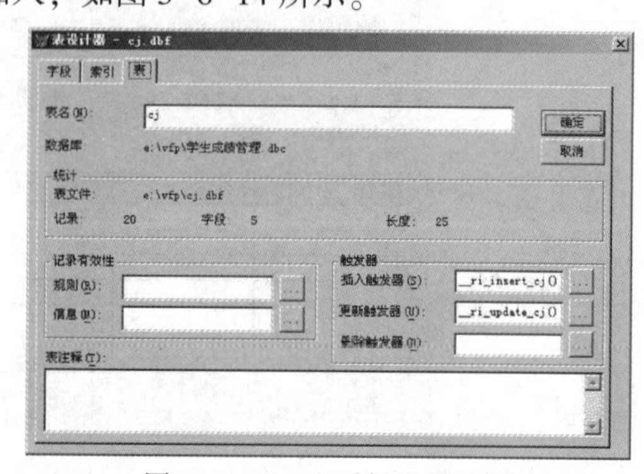

图 3-6-14　查看触发器设置

3.6.3 相关知识

1. 表的相关概念

(1) 工作区

每个打开的表都在内存中开辟一个存储区域，这个存储区域就叫做工作区。Visual FoxPro 6.0 中一共有 32767 个工作区，规定每个工作区只能打开一个表，也就是同时能打开 32767 个表。

系统任何时候只能选择一个工作区进行操作，当前正在操作的工作区称为当前工作区，在当前工作区打开的数据表称为当前表。Visual FoxPro 6.0 启动后，系统默认 1 号工作区为当前工作区。

Visual FoxPro 的每个工作区是相互独立的，对某一个工作区的表进行操作时不影响其他工作区内表的结构和记录；各工作区的记录指针也相互独立，当前工作区的记录指针移动不影响其他工作区的记录指针(关联情况除外)。

Visual FoxPro 提供了 32767 个工作区，编号为 1~32767。用户还可以给工作区命名(称为别名)，使用别名作为各工作区的标识。指定某工作区时可以使用工作区号，也可以使用别名。系统规定 1~10 号工作区对应的别名为字母 A~J，也可以在打开表的同时定义别名。定义表别名的命令格式：

USE 表名 ALIAS 别名

若打开表时没有指定别名，表文件名被默认为别名。

用 SELECT 命令选择工作区为当前工作区(或称为主工作区)。命令格式：

SELECT <工作区号>|<别名>|0

说明：

① 工作区号取值为 1~32767。函数 SELECT( )能够返回当前工作区的区号。

② 若选择 0，则系统自动选取当前未使用的最小工作区号作为当前的工作区。

对非当前工作区的表的字段进行操作时，必须在该字段名前加上前缀，表示为：

别名 . 字段名或别名->字段名。

在多工作区的操作过程中，也可在当前工作区使用 USE 命令在其他工作区打开表，而当前工作区不变。命令格式：

USE 表名 IN <工作区>|<别名>

(2) 关键字

表之间创建关系之前，想要关联的表需要有一些公共的字段和索引，这样的字段称为主关键字字段和外部关键字字段。主关键字字段标识了表中的特定记录，外部关键字字段标识了存于数据库里其他表中的相关记录。还需要对主关键字字段做一个主索引，对外部关键字字段做普通索引。外部关键字字段必须以相同的数据类型与主关键字字段相匹配，而且一般用相同的名称。以主关键字字段和外部关键字字段创建的索引必须带有相同的表达式。

① 主关键字：表中的一列或多列组合，其中的值唯一标识了表中的一行。

② 外部关键字：一列或多列的组合，列中的值需要与另一个表中的主关键字相匹配。用于连接相关表。

(3) 完整性约束

对于数据库中的表，只在表的内部建立完整性约束不能完全保证数据的正确。数据库中的表需要根据表之间的关系，建立表之间的完整性约束。在 Visual FoxPro 6.0 中，该约束表现在参照完整性上。参照完整性是控制数据一致性，尤其是不同表的主关键字和外部关键字之间关系的规则。Visual FoxPro 6.0 使用用户自定义的字段级和记录级规则完成参照完整性规则。

"参照完整性生成器"可以建立规则，控制记录如何在相关表中被插入、更新或删除。

2. 表间的永久关联关系

通过链接不同表的索引，"数据库设计器"可以很方便地建立表之间的关系。因为这种在数据库中建立的关系被作为数据库的一部分保存了起来，所以称为永久关系。设置关系应当做如下操作：

（1）创建索引字段

首先决定哪个表中包含有主记录，哪个表中包含有关联记录；然后对有主记录的表，添加一个字段，再对该字段添加一个主索引；最后对包含有关联记录的表，添加一个与主记录表中关键字匹配的字段，再对该新字段添加一个普通索引。定义完关键字段和索引后，即可创建关系。

（2）建立关联关系

在表间建立关系，可以将一个表的索引拖到另一个表的匹配的索引上。设置完关系之后，在数据库设计器中可看到一条连接了两表的线。关系的类型分为一对一关系和一对多关系。所建关系的类型是由表中所用的索引的类型决定的，若父表中的索引类型是主索引，子表是主索引或者候选索引，则建立的关系是一对一的关系，若子表是普通索引，则建立一对多的关系。

（3）修改关联关系

在数据库中存在的表关系，称为永久关系，这种关系不仅在运行时存在，而且一直保留。单击表间的关系线，或右击关系线在快捷菜单中选择"编辑关系"命令，都可以打开"编辑关系"对话框，然后进行适当设置。

3. 表间的临时关联关系

如果在多个工作区同时打开多个表文件，在当前工作区中移动表的记录指针时，其他表的记录指针是不会随之移动。如果要想其他表的记录指针也随之移动，则要建立表间的关联。

关联就在两个或两个以上的表之间建立某种连接，使其表的记录指针同步移动。用来建立关联的表称为父表，被关联的表称为子表。Visual FoxPro 6.0 支持的表间关联关系有一对一关系、一对多关系和多对一关系。

（1）一对一关系：是指父表中的任何一条记录仅仅对应子表的一条记录，反之亦然。

（2）一对多关系：是指父表中的一条记录对应子表中的多条记录的关联。

（3）多对一关系：是指父表中的多条记录对应子表中的一条记录的关联。

建立表间临时关系命令格式：

SET RELATION TO[<关联表达式 1>] INTO <别名>[,<关联表达式 2> INTO <别名>…] [ADDITIVE]

命令功能：以当前表为父表与其他一个或多个子表建立关联。

命令说明：

① <关联表达式 1>：是指父表的字段表达式，其值将与子表的索引关键字值比较，看二者是否相等，因此，子表必须按指定<关联表达式 1>建立索引并设置为主控索引。

② ADDITIVE：建立关联时，如果命令中不使用 ADDITIVE 子句，则父表以前建立的关联将自动解除；若使用了 ADDITIVE 子句，则父表以前建立的关联仍然保留。

③ 不带可选项的命令 SET RELATION TO 用来解除当前表的所有关联。

4. 参照完整性生成器

建立关系后，也可设置管理数据库关联记录的规则。这些规则控制参照完整性。“参照完整性生成器”可以建立规则，控制记录如何在相关表中被插入、更新或删除。

参照完整性生成器窗口有更新规则、删除规则和插入规则 3 个选项卡，选项卡上有级联(插入规则选项卡上没有此项)、限制和忽略 3 个选项按钮和一张表格。表格内有 3 行信息，每行表示一个永久关系。每一个永久关系对应更新、删除、插入 3 种操作，可以选择“级联”、“限制”、“忽略”3 个值之一，即选择对应的 3 个选项按钮之一。

当选择“更新规则”选项卡，可以利用 3 个选择按钮，设置关联表间的更新规则。3 个选择按钮的功能如下：

级联：当更改父表中的某一记录时，子表中相应的记录将会改变。

限制：当更改父表中的某一记录时，若子表中有相应的记录，则禁止该操作。

忽略：两表更新操作将互不影响。

当选择“删除规则”选项卡，可以利用 3 个选择按钮，设置关联表间的删除规则。3 个选择按钮的功能如下：

级联：当删除父表中的某一记录时，将删除子表中相应的记录。

限制：当删除父表中的某一记录时，若子表中有相应的记录，则禁止该操作。

忽略：两表删除操作将互不影响。

选择“插入规则”选项卡，可以利用 2 个选择按钮，设置关联表间的插入规则。2 个选择按钮的功能如下：

限制：当在子表中插入某一记录时，若父表中没有相应的记录，则禁止该操作。

忽略：两表插入操作将互不影响。

5. 触发器

设置参照完整性时会设置触发器，触发器是一个在输入、删除或更新表中的记录时被激活的表达式。通常，触发器一般需要输入一个程序或存储过程，在修改表时，它们被激活。

(1) 触发器工作方式

触发器是绑定在表上的表达式，当表中的任何记录被指定的操作命令修改时，触发器被激活。当数据修改时，触发器可执行数据库应用程序要求的任何副操作。例如，可以使用触发器记录对数据库的修改，实施参照完整性。

触发器作为特定表的属性来创建和存储。如果从数据库中移去一个表，则同时删除和该表相关联的触发器。触发器在进行了其他所有检查之后，例如有效性规则、主关键字的实施以及 NULL 值的实施后被激活。与字段级规则和记录级规则不同，触发器不对缓冲数据起作用。

(2) 触发器事件

创建触发器可以使用“表设计器”来创建。对于每个表，可为下面三个事件各创建一个触发器：插入、更新和删除。在任何情况下，一个表最多只能有三个触发器。触发器必须返回“真”(.T.)或“假”(.F.)。可以在“表设计器”中的“表”选项卡里，在“插入触发器”、“更新触发器”或“删除触发器”框中，输入触发器表达式或包含触发器表达式的存储过程名。

删除触发器可以在界面中进行。在“表设计器”的“表”选项卡的“触发器”区中，从“插入触发器”、“更新触发器”或“删除触发器”框里选定触发器表达式，并删除它。

3.6.4 案例拓展

例 1：多工作区操作示例。

```
CLOSE ALL
? SELECT( )
USE XS ALIAS 学生
GO 5
DISPLAY
SELECT 0
USE CJ
GO 2
DISPLAY
? 学号,学生 . 学号
```

请读者自行分析每条语句的作用，掌握多工作区的操作方法。

例 2：对 XS. DBF、KC. DBF 和 CJ. DBF，列出全部学生所选的课程和成绩，要求列出学号、姓名、课程名称和成绩。

```
SELECT 1
USE XS
INDEX ON 学号 TO  XS1
SELECT 3
USE  KC
INDEX ON 课程号 TO KH
SELECT 2
USE CJ
SET RELATION TO 学号 INTO A,课程号 INTO C &&CJ 表分别和 XS、KC 建立关联
LIST 学号,A->姓名,C->课程名称,成绩
CLOSE ALL
```

执行结果是：

记录号	学号	A->姓名	C->课程名称	成绩
1	070101140101	杨洋	英语	85
2	070101140101	杨洋	高等数学	69
3	070101140101	杨洋	语文	95
4	070101140101	杨洋	大学计算机基础	78
5	070101140102	李明浩	英语	99
6	070101140102	李明浩	高等数学	86
7	070101140102	李明浩	语文	88
8	070101140102	李明浩	大学计算机基础	90
9	070101140103	王月	英语	56
10	070101140103	王月	高等数学	87

记录号	学号	A->姓名	C->课程名称	成绩
11	070101140103	王月	语文	65
12	070101140103	王月	大学计算机基础	100
13	080701140101	赵玉梅	英语	70
14	080701140101	赵玉梅	高等数学	93
15	090603140208	罗萍萍	语文	98
16	090603140208	罗萍萍	大学计算机基础	100
17	100801140305	周红岩	英语	87
18	100801140305	周红岩	高等数学	86
19	100801140305	周红岩	语文	91

请读者注意分析关联命令的用法。

3.7 【案例 11】和表相关的程序问题

3.7.1 案例描述

我们经常会在表的基础上进行数据的查找、处理等操作，本节还专门介绍处理表的循环语句 SCAN 循环，同时介绍表与数组之间的数据交换。

3.7.2 操作步骤

例 1：在学生表中，输入学号查找其姓名和入学成绩。

```
SET TALK OFF
USE XS
ACCEPT "请输入待查学生的学号:" TO XH
LOCATE FOR 学号==XH
IF EOF()
    ?"查无此人!"
ELSE
    DISPLAY 学号,姓名,入学成绩
ENDIF
USE
SET TALK ON
```

说明：EOF()函数值到表尾为 .T.，没到表尾为 .F.

例 2：根据输入的学生姓名，在学生表中查找学生记录。

```
SET TALK OFF
USE XS
name=space(8)
@10,5 SAY "请输入学生姓名:" GET name
READ
LOCATE FOR 姓名=name
IF FOUND()
    DISPLAY
```

```
ELSE
    @12,5 SAY "对不起,无此人!"
ENDIF
USE
SET TALK ON
```

说明：若 LOCATE 命令查找成功 FOUND( )函数值为 .T.，否则为 .F.

例 3：在学生表中，查询“刘渊博”的记录，根据其性别和年龄确定参加运动会的项目。

```
SET TALK OFF
USE XS
LOCATE FOR 姓名="刘渊博"
IF NOT EOF( )
  DO CASE
     CASE 性别="男"
          ? "请参加拔河比赛"
     CASE 性别="女" AND YEAR(DATE( ))-YEAR(出生日期)>25
          ? "请参加投篮比赛"
     CASE 性别="女" AND YEAR(DATE( ))-YEAR(出生日期)<=25
          ? "请参加 1500 米比赛"
  ENDCASE
ELSE
   ? "查无此人!"
ENDIF
SET TALK ON
```

例 4：逐条输出学生表中所有学生的记录。

```
SET TALK OFF
USE XS
DO WHILE NOT EOF( )
    DISPLAY
    SKIP
ENDDO
USE
SET TALK ON
```

例 5：逐条输出学生表中 1990 年出生的学生的记录。

```
SET TALK OFF
USE XS
INDEX ON YEAR(出生日期) TAG csrqsy
SEEK 1990
DO WHILE YEAR(出生日期)= 1990
  DISPLAY
  SKIP
```

```
ENDDO
USE
SET TALK ON
```

例 6：计算机等级考试数据表为 STUDENT. DBF，凡笔试和上机成绩均达到 80 分以上者，应在等级字段中填入"优秀"字样。请用 DO WHILE... ENDDO 语句编写。

```
SET TALK OFF
USE STUDENT
DO WHILE. NOT. EOF( )
    IF 笔试>=80. AND. 上机>=80
      REPLACE  等级 WITH "优秀"
    ENDIF
  SKIP
ENDD
USE
SET TALK ON
```

例 7：共有三个表 tb1. dbf、tb2. dbf 和 tb3. dbf。下面程序功能是把每个表的首记录删除，请填空。

```
SET TALK OFF
N=1
* * * * * * * * * * * *SPACE* * * * * * * * * *
DO WHILE N<=【1】
* * * * * * * * * * * *SPACE* * * * * * * * * *
  tb=【2】
  USE &tb
  GO TOP
  DELETE
  PACK
* * * * * * * * * * * *SPACE* * * * * * * * * *
  【3】
ENDDO
SET TALK ON
```

说明：①答案：【1】3，【2】"TB"+STR（N，1），【3】N=N+1。②USE &tb 表示打开存入变量 tb 中的任意表。

例 8：求 XS 表中的党员的学生人数。

方法 1：用 DO WHILE 循环实现。

```
SET TALK OFF
USE XS
S=0
DO WHILE NOT EOF( )
    IF 党员否=. T.
```

```
      S=S+1
    ENDIF
    SKIP
ENDDO
USE
? S
SET TALK ON
```

方法 2：用 DO WHILE 循环和 LOCATE 完成。

```
SET TALK OFF
USE XS
S=0
LOCATE  FOR  党员否=.T.
DO WHILE ! EOF()
   S=S+1
   CONTINUE
ENDDO
USE
? S
SET TALK ON
```

方法 3：用 SCAN 循环完成。

```
SET TALK OFF
USE XS
S=0
SCAN  FOR 党员否=.T.
    S=S+1
ENDSCAN
USE
? S
SET TALK ON
```

思考：①注意 SCAN 循环和 DO WHILE 循环处理表的区别。②注意循环条件 NOT EOF()和! EOF()。③设表 RSDA.DBF 结构为：学号(C，5)，姓名(C，6)，职称(C，6)统计出 RSDA.DBF 表中职称为"工程师"的人数。

例 9：显示 XS 表中入学成绩最高的记录信息。

```
SET TALK OFF
USE XS
MA=入学成绩
N=1
SCAN
    IF 入学成绩>MA
        MA=入学成绩
```

```
        N=RECNO()
    ENDIF
ENDSCAN
GO N
DISPLAY
USE
SET TALK ON
```

例 10：复制 XS 表到 XS1 中，然后交换 XS1 表中的任意两条记录的内容。

```
SET TALK OFF
CLEAR
USE XS
COPY TO XS1
INPUT TO X1
INPUT TO X2
USE XS1
LIST
GO X1
SCATTER  TO ARRAY1 MEMO
*将 X1 记录的内容存入到数组 ARRAY1 中,包括备注型字段
GO X2
SCATTER  TO ARRAY2 MEMO
GATHER FROM ARRAY1 MEMO
*将数组 ARRAY1 中存放的记录放入到当前记录中
GO X1
GATHER FROM ARRAY2 MEMO
LIST
USE
SET TALK ON
```

3.7.3 相关知识

1. SCAN 循环

语句格式：

```
SCAN[<范围>][FOR <条件 1>][WHILE <条件 2>]
    <命令序列>
    [EXIT]
    [LOOP]
ENDSCAN
```

说明：

① SCAN 和 ENDSCAN 必须各占一行，且它们必须成对出现。

② 该结构是只针对当前打开的数据表进行操作的。它的功能是：对当前打开的数据表中指定范围内满足条件的记录逐个执行命令序列。若省略范围，则默认为 ALL。

③ SCAN 语句自动把记录指针移向下一个符合指定条件的记录，不需设置 SKIP 语句。

④ LOOP 语句和 EXIT 语句的功能与前面的当型循环语句相同。

2. 表与数组间的数据传送

表与数组间的数据传送是指可将表的记录数据传送到数组中而成为数组元素，反过来也可以将数组元素值传送到表而成为记录数据。

（1）将表的记录数据传送到数组

命令格式：

SCATTER[FIELDS <字段名表>]TO <数组名>[MEMO]

功能：将当前表的当前记录存入到数组中。

说明：命令按顺序将当前表当前记录指定字段的内容依次存入数组。第一个字段存入数组的第一个元素中，第二个字段存入数组的第二个元素中，依次类推。

如果未指定 FIELDS <字段名表>，则将除备注型字段以外所有的字段存入数组中。如果要对备注型字段同样处理，就需在命令中加上 MEMO 选项。如果数组元素个数比字段个数多，则多余的数组元素内容仍保留；如果数组元素个数比字段个数少，则系统自动重新建立数组。

（2）将数组数据传送到表记录

命令格式：

GATHER FROM <数组名>[FIELDS <字段名表>][MEMO]

功能：命令将数组中的数据作为一个记录传送到当前打开表中的当前记录。

说明：如果指定 FIELDS <字段名表>短语，则只向指定的字段填加数据，其他字段填空。如果未指定 FIELDS <字段名表>短语，则按字段顺序填加数据。当省略 MEMO 选项时将忽略备注型字段。如果数组元素个数少于指定字段个数，则多余的字段填空；如果数组元素个数多于指定字段个数，则忽略多余的数组元素。当数组元素的数据类型与表相应字段类型不同且不兼容(如数值型数组元素仍能被传送到字符型字段之中，它们虽类型不同却是兼容的)时，该字段将自动被初始化为空值。字符型与数值型的默认空值分别是空串与 0，日期型与逻辑型的默认空值为{ / / }与 .F. 。

3.8 课后习题

一、单项选择题

1. 当前表有学号、数学、英语、计算机和总分等五个字段，其中后四个字段均为数值型字段，将当前记录的三科成绩汇总后存入总分字段中，可使用的命令是(　　)。

A. SUM 数学+英语+计算机 TO 总分

B. REPLACE FOR.T. 总分 WITH 数学+英语+计算机

C. REPLACE 总分 WITH 数学+英语+计算机

D. REPLACE 总分 WITH SUM(数学，英语，计算机)

2. 当前记录是 7 号，执行 SKIP-3 和 DISPLAY NEXT 3 两条命令后显示的记录序号是(　　)。

A. 3、4、5　　B. 4、5、6　　C. 2、3、4　　D. 3

3. 对数据表建立性别(C，2)和年龄(N，2)的复合索引时，正确的索引关键字表达式为

(　　)。

A. 性别+年龄　　　　B. 性别+STR(年龄，2)

C. 性别，STR(年龄)　　　　D. 性别，年龄

4. 设 STUDENT 表有 10 条记录，执行如下命令：USE STUDENT 和 INSERT BLANK 则结果是在 STUDENT 表的(　　)。

A. 在第一条记录的前面插入一个空白记录

B. 在第一条记录的后面插入一个空白记录

C. 在最后一条记录的前面插入一个空白记录

D. 在最后一条记录的后面插入一个空白记录

5. 设学生表中共有 100 条记录，执行如下命令，执行结果是(　　)。

INDEX ON-总分 TO ZF

SET INDEX TO ZF

GO TOP

? RECNO( )

A. 显示的记录号是 1　　　　B. 显示分数最高的记录号

C. 显示的记录号是 100　　　　D. 显示分数最低的记录号"

6. 设有一个字段变量“姓名”，目前值为"王华"，又有一个内存变量“姓名”，其值为"李敏"，则命令“? 姓名”的结果为(　　)。

A. 王华　　B. 李敏　　C. "王华"　　D. "李敏"

7. 下列可以作为字段名的是(　　)。

A. NAME+1　　B. NAME-9　　C. NAME_ 9　　D. 9NAME

8. 一个数据库名为 student，要想打开该数据库，应使用命令(　　)。

A. OPEN student　　　　B. OPEN DATA student

C. USE DATA student　　　　D. USE student

9. 计算所有职称为正、副教授的工资总额，并将结果赋给内存变量 ZE，应使用的命令是(　　)。

A. SUM 工资 TO ZE FOR 职称="副教授" AND "教授"

B. SUM 工资 TO ZE FOR 职称="副教授" OR "教授"

C. SUM 工资 TO ZE FOR 职称="副教授" AND 职称="教授"

D. SUM 工资 TO ZE FOR 职称="教授" OR 职称="副教授"

10. 不论索引是否生效，定位到相同记录上的命令是(　　)。

A. GO TOP　　B. GO BOTTOM　　C. GO 6　　D. SKIP

11. 在 Visual FoxPro 中，LOCATE FOR <表达式>命令属于指针(　　)定位命令。

A. 绝对　　B. 相对　　C. 条件　　D. 顺序

12. 以下程序段执行后，数据记录指针指向(　　)。

dimension A(3)

A(1)='top'

A(2)='bottom'

A(3)='skip'

Go &A(2)

A. 表头　B. 表的最末一条记录　C. 第 5 条记录　D. 第 2 条记录

13. 彻底删除记录数据可分为两步来实现，这两步是(　　)。

A. PACK 和 ZAP　B. PACK 和 RECALL

C. DELETE 和 PACK　D. DELETE 和 RECALL

14. 可用函数(　　)得到当前记录号。

A. EOF( )　B. BOF( )　C. RECC( )　D. RECNO( )

15. 对一个数据表文件执行了 LIST 命令之后，再执行？EOF( )命令的结果是(　　)。

A. . F.　B. . T.　C. 0　D. 1

二、填空题

1. 打开数据库设计器的命令是(　　)DATABASE。

2. 打开一个空表，显示函数 EOF( )的值为(　　)。

3. 当打开的表为一个空表时，函数 RECNO( )的值为(　　)。

4. 当前工作区的表中并未逻辑删除记录，如要物理删除表中所有记录，可使用命令(　　)。

5. 当前工作区已打开一张表，执行 LIST 之后，EOF( )的值是(　　)。

6. 在 Visual FoxPro 中，创建索引的命令是(　　)ON......

7. 在 Visual FoxPro 中，复合索引文件包括结构复合索引文件和(　　)复合索引文件。

8. 在 Visual FoxPro 中，建立索引的作用之一是提高(　　)速度。

9. 在 Visual FoxPro 中，一个数据库表可以创建(　　)个主索引文件。

10. 在 DELETE 命令和 RECALL 命令中，若省略所有子句，则对(　　)记录进行操作。

11. 自由表中不能创建的索引类型是(　　)。

12. 在 Visual FoxPro 中选择一个没有使用的、编号最小的工作区的命令是(　　)。

13. 在 Visual FoxPro 中，CREATE DATABASE 命令创建一个扩展名为(　　)的数据库。

14. 假设记录指针指向第 2 条记录，当执行 LIST NEXT 1 后，屏幕上将显示第(　　)条记录。

15. 可以为字段建立字段有效性规则的表是(　　)表。

三、判断题

1. EOF( )函数返回值为真时，记录指针指向最后一条记录。

2. LIST/DISPLAY 命令是在 Visual FoxPro 的浏览窗口显示记录内容。

3. PACK 命令可以恢复已被逻辑删除的数据记录。

4. SKIP 命令和 GO 命令功能完全相同。

5. Visual FoxPro 中，工作区只有 10 个供用户同时使用。

6. Visual FoxPro 中“&”是宏代换符号，实现对字符型和数值型数据的代换功能。

7. Visual FoxPro 中把数据看成二维表，并且这个表中还可以套子表。

8. Visual FoxPro 中自由表和数据库的功能是一样的。

9. 备注文件必须与表文件同时使用。

10. 在自由表中可以建立主索引。

11. 执行 DELETE 命令一定要慎重，否则记录逻辑删除后，将无法恢复。

12. 指定主索引后，执行 SKIP 5 命令，则移动后的记录号一定比移动前的记录号多 5。

13. 字段变量的类型可以通过赋值任意改变。

14. 字符型、数值型和备注型字段的宽度都是不定长的。
15. 自由表中的数据必须是在数据库文件打开后才能修改。
16. 命令 LIST FOR 性别="女"与命令 LIST WHILE 性别="女"的功能相同。
17. 命令窗口可以显示命令执行结果。
18. 排序命令的结果将生成一个新表。
19. 筛选是选择表记录作为数据处理对象，而投影是选择表字段作为数据处理对象。
20. 使用 DELETE 命令可逻辑删除记录。

第4章 表单设计

4.1 【案例12】表单的建立与运行

利用表单来设计应用系统，可以为用户提供友好的交互界面。表单的建立有两种方法，一种方法是用向导建立，另一种方法是用表单设计器建立。

4.1.1 案例描述

利用表单向导创建表单，具有对用户指定表文件的浏览、编辑、查找、打印等功能。用表单向导建立表单分为两种方式：一种是针对一个表文件而言的“表单向导”，另一种是针对两个表文件的“一对多表单向导”。

下面使用表单向导建立一个能维护 XS. DBF 表的表单和用一对多表单向导创建一个维护 XS. DBF 和 CJ. DBF 的表单。

4.1.2 操作步骤

例 1：使用表单向导创建一个维护 XS. DBF 表的表单。

创建表单的步骤如下：

（1）打开数据库文件学生成绩管理 . DBC。

（2）选择“文件”→“新建”→“表单”→“向导”，弹出“向导选取”对话框，如图 4-1-1 所示，选择“表单向导”，并按“确定”按钮。

（3）“步骤 1-字段选取”：首先，在对话框左边“数据库和表”的选择按钮 ... 上单击鼠标，当弹出“打开”对话框时，选择 XS. DBF 表文件，并按“确定”按钮；其次，在字段列表框中选择需要的字段，然后单击 ▸，添加该字段；或者单击 ▸▸，添加所有字段。此例添加所有字段，如图 4-1-2 所示，最后单击“下一步”。

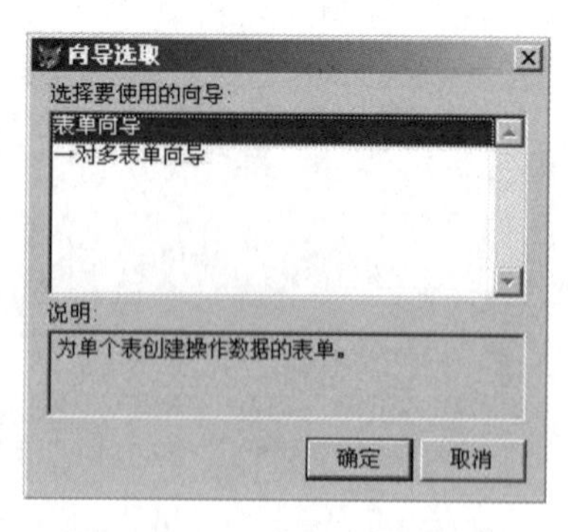

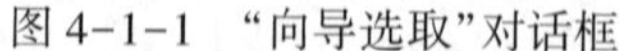

图 4-1-1 “向导选取”对话框

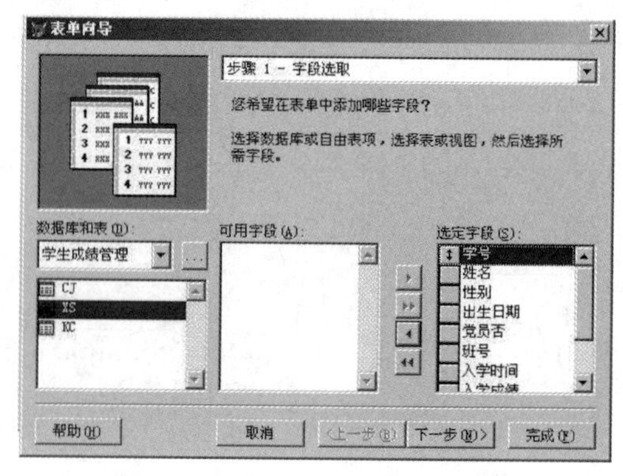

图 4-1-2 表单向导步骤 1-字段选取

（4）“步骤 2-选择表单样式”：在这一步骤中可以选择表单的样式及按钮类型。表单的样式提供了 9 种可选项，当用户选择某种风格时，左上角的放大镜中将显示该风格的效果。按钮类型提供 4 种选择的类型：文本按钮、图片按钮、无按钮、定制。

此例选择浮雕式、文本按钮，如图 4-1-3 所示，然后单击“下一步”。

（5）“步骤 3-排序次序”：此步骤要求设置排序的关键字。若以字段作为排序关键字最多可选择 3 个字段；若以索引标识来排序，则可设置一个索引标识。

选择“学号”字段，单击“添加”按钮，如图 4-1-4 所示，然后单击“下一步”。

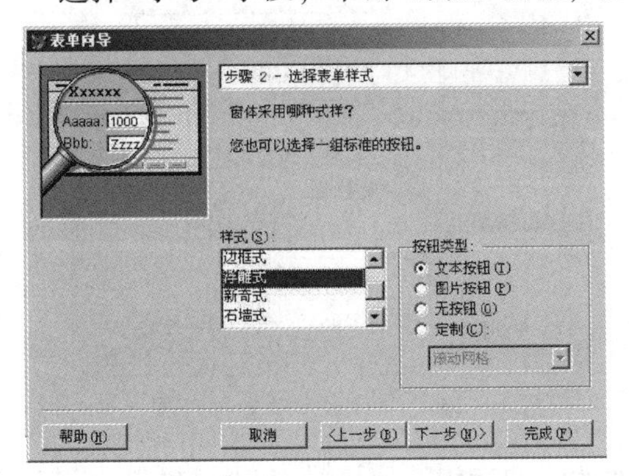

图 4-1-3　表单向导步骤 2-选择表单样式

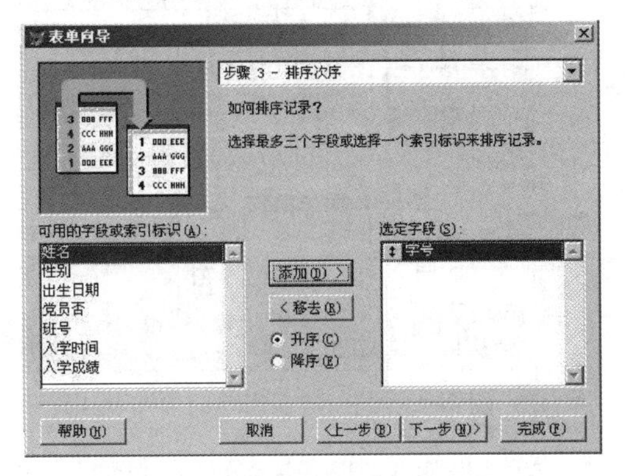

图 4-1-4　表单向导步骤 3-排序次序

（6）“步骤 4-完成”：该步设置表单标题，即显示在表单标题栏的内容，如不设置，则取表单文件名作为表单标题。此例设置为“学生表维护”。该步还可以选择出口，这里选择“保存并运行表单”，如图 4-1-5 所示，然后单击“完成”，将出现“另存为”对话框，在对话框中输入表单名“XSBD. SCX”，按“保存”命令按钮。稍后出现如图 4-1-6 所示的表单。

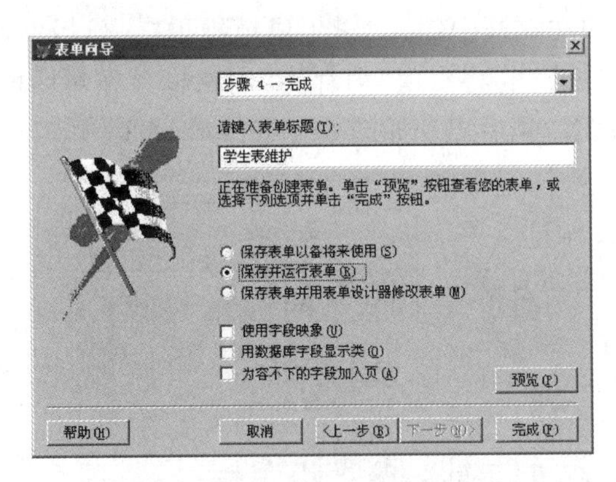

图 4-1-5　表单向导步骤 4-完成

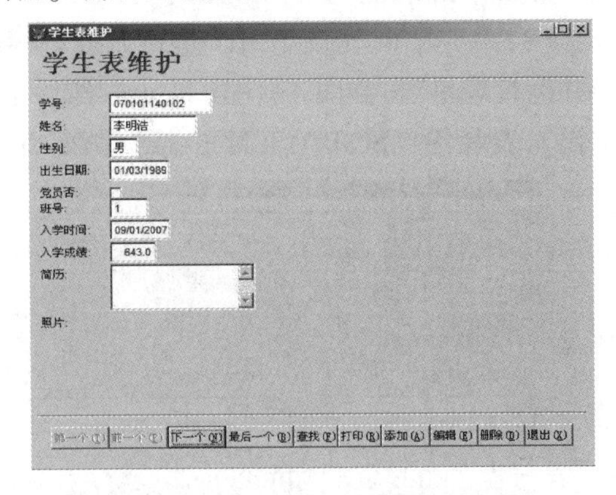

图 4-1-6　由表单向导生成的表单

说明：用表单向导建立的表单有一套标准的按钮，并已赋予其功能，利用这些按钮可以浏览、编辑、添加、删除、查找表记录。

例 2：用一对多表单向导创建一个维护 XS. DBF 和 CJ. DBF 的表单。

创建表单的步骤如下：

（1）打开数据库文件学生成绩管理 . DBC。

（2）选择“文件”→“新建”→“表单”→“向导”，弹出“向导选取”对话框，如图 4-1-1 所示，选择“一对多表单向导”，并按“确定”按钮。

（3）“步骤 1-从父表中选定字段”：在对话框左边的“数据库和表”区域选择 XS. DBF 表文件；其次，将“学号、姓名、性别、出生日期、班号”字段添加到“选定字段”区域，如图 4-1-7 所示，单击“下一步”。

（4）“步骤 2-从子表中选定字段”：在对话框左边的“数据库和表”区域选择 CJ. DBF 表

文件；其次，将所有字段添加到“选定字段”区域，在“选定字段”区域中选择“学号”字段，然后单击◂，设置结果如图 4-1-8 所示，单击“下一步”。

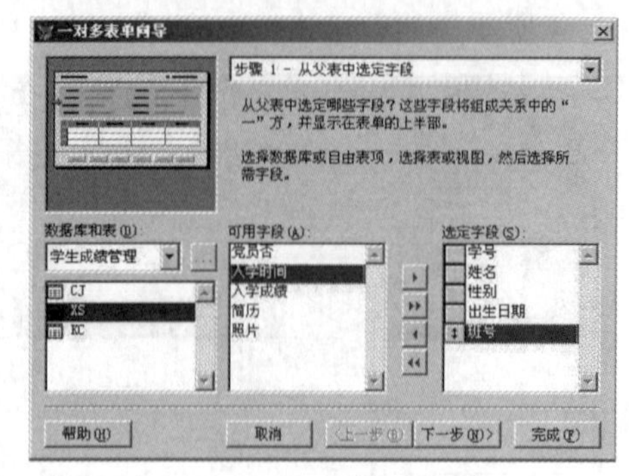

图 4-1-7　一对多表单向导步骤 1

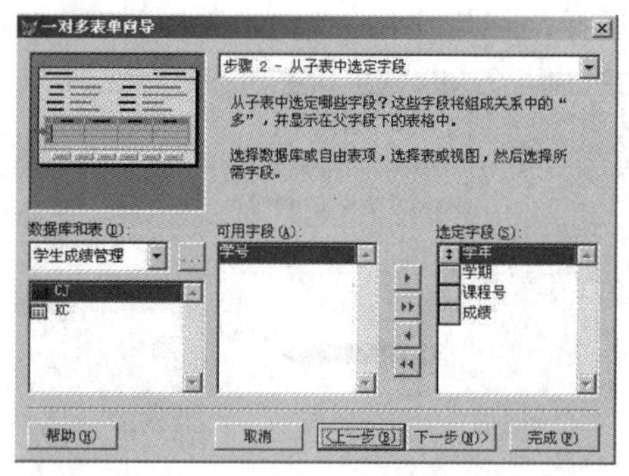

图 4-1-8　一对多表单向导步骤 2

（5）“步骤 3-建立表之间的关系”：根据前面所学的知识，应该是 XS 中的“学号”与 CJ 中的“学号”之间建立关系，由于第一步打开数据库，所以关系已设置正确，如图 4-1-9 所示，单击“下一步”。

（6）“步骤 4-选择表单样式”：此例选择石墙式、图片按钮，然后单击“下一步”。

（7）“步骤 5-排序次序”：在对话框左边字段列表框中选择“学号”字段，单击“添加”按钮，然后单击“下一步”。

（8）“步骤 6-完成”：在“请键入表单标题”的文本框中输入“学生成绩维护”，然后“保存并运行表单”，如图 4-1-10 所示，然后单击“完成”，将出现“另存为”对话框，在对话框中输入表单名“XSCJBD. SCX”，按“保存”命令按钮。稍后出现如图 4-1-11 所示的表单。

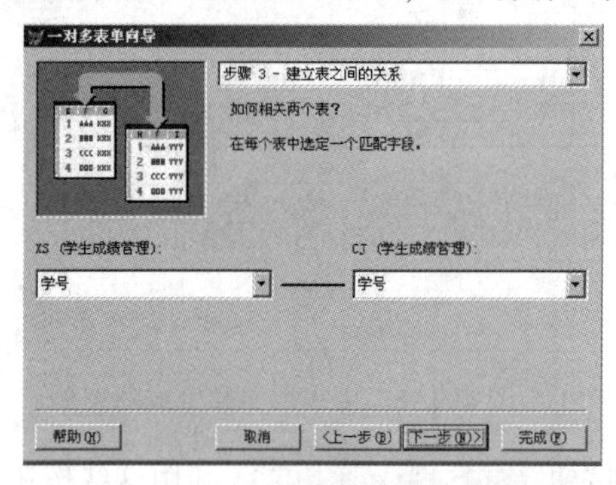

图 4-1-9　一对多表单向导步骤 3

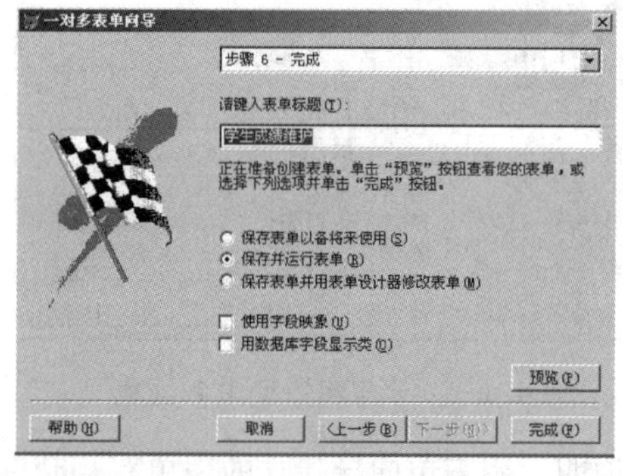

图 4-1-10　一对多表单向导步骤 6

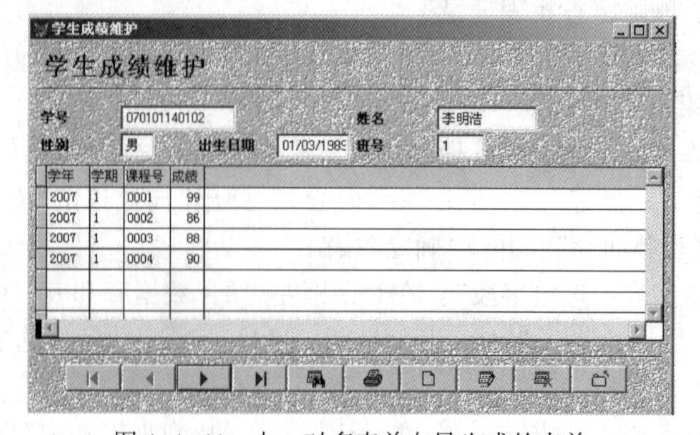

图 4-1-11　由一对多表单向导生成的表单

说明：用表单向导建立的表单有一套标准的按钮，并已赋予其功能，利用这些按钮可以浏览、编辑、添加、删除、查找表记录。

4.1.3 相关知识

1. 面向对象程序设计基础

面向对象程序设计 Object-Oriented Programming(简称 OOP 技术)。在 OOP 中，对象是构成程序的基本单位和运行实体。下面将阐述对象、类以及它的属性、事件、方法程序等概念和基本操作。

(1) 对象

Visual FoxPro 中所研究的对象，是现实世界中具体的或概念性的事物在计算机中抽象的模型化的表示。

把现实世界中事物的数据和行为，抽象成对象的属性和操作来描述，通过定义接口来表达对象间的关系，从而把现实世界中的事物用一个动态的对象模型来表示。

(2) 类

类是对象的原型，是对一组具有公共方法和一般属性的对象的抽象表示。

类和对象是抽象与具体的关系。类包含有关对象的特征和行为信息，是对象定义的模板。对象是类的具体化和实例化，所以对象又称为类的实例。一个类可以实例化为多个对象，各个对象都有所属类的属性、事件和方法程序，但每个对象的属性值可以不同。类是一个静态的概念，只有实例化的对象是构成程序的基本单位，是运行的实体。

类的基本特性是封装性、继承性和多态性。

封装性是指将对象方法程序和属性代码包装在一起，类的内部信息对于用户是屏蔽的，内部的复杂性可以被隐藏起来，仅留出封装的外部接口。

继承性是指用户可以通过已经存在的类来构造出新类，新类继承该类的所有属性和事件，并加以扩充。

多态性是指类的层次结构中，各层中的对象对同名方法程序或属性的调用是不同的，进而产生完全不同的行为，也就意味着被定义的方法可以用于多个类。

任何对象都具有自己的特征和行为。对象的特征由它的各种属性来描绘，对象的行为则由它的事件和方法程序来表达。

(3) 属性

① 对象的属性

对象的属性用来表示它的特征，以命令按钮为例，其位置、大小、颜色以及该按钮面上是显示文字还是图形等状态，都可用属性来表示。

② 对象的属性窗口

该窗口能显示当前对象的属性、事件和方法程序，并允许用户更改属性，定义事件代码和修改方法程序的功能。

属性窗口自上至下依次包括对象组合框、选项卡、属性设置框、属性列表和属性说明信息等 5 个部分，如图 4-1-12 所示。

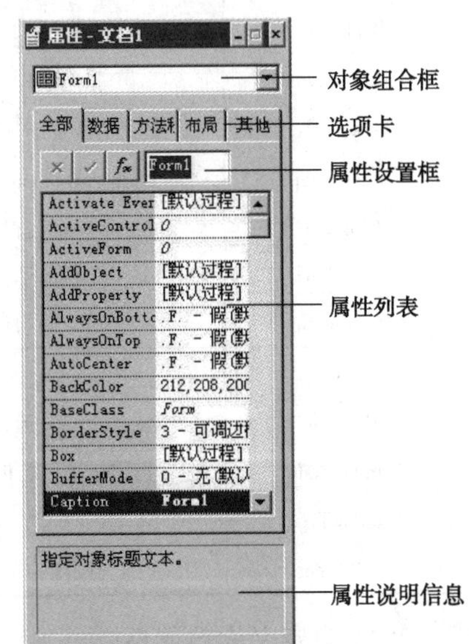

图 4-1-12 对象属性窗口

(4) 事件

事件(Event)泛指由用户或系统触发的一个特定的操作。

一个对象可以有多个事件，但每个事件都是由系统预先规定的。一个事件对应于一个程序，称为事件过程。

① 事件驱动工作方式

事件一旦被触发，系统马上就去执行与该事件对应的过程。待事件过程执行完毕后，系统又处于等待某事件发生的状态，这种程序执行方式明显地不同于面向过程的程序设计，称为应用程序的事件驱动工作方式。

由上可知，事件包括事件过程和事件触发方式两方面。事件过程的代码应该事先编写好。事件触发方式可细分为3种：由用户触发，例如单击命令按钮事件；由系统触发，例如计时器事件，将自动按设定的时间间隔发生；由代码引发，例如用代码来调用事件过程。

② 为事件(或方法程序)编写代码

编写代码先要打开代码编辑窗口，打开某对象代码编辑窗口的方法有多种，可双击该对象或选定该对象的快捷菜单中的代码命令或选定显示菜单的代码命令。

(5) 方法程序

方法程序是 Visual FoxPro 为对象内定的通用过程，能使对象执行一个操作。方法程序过程代码由 Visual FoxPro 定义，对用户是不可见的。但可以修改，用户可以通过添加代码增加方法程序的功能。

2. 表单的属性

(1) 表单常用属性

属性用来表示对象的特征，表单的大小、颜色、有无边框、是否可移动等都可以用属性来表示。表4-1-1给出了包括表单和某些对象共有而且常用的属性。

表4-1-1　属性选列

属　　性	说　　明	应用于
Caption	指定对象的标题	表单、标签、命令按钮等
Name	指定对象的名字	任何对象
ForeColor	指定对象中的前景色(文本和图形的颜色)	表单、标签、文本框等
Backcolor	指定对象内部的背景色	表单、标签、文本框等
BorderStyle	指定边框样式为无边框、单线框等	表单、标签、文本框等
AlwaysOnTop	是否处于其他窗口之上(可防止遮挡)	表单
AutoCenter	是否在 Visual FoxPro 主窗口内自动居中	表单
Closable	标题栏中关闭按钮是否有效	表单
Controlbox	是否取消标题栏的图标和其他按钮	表单
MaxButton	是否有最大化按钮	表单
MinButton	是否有最小化按钮	表单
Movable	运行时表单能否移动	表单
WindowState	指定表单运行时是最大化、最小化还是不变	表单
WindowType	设置表单的模式	表单
ShowWindows	设置表单显示的形式：0、1或2	表单

(2) 自定义表单属性

在表单中可以加入任意多的属性。一旦用户定义了某个属性，可以像使用其他属性一样使用新的属性。

在表单集中，新建的属性对表单集中的所有表单都适用，如果没有表单集，则新属性只适用于该表单。

在表单中建立新属性的步骤如下：

① 在表单设计器打开的前提下，选择“表单”→“新属性”命令。

② 当出现“新属性”对话框时，输入属性的名字，也可以输入属性的描述，然后单击“确定”按钮。

③ 新建属性的默认值为 .F. 。用户可在设计时改变它的值，也可用代码改变它的值。

3. 常用事件

（1）基类的最小事件集

① Init 事件：创建表单时触发该事件，从而执行为该事件编写的代码。Init 代码通常用来完成一些关于表单的初始化工作。

② Destory 事件：释放表单时触发该事件，该方法代码通常用来进行文件关闭，释放内存变量等工作。

（2）表单事件

① Load 事件：在创建表单之前发生，该事件代码从表单装入内存至表单被释放期间仅被运行一次。由于在该事件发生时还没有创建任何控件对象，因此在此事件中不能有对控件进行处理的代码。

② UnLoad 事件：在表单被释放时发生，是释放表单或表单集的最后一个事件。

③ Activate 事件：在表单被激活时触发该事件，该事件代码从表单装入内存至表单被释放期间可被运行多次，只要从下级表单返回当前表单，当前表单的 Activate 事件就被触发一次。由于该事件发生时表单已被激活，表单上的控件已能被使用，所以在该事件代码中可对表单上的所有控件进行控制。

（3）鼠标事件

① Click 事件：鼠标左键单击对象时发生的事件。

② DblClick 事件：鼠标左键双击对象时发生的事件。

③ RightClick 事件：鼠标右键单击对象时发生的事件。

（4）键盘事件

① KeyPress 事件：当用户按下并释放某个键时发生此事件，通常具有焦点的对象接收该事件。

② InteractiveChange 事件：在使用鼠标或键盘更改控件的值时发生。在每次交互更改对象时，都要发生此事件。

（5）焦点事件

① GotFocus 事件：当对象接收到焦点时发生。

② LostFocus 事件：当对象失去焦点时发生。

（6）其他事件

Timer 事件：适用于计时器。当经过 Interval 属性中指定的毫秒数时发生。

4. 常用方法

① Release 方法：从内存中释放表单。

② Refresh 方法：刷新表单数据。

③ SetFocus 方法：让控件获得焦点，使其成为活动对象。

④ Show 方法：显示表单，使表单可见。

⑤ Hide 方法：隐藏表单。

5. 表单的数据环境

每一个使用了数据表的表单都有一个数据环境。数据环境是一个容器对象，它用来定义与表单相联系的数据实体(表、视图)的信息及其相互联系。可以在数据环境设计器内直观地设计数据环境，并把它和表单一起保存。

运行表单时，数据环境可以自动打开和关闭表与视图。另外，可以在属性窗口中设置数据环境内所有字段的 ControlSource 属性。

（1）在表单中添加数据环境

选择“查看”→“数据环境”或者在表单空白处单击鼠标右键，将打开数据环境设计器。用下列方法可以在数据环境设计器中增加一个表或视图：

① 在数据环境设计器的空白处单击鼠标右键，弹出快捷菜单，选择“添加”命令。

② 当弹出“添加表或视图”对话框时，在该对话框中选择一个表或视图。

③ 最后按“确定”按钮，选取的表或视图则被添加到数据环境中。

（2）从数据环境移去一个表或视图

从数据环境中移去一个表或视图的步骤为：

① 选择要移去的表或视图；

② 使用命令“数据环境”→“移去”。

当从数据环境中移去一个表时，与该表有关的关联也被移去。

（3）在数据环境设计器里设置关联

如果加入的表有永久性关联，那么关联将自动加入到数据环境中。如果没有永久性关联，也可以在数据环境设计器里设置关联。方法如下：

从原表中拖动一个字段到相关联表的匹配索引标识符。如果与原始表对应的字段没有索引标识符，则系统将提示你建立索引标识符。

6. 对象引用

在面向对象的程序设计中常常需要引用对象，或引用对象的属性、事件和调用方法程序。对象引用规则如下：

（1）通常用以下引用关键字开头：

THISFORM	表示当前表单
THIS	表示当前对象
THISFORMSET	表示当前表单集

（2）引用格式：引用关键字后跟一个点号，再写出被引用对象或者对象的属性，事件或方法程序。

例如：

THIS. Caption

THISFORM. Release

（3）允许多级引用，但要逐级引用。

THISFORM. Command1. Caption

THIS. Command1. Click

7. 表单的运行

表单保存时将产生一个扩展名为 .SCX 的表单文件和扩展名为 .SCT 的表单备注文件。运行表单可以用以下 3 种方法：

(1) 用命令运行表单

命令格式：

DO FORM 表单文件名

(2) 在表单设计器窗口，选择“表单”→“运行”命令，或直接单击工具栏中的红色惊叹号。

(3) 在项目管理器中，选中“文档”选项卡并指定要运行的表单，单击“运行”按钮。

8. 表单控件工具栏

表单中经常包含许多控件。通过 Visual FoxPro 的表单控件工具栏可创建的控件大致可分为 5 类：

(1) 输出类：标签，图像，线条，形状。

(2) 输入类：文本框，编辑框，微调控件，列表框，组合框。

(3) 控制类：命令按钮，命令按钮组，复选框，选项按钮组，计时器。

(4) 容器类：表格，页框，Container 容器。

(5) 连接类：ActiveX 控件，ActiveX 绑定控件，超级链接。

表单控件工具栏如图 4-1-13 所示。

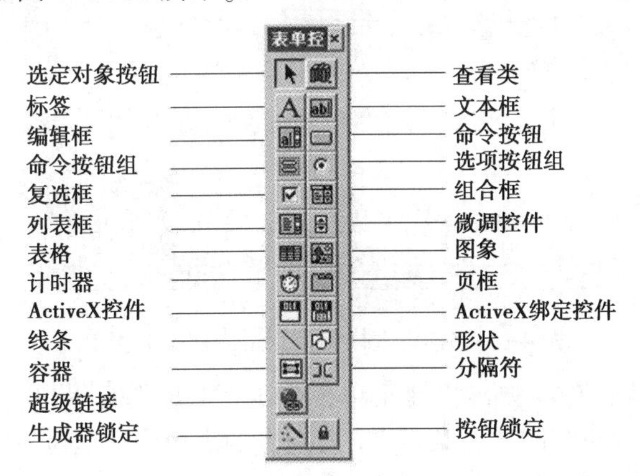

图 4-1-13　表单控件工具栏

4.1.4　案例拓展

1. 表单的修改

若对设计的表单不满意，可对其进行修改，采用下述两种方法进入表单修改状态：

(1) 使用命令：MODIFY FORM <表单文件名>

若指定的表单文件名存在，则打开已有的表单，进行修改表单状态；若指定的表单文件名不存在，则新建表单。

(2) 使用菜单：选择“文件”→“打开”→在“文件类型”中选择“表单”→选定要打开的表单文件，最后单击“确定”。

例 3：打开例 2 用向导建立的一对多表单，将其修改为如图 4-1-14 所示，添加直接显示当前记录“入学时间”字段和“入学成绩”字段内容。

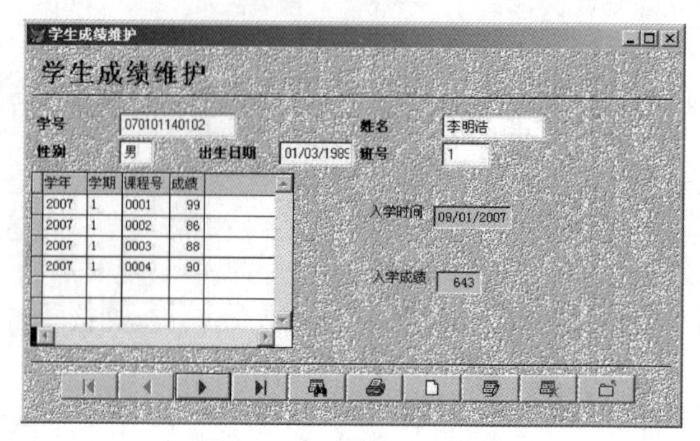

图 4-1-14　修改后的表单

操作步骤如下：

① 选择“文件”→“打开”→在“文件类型”中选择“表单”→选择“XSCJBD. SCX”表单文件，单击“确定”。

② 选中表单中的表格，将鼠标指针移动到右边的控制点处，当鼠标指针改变形状时，按下鼠标左键移动鼠标，将表格缩小到适当位置，如图 4-1-15 所示，然后释放鼠标左键。

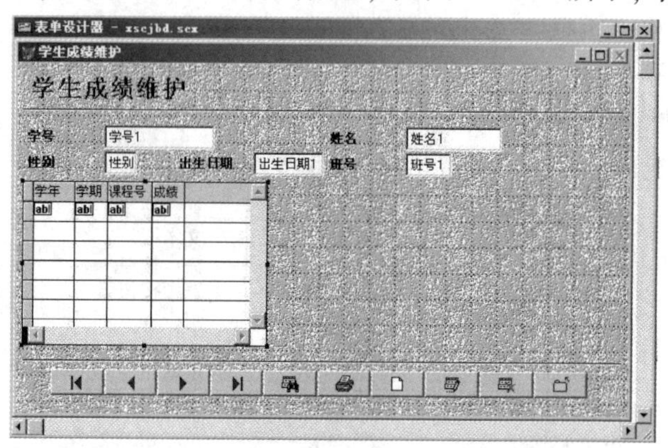

图 4-1-15　将表格缩小到适当位置的表单

③ 右键单击表单空白处，弹出快捷菜单，单击“数据环境”命令，打开“数据环境设计器”将“XS”表的“入学时间”和“入学成绩”字段拖曳到表单中适当位置，如图 4-1-16 所示。

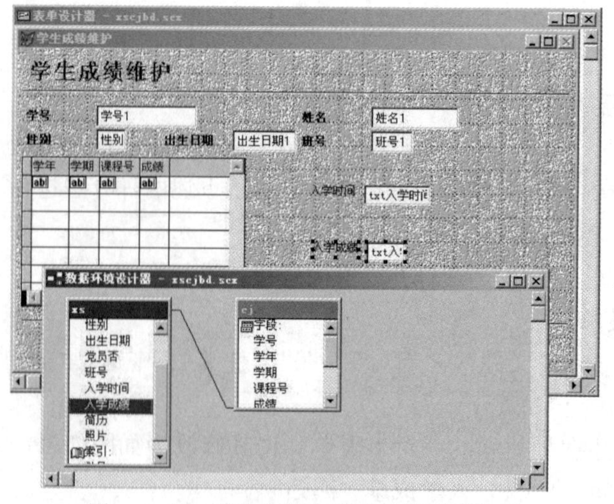

图 4-1-16　将字段拖曳到表单的适当位置

④ 保存表单。

执行一次表单，查看表单的变化。

2. 快速表单

当打开“表单设计器”窗口后，选择“表单”菜单选项，在下拉菜单中有一“快速表单”菜单项，可以利用这一功能快速建立表单。

例 4：建立“XS. DBF”的快速表单，如图 4-1-17 所示。

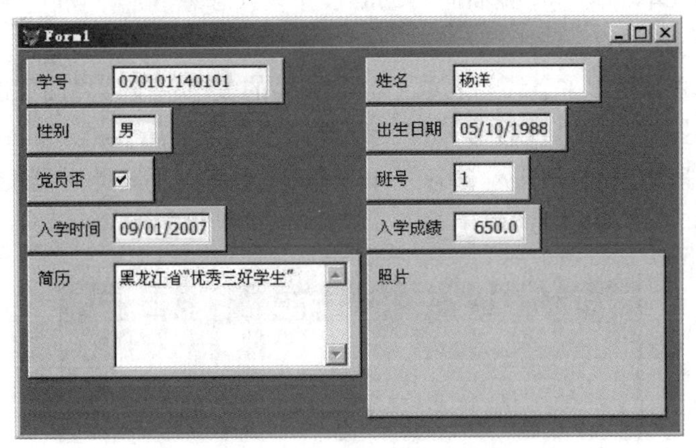

图 4-1-17　XS 表建立的快速表单

操作步骤如下：

① 打开表单设计器，选择“文件”→“新建”→“表单”→“新建文件”。

② 选择“表单”→“快速表单”，将弹出“表单生成器”对话框。

③ 首先，在对话框“1-字段选取”选项卡左边“数据库和表”的选择按钮上单击鼠标，当弹出“打开”对话框时，选择 XS. DBF 表文件，并按“确定”按钮；其次，在字段列表框中选择需要的字段，然后单击，添加该字段；或者单击，添加所有字段。此例添加所有字段，如图 4-1-18 所示，最后单击“确定”。

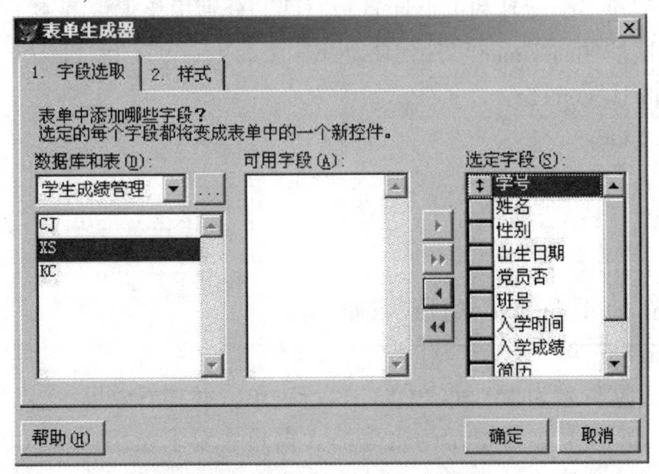

图 4-1-18　表单生成器的字段选取

④ 选择“2-样式”选项卡，选择样式为“新奇式”，最后单击“确定”。

⑤ 保存表单，文件名为“XSKSBD. SCX”

运行表单会看到表单中显示出“XS”表的第一条记录。

4.2 【案例13】常用表单控件

4.2.1 案例描述

利用表单设计器可以设计所需要的界面，此案例就是通过对常用表单控件的使用，设计出符合读者需要的表单，同时掌握面向对象的程序设计思想。

4.2.2 操作步骤

例1：利用计时器设计一个移动表单上标签文字的表单，设计界面如图4-2-1所示。表单上添加一个标签控件和一个计时器控件，设置标签控件的属性：AutoSize：.T.-真；Caption：学生成绩管理系统；FontSize：30；FontName：隶书；设置计时器控件的Interval属性值：100。鼠标右键单击表单时退出表单。

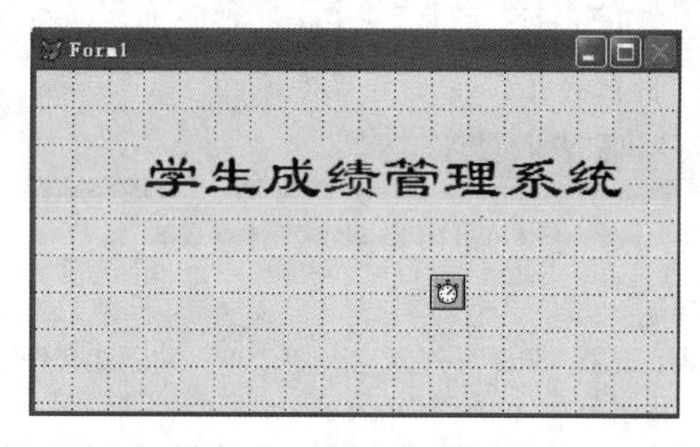

图4-2-1 标签与计时器示例

设计步骤如下：

（1）选择“文件”菜单的“新建”命令，选中“表单”，选择“新建文件”。

（2）在表单上创建1个标签和1个计时器控件。分别按要求设置相关的属性。

（3）设置计时器控件的Timer事件代码如下：

```
x=Thisform.Label1.Left+5
IF x>Thisform.Width
    x=-Thisform.Label1.Width
ENDIF
Thisform.Label1.Left=x
```

（4）设置Form1的RightClick事件代码如下：

```
Thisform.Release
```

（5）保存表单，文件名为BDJSQ.SCX，执行表单，并查看效果。

例2：设计一个如图4-2-2所示的密码输入窗口，要求当用户输入密码，单击“确定”按钮后可判断用户输入的密码是否正确，假设密码是“ABCDEF”。

操作步骤如下：

（1）新建表单，添加1个标签控件、1个文本框控件、2个命令按钮。

（2）设置各控件的属性如表4-2-1所示。

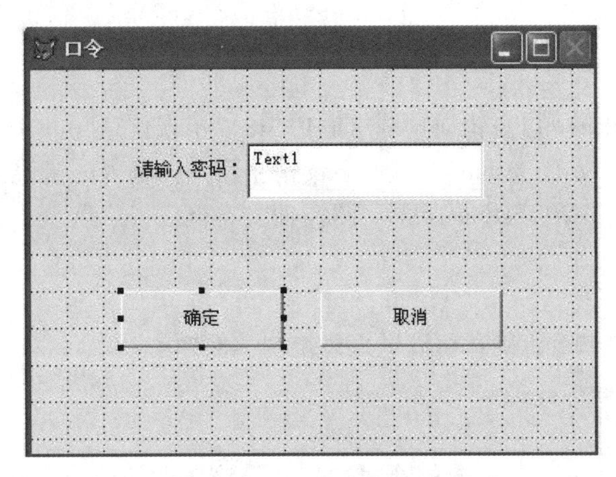

图 4-2-2　密码输入窗口示例

表 4-2-1　各控件的属性设置

对　　象	属　　性	属性值	说　　明
Form1	Caption	口令	设置表单标题
Label1	Caption	请输入密码：	设置标签的内容
Text1	PasswordChar	*	设置占位符为：*
Command1	Caption	确定	设置命令按钮上的文字
Command2	Caption	取消	设置命令按钮上的文字

(3) 在 Command1 的 Click 事件中输入如下代码：

```
IF Thisform. Text1. Value = "ABCDEF"
    MessageBox("口令正确！可以进入系统!",48,"信息")
    Thisform. Release
ELSE
    MessageBox("口令错误！无权进入系统!",48,"错误信息")
    Thisform. Release
ENDIF
```

(4) 在 Command2 的 Click 事件中输入如下代码：

```
Thisform. Release
```

(5) 保存表单，文件名为 MMCS. SCX，执行表单，输入正确密码和错误密码各一次并查看效果。

注意：以上表单只允许用户输入一次口令，如果用户不小心输入错误，就无法进入系统。通常给三次输入的机会，这就要有一个表单属性记录用户输入了几次密码，用户每单击一次“确定”按钮，被视为输入一次密码，所以 Command1 的 Click 事件代码修改为：

```
Thisform. nn = Thisform. nn+1
IF Thisform. Text1. Value<>"ABCDEF"
    IF Thisform. nn>=3
        MessageBox("你已经三次输入口令错误!"+CHR(13)+;
            "你无权进入该系统!",48,"警告信息")
```

```
        Thisform. Release
    ELSE
        MessageBox("口令错误！请重输!",48,"错误信息")
        Thisform. Text1. Value=""        && 清空用户已输入的错误密码
        Thisform. Text1. SetFocus        && 使文本框获得焦点
    ENDIF
ELSE
    MessageBox("口令正确！可以进入系统!",48,"信息")
    Thisform. Release
ENDIF
```

同时要为表单建立一个名为 nn 的新属性，并设该属性初始值为 0，将修改后的表单命名为 HQMMCS. SCX，执行该表单，注意与前一表单的区别。

思考：执行时若输入密码后，按回车键执行“确定”按钮，则应作如何修改？若按“Esc”键执行“取消”按钮，则应作如何修改？

例 3：设计一个如图 4-2-3 所示的计算器，并实现其功能。

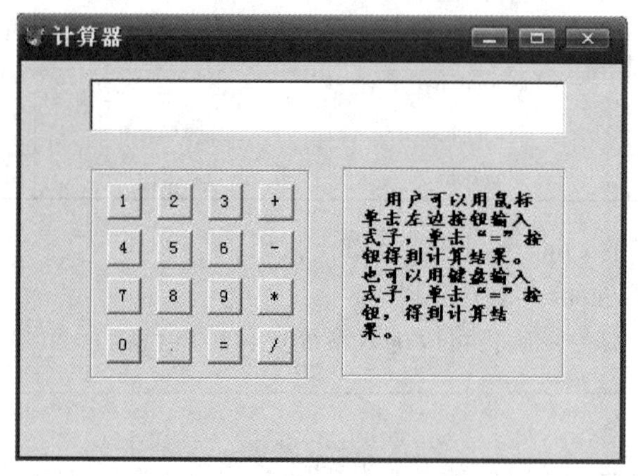

图 4-2-3　计算器示例

操作步骤如下：

（1）新建一个名为 JSQLX. SCX 表单，设置表单的 Caption 属性值为：计算器。

（2）在表单上添加 1 个文本框控件、16 个命令按钮、1 个标签控件、2 个形状控件。将所有命令按钮的 Height 属性和 Width 属性值均设为 25，并设置命令按钮和标签的 Caption 属性值如图 4-2-3 所示，设置标签控件的属性 AutoSize：. T. -真；FontSize：10；FontName：楷体；FontBold：. T. -真；WordWrap：. T. -真，将两个形状控件置后，并将 SpecialEffect 的属性值设为 0。

注意：设置命令按钮的 Caption 属性值为“=”时，在 Caption 属性设置处输入="="。

（3）设置文本框的 Format 属性值为 T，同时定义一个名为 x 的表单新属性。

（4）设置所有标有 0~9 的命令按钮的 Click 事件代码如下：

```
IF Thisform. x                          && 如果刚按过"="按钮
    Thisform. Text1. Value=""           && 清除式子
    Thisform. x=. F.                    && 表示已按其他按钮
```

```
ENDIF
Thisform. Text1. Value=Thisform. Text1. value+This. Caption
```

设置所有标有运算符的命令按钮的 Click 事件代码如下：

```
IF Thisform. x                          && 如果刚按过"="按钮
    Thisform. x=. F.                    && 表示已按其他按钮
ENDIF
Thisform. Text1. value=Thisform. Text1. value+This. Capton
```

设置“=”命令按钮的 Click 事件代码如下：

```
y=Thisform. Text1. Value                && 获取表达式
y=&y
Thisform. Text1. Value=STR(y, 50, 6)    && 显示表达式的值
```

(5) 保存并运行表单。

思考：设计的该计算器每次运行时只能计算一个表达式的值，若计算多个表达式怎么解决?

例 4：设计如图 4-2-4 所示的表单，要求当在列表框中改变选项时，文本框中的值也相应改变；文本框中的字体为“隶书”、“粗体”，字号为 14，表单整体效果美观，比例合适。

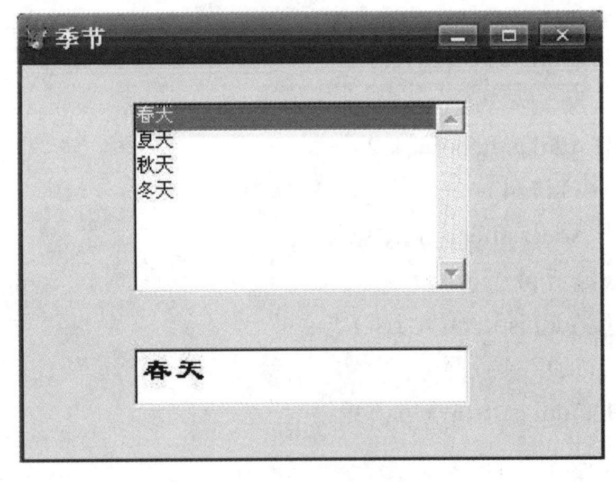

图 4-2-4　列表框示例

操作步骤如下：

(1) 新建一个名为 LBKLX. SCX 表单，设置表单的 Caption 属性值为：季节。

(2) 在表单上添加 1 个文本框控件、1 个列表框控件。设置文本框控件的属性 FontSize：14；FontName：隶书；FontBold：. T. -真；设置列表框的 RowSourceType 属性为 1，在 RowSource 属性输入：春天，夏天，秋天，冬天。注意分隔的逗号在西文下输入。

(3) 列表框控件的 InteractiveChange 事件代码如下：

```
Thisform. Text1. value=Thisform. List1. value
```

(4) 运行表单，查看效果。

例 5：设计一个表单，实现如图 4-2-5 所示的简易常用数学表。原数取 1~100。

操作步骤如下：

(1) 新建一个名为 LBKBD. SCX 表单，设置表单的 Caption 属性值为：数学用表。

原数	平方	平方根	自然对数	指数
1	1	1.0000	0.0000	2.7183
2	4	1.4142	0.6931	7.3891
3	9	1.7321	1.0986	20.0855
4	16	2.0000	1.3863	54.5982
5	25	2.2361	1.6094	148.4132
6	36	2.4495	1.7918	403.4288
7	49	2.6458	1.9459	1096.6332
8	64	2.8284	2.0794	2980.9580
9	81	3.0000	2.1972	8103.0839
10	100	3.1623	2.3026	22026.4658
11	121	3.3166	2.3979	59874.1417
12	144	3.4641	2.4849	162754.7914
13	169	3.6056	2.5649	442413.3920

图 4-2-5　简易数学用表示例

（2）在表单上添加 1 个列表框控件、5 个标签控件。设置列表框控件的属性 ColumnCount：5，说明有 5 列；ColumnWidth：30，40，50，50，180；注意分隔的逗号在西文下输入，确定 5 列各自的宽度。设置 5 个标签控件的 Caption 属性如图所示，FontBold：.T.-真。

（3）列表框控件的 Init 事件代码如下：

```
FOR i=1 to 100
    n=STR(i,3)
    Thisform.List1.AddListItem(n,i,1)
    n=STR(i*i,5)
    Thisform.List1.AddListItem(n,i,2)
    n=STR(SQRT(i),7,4)
    Thisform.List1.AddListItem(n,i,3)
    n=STR(LOG(i),7,4)
    Thisform.List1.AddListItem(n,i,4)
    n=STR(EXP(i),17,4)
    Thisform.List1.AddListItem(n,i,5)
ENDFOR
```

（4）运行表单，查看效果。

注意：该例中用到了列表框控件的方法 AddListItem(cItem[, nItemID][, nColumn])。

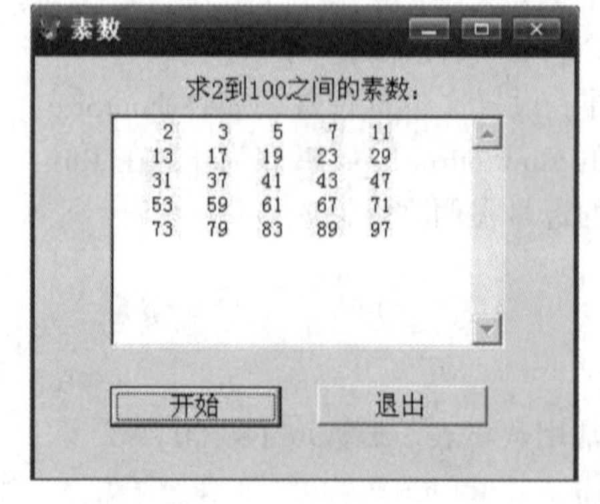

图 4-2-6　编辑框示例

例 6：设计如图 4-2-6 所示表单，求 2 到 100 之间的所有素数，要求在编辑框中显示结果。

操作步骤如下：

（1）新建一个名为 SSBD.SCX 表单，设置表单的 Caption 属性值为：素数。

（2）在表单上添加 1 个标签控件、1 个编辑框控件、2 个命令按钮。设置标签控件和命令按钮的 Caption 属性如图 4-2-6 所示，表单上所有控件的字号均为 12。

（3）“开始”按钮的 Click 事件代码如下：

```
k=0
FOR i=2 TO 100
    FOR j=2 TO i-1
        IF i%j=0
            EXIT
        ENDIF
    NEXT
    IF j=i
        Thisform. Edit1. Value=Thisform. Edit1. Value+STR(i,5)
        k=k+1
        IF k%5=0
            Thisform. Edit1. Value=Thisform. Edit1. Value+CHR(13)
        ENDIF
    ENDIF
NEXT
```

“退出”按钮的 Click 事件代码如下：

```
Thisform. Release
```

（4）运行表单，查看效果。

例 7：设置如图 4-2-7 所示表单，图形的曲率随调整值的变化而变化。要求设置标签控件的文本：调整值在 0—99 之间，字号 10，粗体；设置形状控件的属性值 FILLSTYLE：0。

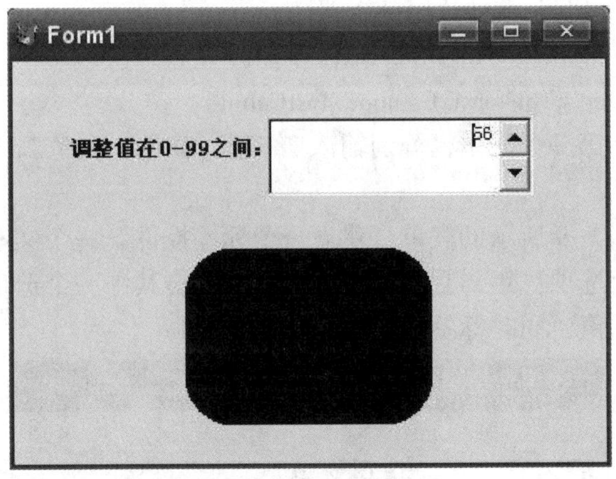

图 4-2-7　微调控件示例

操作步骤如下：

（1）新建一个名为 WTXZBD. SCX 表单。

（2）在表单上添加一个标签控件、一个微调控件、一个形状控件。设置标签控件的 Caption 属性值：调整值在 0—99 之间，FontSize：10，FontBold：. T. -真；设置形状控件的属性值 Fillstyle：0；设置微调控件的属性值 KeyboardHighValue：99，KeyboardLowValue：0，SpinnerHighValue：99，SpinnerLowValue：0。

（3）微调控件的 InteractiveChange 事件代码如下：

```
Thisform. Shape1. Curvature =Thisform. Spinner1. value
```

（4）运行表单，查看效果。

例8：设置如图4-2-8所示表单，在运行时为组合框添加数据条目。表单上添加一个组合框、两个文本框、两个标签、一个命令按钮，在第一个文本框内输入一个值，单击“添加”按钮则将该值添加到组合框中，同时第二个文本框显示当前组合框中的数据项数。

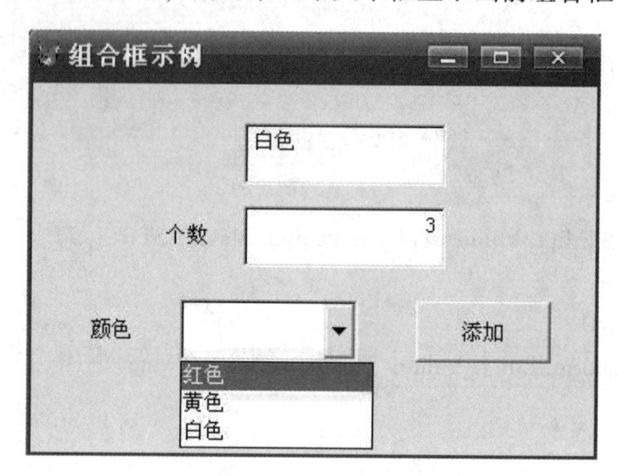

图4-2-8　组合框控件示例

操作步骤如下：

（1）新建一个名为ZHKLX. SCX表单，设置表单的Caption属性值为：组合框示例。

（2）在表单上添加两个标签控件、两个文本框控件、一个组合框控件、一个命令按钮。设置标签控件和命令按钮的Caption属性如图所示，表单上所有控件的字号均为10。

（3）“添加”按钮的Click事件代码如下：

```
Thisform. Combo1. AddItem(Thisform. Text1. Text)
Thisform. Text2. Value=Thisform. Combo1. ListCount
```

（4）运行表单，在第一个文本框分别输入“红色、黄色、白色”，单击“添加”按钮，查看效果。

例9：设计如图4-2-9所示的表单，建立一个标签控件、一个文本框控件、一个选项按钮组控件，其包含4个选项：年、月、日和时间，当单击其中一个选项时，文本框显示实际的年、月、日或时间的值，同时标签也作相应变化。

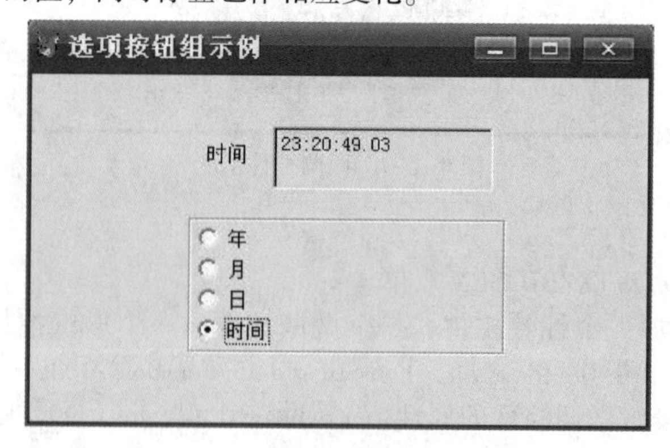

图4-2-9　选项按钮组控件示例

操作步骤如下：

（1）新建一个名为XXANZLX. SCX表单，设置表单的Caption属性值为：选项按钮组示例。

（2）在表单上添加一个标签控件、一个文本框控件、一个选项按钮组控件。设置标签控件的 Caption 属性值：日期，设置文本框的 ReadOnly 属性值：.T.，用生成器设置选项按钮组控件属性如图 4-2-9 所示。

（3）表单的 Init 事件代码如下：

Thisform. Text1. Value = Date( )

"年"选项按钮的 Click 事件代码如下：

Thisform. Label1. Caption = This. Caption

Thisform. Text1. Value = Year(Date( ))

"月"选项按钮的 Click 事件代码如下：

Thisform. Label1. Caption = This. Caption

Thisform. Text1. Value = Month(Date( ))

"日"选项按钮的 Click 事件代码如下：

Thisform. Label1. Caption = This. Caption

Thisform. Text1. Value = Day(Date( ))

"时间"选项按钮的 Click 事件代码如下：

Thisform. Label1. Caption = This. Caption

Thisform. Text1. Value = Time(Date( ))

（4）运行表单，单击每个选项按钮，查看效果。

例 10：设计如图 4-2-10 所示表单，实现一个按学号浏览成绩表记录的表单。

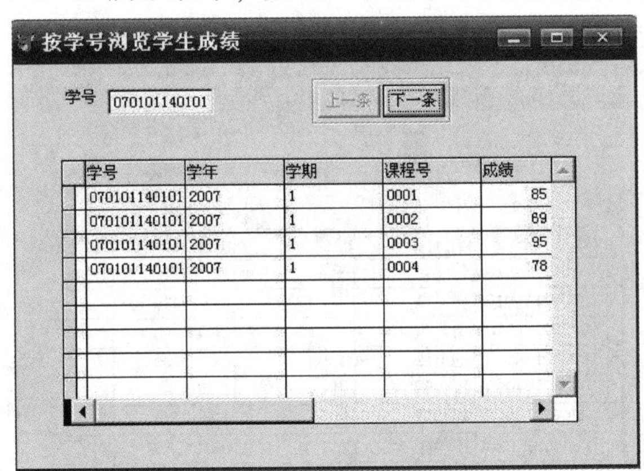

图 4-2-10　按学号浏览学生成绩表示例

操作步骤如下：

（1）新建一个名为 BGBD. SCX 表单，设置表单的 Caption 属性值为：按学号浏览学生成绩。

（2）为表单上添加数据环境，在数据环境中添加 XS 表和 CJ 表，若两表之间无一对多关联，则需先建立一对多关联。将 XS 表的"学号"字段从数据环境中拖到表单中，在表单中将出现一个标签控件和一个文本框控件。在 CJ 表的标题处按下鼠标拖到表单中，将出现一个表格控件。在表单中添加一个命令按钮组控件，用生成器设置相应属性，使其外观如图 4-2-10所示，同时将"上一条"命令按钮的 Enabled 属性设置为 .F. 。

(3)命令按钮组的 Click 事件代码如下：

```
IFThis. Value=1
    SKIP-1
ELSE
    SKIP
ENDIF
DO CASE
    CASE RECNO( )= 1
        This. Command1. Enabled=. F.
    CASE RECNO( )= RECCOUNT( )
        This. Command2. Enabled=. F.
    OTHERWISE
        This. Command1. Enabled=. T.
        This. Command2. Enabled=. T.
ENDCASE
Thisform. Refresh
```

(4) 运行表单，单击“下一条”或“上一条”按钮，文本框中将显示父表的学号，而子表则列出所有该学号的学生成绩信息。这由于是我们在两个表之间建立了一对多的关系。

例 11：设计如图 4-2-11 所示表单，页框的第一个页面显示学生表的信息，第二个页面显示成绩表的信息，并将两个页面建立相应的联系，即在学生表中选中某个学生的学号时，则在第二个页面自动显示该学生的成绩信息。

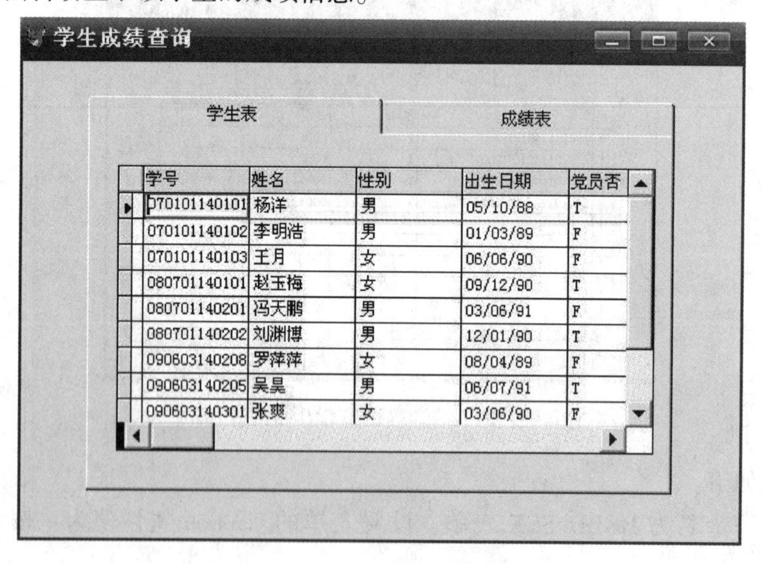

图 4-2-11　页框控件示例

操作步骤如下：

(1) 新建一个名为 YKBD. SCX 表单，设置表单的 Caption 属性值为：学生成绩查询。

(2) 为表单上添加数据环境，在数据环境中添加 XS 表和 CJ 表，若两表之间无一对多关联，则需先建立一对多关联。为表单添加页框控件，修改每个页面的 Caption 属性，在属性窗口的对象栏选择第一个页面，在 XS 表的标题处按下鼠标拖到该页面中，将出现一个表格控件，再选择第二个页面，在 CJ 表的标题处按下鼠标拖到该页面中，同样将出现一个表格控件。调整页面大小，尽可能地显示表格内容。

(3) 运行该表单，选中如图 4-2-11 所示学号，则在第二个页面就显示该学号的学生的成绩信息，如图 4-2-12 所示。

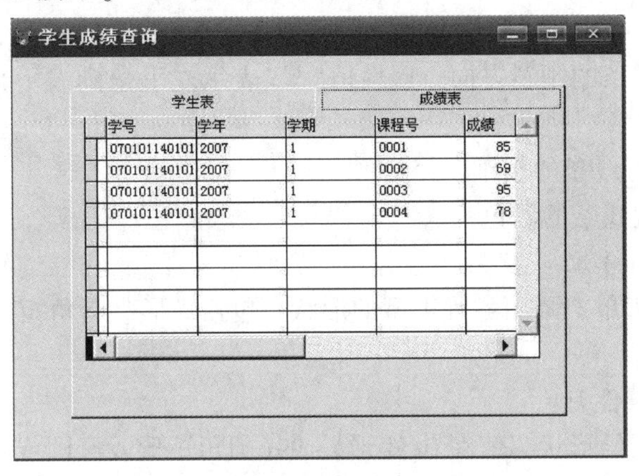

图 4-2-12　显示该学号学生成绩信息

4.2.3　相关知识

1. 标签控件(Label)

标签控件是一种能在表单上显示文本的输出控件，常用作提示或说明，被显示的文本在 Caption 属性中指定，称为文本标题。

标签的常用属性有：

Caption：指定标签的标题文本。

Alignment：指定标题文本在控件中显示的对齐方式。

AutoSize：是否使标签区域自动调整为与标题文本大小一致。默认值为 .F. 。

WordWrap：指定 AutoSize 属性为 .T. 的标签控件是沿纵向扩展还是沿横向扩展(即是否允许换行)。默认值为 .F. 。

BorderStyle：指定对象的边框的样式。默认值为 0(无)，1 为固定单线。

BackStyle：指定标签是否透明。默认值为 1 不透明。

FontSize：定义标签文本的大小。

FontName：定义标签文本的字体。

FontColor：定义标签文本的颜色。

2. 图像控件(Image)

图像控件可以利用 Picture 属性在表单上显示文件的图像，图像文件的类型可为 .BMP、.ICO、.GIF 和 .JPG 等。

图像控件的常用属性有：

Picture：设置要显示的位图文件。

Stretch：指定如何对图像进行尺寸调整放入控件。默认值 0-剪切，表示图像中超出控件范围的部分不显示。若设置为 1-等比填充，则表示图像控件保持图片原有尺寸比例，尽可能地显示在控件中。若设置 2-变比填充，系统自动调整图像的大小，与图像控件的高度与宽度相匹配。

3. 线条控件(Line)

线条控件用于在表单上画各种类型的线条，包括斜线、水平线和垂直线。

线条控件的常用属性有：

Height：设置线条的对角矩形的高度。设置为0是水平线。

Width：设置线条的对角矩形的宽度。设置为0是垂直线。

LineSlant：设置线条的倾斜方向，属性值“\”表示左上角到右下角线，属性值“/”表示右上角到左下角线。

BorderWidth：设置线条的粗细。

BorderColor：设置线条的颜色。

4. 形状控件(Shape)

形状控件用于在表单上画出各种类型的形状，包括矩形、圆角矩形、正方形、圆角正方形、椭圆或圆。

形状控件的常用属性有：

Curvature：设置图的形状，值在0(矩形)~99(圆角矩形或椭圆或圆)之间。

FillStyle：是否填充线图。

SpecialEffect：决定线图是平面图还是三维图。三维图只在Curvature属性为0时有效。

形状类型将由Curvature，Width与Height属性来指定。

形状控件创建时若Curvature属性值为0，Width属性值与Height属性值也不相等，显示一个矩形，若相等显示正方形。若要画出一个圆，应将Curvature属性值设置为99，并使Width属性值与Height属性值相等。

5. 计时器控件(Timer)

计时器控件能周期性地按时间间隔自动执行它的Timer事件代码，在应用程序中用来处理可能反复发生的动作。由于在运行时用户不必看到计时器，故Visual FoxPro令其隐藏起来，变成不可见的控件。

计时器控件的常用属性有：

Interval属性：表示Timer事件的触发时间间隔，单位为毫秒。

Enabled属性：当属性为.T.时计时器启动计时，当属性为.F.时计时器停止计时，然后用一个外部事件(如单击命令按钮)将属性改为.T.时才继续计时，该属性默认为.T.。

计时器的Enabled属性不同于其他对象。对于大多数对象，Enabled属性决定了能否响应用户的操作；对于计时器，设置Enabled属性为假，将停止计时器的运行。

计时器Timer事件：表示时间间隔执行的动作。

6. 文本框控件(Text)

文本框控件是一个基本控件，它既可以用来显示文本，也可以用来接收文本，或用来编辑文本。常用在以下几个方面：(1)显示某个字段或字符型变量的内容；(2)接收某个字段的内容；(3)接收某个变量的值；(4)接收用户密码。

文本框的常用属性有：

Value属性：设置文本框显示的内容，或接收用户输入的内容。Value值可为数值型、字符型、日期型或逻辑型4种类型之一，例如0、(无)、{}、.F.，其中(无)表示字符型，并且是默认类型。若Value属性已设置为其他类型的值，可通过属性窗口的操作使它恢复为默认类型。即在该属性的快捷菜单中选定“重置为默认值”命令，或将属性设置框内显示的数据删掉。Value 值既可在属性窗口中输入或编辑，也可用命令来设置，例如 This. Value = "Visual FoxPro" 。

在向文本框键入数据时，如遇长数据能自动换行。但只要键入回车符，输入就被 VFP 终止。也就是说，文本框只能供用户键入一段数据。

ControlSource 属性：设置文本框与哪一个数据源的哪个字段或变量绑定。文本框与数据绑定后，控件值便与数据源的数据一致了。以字段数据为例，此时的控件值将由字段值决定；而字段值也将随控件值的改变而改变。值得重视的是，将控件值传递给字段是一种不用 REPLACE 命令也能替换表中数据的操作。

PasswordChar 属性：指定文本框控件内是显示用户输入的字符还是显示占位符，并指定用作占位符的字符。该属性的默认值是空串，此时没有占位符，文本框内显示用户输入的内容。当为该属性指定一个字符(即占位符，通常为 *)后，文本框内将只显示占位符，而不会显示用户输入的实际内容，这在设计登录口令框时经常用到。此属性不会影响 Value 属性的设置，Value 属性总是包含用户输入的实际内容。该属性仅适用于文本框。

InputMask 属性：指定在一个文本框输入数据的格式和显示方式。InputMask 属性值是一个空串。该字符串通常由一些所谓的模式符组成，每个模式符规定了相应位置上数据的数如何显示行为，如表 4-2-2 所示。

表 4-2-2　InputMask 属性值的模式符

模式符	功能
X	允许输入任何字符
9	允许输入数字和正负号
#	允许输入数字、空格和正负号
$	在固定位置上显示当前货币符号
$ $	在数值前面相邻的位置上显示当前货币符号(浮动货币符)
*	在数值左边显示星号
.	指定小数点的位置
,	分隔小数点左边的数字串

ReadOnly 属性：指定用户能否编辑文本框中的内容。其值为 .T. 时不能编辑，为 .F. 时(默认值)可以编辑。

7. 编辑框控件(Edit)

编辑框用于编辑长字符字段或者备注型字段，并允许输入多段文本。

编辑框与文本框的主要差别在于：

(1) 编辑框只能用于输入或编辑文本数据，即字符型数据；而文本框则适用于数值型等 4 种类型的数据。编辑框实际上是一个完整的字处理器，利用它能够选择、剪切、粘贴以及复制正文；可以实现自动换行；能够有自己的垂直滚动条；可以用箭头在正文里移动光标。

(2) 文本框只能供用户键入一段数据；而编辑框则能输入多段文本，即回车符不能终止编辑框的输入。

前面介绍的有关文本框的属性(除 PasswordChar 属性)对编辑框同样适用。

编辑框的常用属性有：

ScrollBars 属性：指定编辑框是否具有滚动条。当属性值为 0 时，没有；属性值为 2(默认值)包含垂直滚动条。

ReadOnly 属性：指定用户能否编辑编辑框中的内容。其值为 .T. 不能编辑，为 .F.(默认值)可以编辑。

ControlSource 属性：利用该属性为编辑框指定一个字段或内存变量。

Value 属性：返回编辑框的当前内容。该属性的默认值是空串。

SelText 属性：返回用户选定的文本，如果没有选定文本，则返回空字符串。

SelLength 属性：返回用户在控制的文本区域中选定的字符数目。

SelStart 属性：返回控件的文本输入区域中用户选择文本的起始点。

8. 列表框控件(List)和组合框控件(Combo)

列表框与组合框都有一个供用户选项的列表，但两者之间有如下区别：

(1) 列表框任何时候都显示它的列表，而组合框平时只显示一个项，待用户单击它的向下按钮后才能显示可滚动的下拉列表。若要节省空间，并且突出当前选定的项时可使用组合框。

(2) 组合框又分下拉组合框与下拉列表框两类，前者允许键入数据项，而列表框与下拉列表框都仅有选项功能。

列表框和组合框可以用生成器设置各种属性。

列表框的常用属性有：

RowSourceType 属性：指明列表框中条目数据源的类型。该属性取值如表 4-2-3 所示。

表 4-2-3　RowSourceType 属性的可取值

设　置	说　明
0	(默认值)无。如果使用了默认值，则在运行时使用 AddListItem 填充列
1	值。使用由逗号分隔的列填充
2	别名。使用 ColumnCount 属性在表中选择字段
3	SQL 语句。SQL SELECT 命令创建一个临时表或一个表
4	查询(.QPR)。指定有 .QPR 扩展名的文件名
5	数组。设置列属性可以显示多维数组的多个列
6	字段。用逗号分隔的字段列表。字段前可以加上由表别名和句点组成的前缀
7	文件。用当前目录填充列。这时 RowSource 属性中指定的是文件梗概
8	结构。由 RowSource 指定的表的字段填充列
9	弹出式菜单。包含此设置是为了提供向后兼容性

RowSource 属性：指定列表框的条目数据源。

ColumnCount 属性：指明列表框的列数。

MultiSelect 属性：指定用户能否在列表框控件内进行多重选定。默认值 .F. 不允许。

Value 属性：返回列表框中被选中的条目。该属性可以是数值型，也可以是字符型。若为数值型，返回的是被选条目在列表框中的次序号。若为字符型，返回的是被选条目的本身内容。如果列表框不止一列，则返回由 BoundColumn 属性指明的列上的数据项。

MoverBars 属性：设置列表框的左侧是否显示移动按钮。

ControlSource 属性：该属性在列表框中的用法与在其他控件中的用法有所不同。在这里，用户可以通过该属性指定一个字段或变量用以保存用户从列表框中选中的结果。

组合框与列表框类似，也是用于提供一组条目供用户从中选择。上面介绍的有关列表框的属性组合框同样具有(除 MultiSelect 外)，并且具有相似的用法和含义。组合框有两种形式：下拉组合框和下拉列表框。通过属性 Style 设置，若 Style 设置为 0(默认值)则为下拉组合框，用户即可以从列表中选择，也可以在编辑区内输入；若 Style 设置为 2 则为下拉列表框，用户只能从列表中选择。

9. 命令按钮控件(Command)

命令按钮在应用程序中起控制作用，用于完成某一特定的操作，其操作代码通常放置在命令按钮的 CLICk 事件中。

命令按钮的常用属性有：

Caption 属性：设置显示在命令按钮上的文本。

Picture 属性：设置显示在命令按钮的位图。要使这一设置生效，必须将 Caption 属性的值设置为空。

Default 属性：该属性值为 .T. 的命令按钮称为“确认”按钮，即当用户按下回车键执行该按钮的 Click 事件代码。窗体上只能有一个命令按钮的 Default 属性为真。

Cancel 属性：该属性值为 .T. 的命令按钮称为“取消”按钮。当用户按 Esc 键时，执行该按钮的 Click 事件代码。窗体上只能有一个命令按钮的 Cancel 属性为真。

Enabled 属性：指定命令按钮是否有效。默认值为 .T.，即是有效的，能被选择，能响应用户引发的事件。

Visible 属性：指定命令按钮是可见还是隐藏。在表单设计器中，默认值为 .T.，即对象是可见的。

10. 命令按钮组控件(CommandGroup)

命令按钮组控件是一个容器控件，它可以包含若干个命令按钮，并能统一管理这些命令按钮。命令按钮组与组内的各命令按钮都有自己的属性、事件和方法程序，因而既可单独操作各命令按钮，也可以对组控件进行操作。命令按钮组的操作往往利用生成器较为方便。

命令按钮组的常用属性有：

ButtonCount 属性：指定命令组中命令按钮的数目，默认值为 2。

BackStyle 属性：设置命令按钮的背景是否透明。

BorderStyle 属性：设置命令按钮组的边框。

Value 属性：指定命令按钮组当前的状态。该属性的类型可以是数值型的(默认)，也可以是字符型。若为数值型 n，则表示命令按钮组中第 n 个命令按钮被选中；若为字符型 c，则表示命令按钮组中 Caption 属性值为 c 的命令按钮被选中。

例如，一个命令按钮组中有三个命令按钮，可以在命令按钮组的 Click 事件代码中便可判别出单击的是哪个命令按钮，并决定执行的动作。处理格式如下：

```
DO CASE
    CASE THIS. Value=1
        * 执行动作 1
    CASE THIS. Value=2
        * 执行动作 2
    CASE THIS. Value=3
```

* 执行动作 3

ENDCASE

11. 微调控件(Spinner)

微调控件用于接受给定范围之内的数值输入。它既可用键盘输入，也可单击该控件的上箭头或下箭头按钮来增减其当前值。

微调控件的常用属性有：

Increment 属性：设定按一次箭头按钮的增减数，默认为 1.00。

KeyboardHighValue 属性：设定键盘输入数值高限。

KeyboardLowValue 属性：设定键盘输入数值低限。

SpinnerHighValue 属性：设定按钮微调数值高限。

SpinnerLowValue 属性：设定按钮微调数值低限。

Value：表示微调控件的当前值。

InputMask：设置输入掩码。微调控件默认带两位小数，若只要整数可用输入掩码来限定，例如 999999 表示 6 位整数。若微调控件绑定到表的字段，则输入掩码位数不得小于字段宽度，否则将显示一串 * 号。

12. 复选框控件(Check)和选项按钮组控件(Optiongroup)

复选框与选项按钮是对话框中的常见对象，复选框允许同时选择多项，选项按钮则只能在多个选项中选择其中的一项。所以复选框可以在表单中独立存在，而选项按钮只能存在于它的容器选项按钮组中。

复选框用于标记一个两值状态，当处于"真"状态时，复选框内显示一个对勾；否则，复选框内为空白。

复选框的常用属性有：

Style 属性：指定复选框的外观，其外观有方框和图形(按钮)两类。默认值为 0，方框并出现复选标记；值为 1 为图形(按钮)。

Caption 属性：用来指定显示在复选框旁边的文字。

Value 属性：用来指明复选框的当前状态。0 默认值，未被选中；1 被选中；2 灰色，只在代码中有效。

ControlSource 属性：指明与复选框建立联系的数据源。

选项按钮组又称为选项组，是包含选项按钮的一种容器。一个选项组中往往包含若干个选项按钮，但用户只能从其中选择一个按钮。

选项按钮组的常用属性有：

ButtonCount 属性：指定选项组中选项按钮的数目，默认值为 2。

BackStyle 属性：设置选项按钮组的背景是否透明。

BorderStyle 属性：设置选项按钮组的边框。

Value 属性：指定选项组当前的状态。该属性的类型可以是数值型的(默认)，也可以是字符型。若为数值型 n，则表示选项组中第 n 个选项按钮被选中；若为字符型 c，则表示选项组中 Caption 属性值为 c 的命令按钮被选中。

ControlSource 属性：指明与选项组建立联系的数据源。

选项按钮的常用属性有：

Caption 属性：定义选项的标题文本。

Value 属性：设置选项是否被选中，1 表示选中，0 表示未选中。

Style 属性：该属性的值用来定义单选框的外观，有 0-标准、1-图形两种可选值。

复选框和选项按钮组的属性设置也可以通过生成器来完成。

13. 表格控件(Grid)

表格控件可以设置在表单或页面中，用于显示表中的字段，表格是一个容器对象。

（1）表格的组成

① 表格(Grid)：由一或若干列组成。

② 列(Column)：一列可显示表的一个字段，列由列标题和列控件组成。

③ 列标题(Headerl)：默认显示字段名，允许修改。

④ 列控件(例如 Text)：一列必须设置一个列控件，该列中的每个单元格都可用此控件来显示字段值。列控件默认为文本框，但允许修改为与本列字段数据的类型相容的控件。假定本列是字符型字段的数据，就不能用复选框作为列控件。

表格、列、列标题和列控件都有自己的属性、事件和方法程序，其中表格和列都是容器。

（2）在表单窗口创建表格控件

通常用下述两种方法来创建表格控件：

① 从数据环境创建。

② 利用表格生成器创建。

（3）表格的常用属性

ColumnCount 属性：表示表格中的列数。默认值为-1，此时表格中将列出表的所有字段。

RecordSource：指定数据源，即指定要在表格中显示的表。

RecordSourceType：指定数据源类型，通常取 0(表)或 1(别名)。取 1 时，须按 RecordSource 为表格指定表名来显示表中的字段，此为默认值。取值为 0 时，如果数据环境中已存在一个表，就不需设置 RecordSource 数据源。2 提示、3 查询、4SQL 语句。

（4）用表格控件建立一对多表单

表格最常见的一个用途是在文本框显示父记录的同时，在表格中显示相应的子记录。当父表的指针移动时，表格中将显示子表的相应内容。

如果在表单的数据环境中包含两个表的一对多关联，则在表单中显示一对多关联是很容易的。

在数据环境中建立一对多表单的步骤如下：

①从数据环境设计器的父表中把期望的字段拖动到表单里。

②从数据环境设计器中把相关的子表拖动到表单里。

14. 页框控件(Page)

页框是包含页面的容器，用户可在页框中定义多个页面，以生成带选项卡的对话框。含有多页的页框可起到扩展表单面积的作用。

页框控件的常用属性有：

PageCount 属性：指定页框中包含的页面数，默认为 2。数据在 0~99 之间。

Caption 属性：指定页面的标题，即选项卡的标题。

Tabs 属性：确定要否显示页面标题。默认值为 . T. 显示标题。

TabStyle 属性：指定页框的标题是两端模式还是非两端模式。0 两端模式表示所有的页面标题布满页框的宽度，1 非两端模式表示以紧缩方式显示页面标题，即显示时两端不加空位。

TabStretch 属性：指定页框标题是单行显示还是多行显示。1 表示以单行显示所有的页面标题，当显示位置不够时仅显示部分标题字符，这是默认设置。0 表示以多行显示所有的页面标题，在选项卡较多或页面标题太长而致使页框宽度中不能完整显示页面标题时使用。

4.3 课后习题

一、单项选择题

1. Init 事件由(　　)时引发。

A. 对象从内存中释放　　B. 事件代码出现错误
C. 对象生成　　D. 方法代码出现错误

2. OptionGroup、ButtonGroup 对象的 Value 属性值类型只能是(　　)。

A. N 和 C　　B. C　　C. D　　D. L

3. This 是对(　　)的引用。

A. 当前对象　　B. 当前表单　　C. 任意对象　　D. 任意表单

4. 单击表单上的关闭按钮(×)将会触发表单的(　　)事件。

A. Closed　　B. Unload　　C. Release　　D. Error

5. 当标签的 BackStyle 属性值为 1 时，表明其背景为(　　)。

A. 不可调　　B. 可调　　C. 不透明　　D. 透明

6. 当文本框的 BorderStyle 属性为固定单线时，其值应为(　　)。

A. 1　　B. 0　　C. 2　　D. -1

7. 对象的鼠标移动事件名为(　　)。

A. MouseUp　　B. MouseMove　　C. MouseDown　　D. Click

8. 决定微调控件最大值的属性是(　　)。

A. Keyboardhighvalue　　B. Value　　C. Keyboardlowvalue　　D. Interval

9. 以下能关闭表单的是(　　)。

A. Click 事件　　B. Release 方法　　C. Refresh 方法　　D. Show 方法

10. 如果要在表单的标题中显示系统的当前日期，应在属性窗口中的 Caption 属性中输入(　　)。

A. =date()　　B. =time()　　C. date()　　D. datetime()

11. 能使计时器停止计时的属性是(　　)。

A. Release　　B. Visible　　C. Enabled　　D. Value

12. 与文本框的背景色有关的属性是(　　)。

A. Backcolor　　B. Forecolor　　C. RGB D.　　FontSize

13. 将“复选框”控件的 Enabled 属性设置为(　　)时，复选框显示为灰色。

A. 0　　B. 1　　C. .T.　　D. . F.

14. 在设计界面时，为提供多选功能，通常使用的控件是(　　)。

A. 选项按钮组　　B. 一组复选框　　C. 编辑框　　D. 命令按钮组

15. Visual FoxPro 中，命令按钮中显示的文字内容，是在(　　)属性中设置的。

A. Name　　B. Caption　　C. FontName　　D. ControlSource

二、填空题

1. 表单文件的扩展名是(　　)。

2. 表单中控件的属性可在(　　)中或程序中设置。

3. 当用户单击命令按钮时，会触发命令按钮的(　　)事件。

4. 对于数据绑定型控件，通过对(　　)属性的设置来绑定控制和数据源。

5. 将“复选框”控件的 ENABLED 属性设置为(　　)时，复选框显示为灰色。

6. 如果数据库表的插入触发器设置为 .F.，则当向该表中插入一条空记录时，屏幕显示(　　)。

7. 如果想把一个文本框(TEXT)绑定到表的“学号”字段上，应设置文本框的(　　)属性。

8. 如果要把一个文本框对象的初值设置为当前日期，则在该文本框的 Init 事件中设置代码为 THIS. VALUE=(　　)。

9. 设计表单时，从“数据环境”设计器窗口直接将表拖入表单则产生(　　)控件。

10. 为刷新表单，应调用表单的 REFRESH 方法，正确的调用语法格式是(　　)。

11. 与 THISFORM. RELEASE 功能等价的命令为(　　)。

12. 在 Visual FoxPro 中，运行当前默认文件夹下的表单 T1. SCX 的命令是(　　)。

13. 在 Visual FoxPro 中，在创建对象时发生的事件是(　　)。

14. 在表单中确定表单标题的属性(英文名称)是(　　)。

15. 组合框的数据源由 RowSource 属性和 RowSourceType 属性给定，如果 RowSource 属性中写入一条 SELECT-SQL 语句，则它的 RowSourceType 属性应设置为(　　)。

三、窗体设计题

1. 制作如图所示表单，运行状态(如图1)，编辑状态(如图2)。

设置要求：

(1) 设置表单名称为“Form1”，标题为“Form1”。

(2) 在窗体内添加 4 个 Label 控件，名称分别为：Label1、Label2、Label3、Label4。
添加 2 个 TextBox 控件，名称分别为：Text1、Text2。
添加 1 个 CommandButton 控件，名称为：Command1。

(3) 设置 Label1 的标签标题为“华氏温度转换为摄氏”，字体为：黑体、16 号字。
设置 Label2 的标签标题为“输入华氏:”，字体为：宋体、12 号字。
设置 Label3 的标签标题为“输出摄氏:”，字体为：宋体、12 号字。
设置 Label4 的标签标题为“公式：C=(5/9)(F-32)”，字体为：宋体、12 号字。

功能要求：根据输入的华氏温度，单击换按钮后，在文本框输出摄氏度。

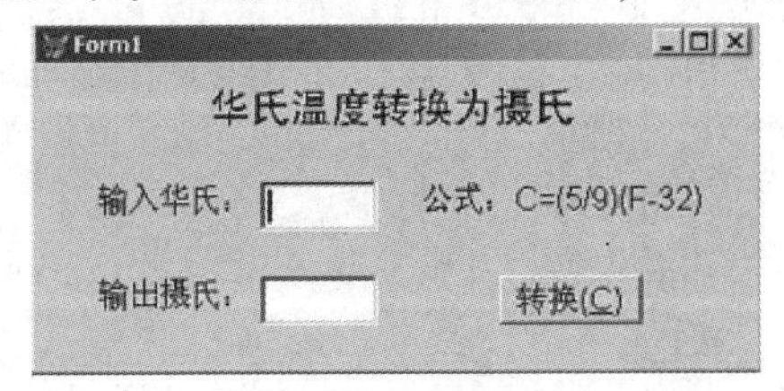

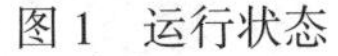
图1　运行状态

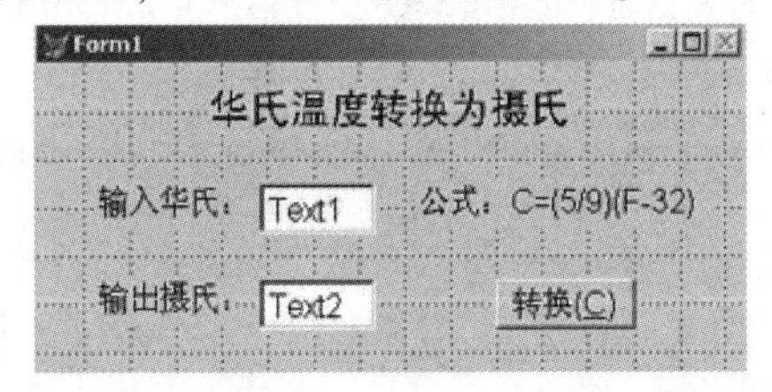

图2　编辑状态

2. 制作如图所示表单，运行状态(如图3)，编辑状态(如图4)。
设置要求：
(1) 设置表单名称为“Form1”，标题为“Form1”。
(2) 在窗体内添加2个Label控件，名称分别为：Label2、Label3。
添加4个TextBox控件，名称分别为：Text1、Text2、Text3、Text4。
添加2个CommandButton控件，名称为：Command1、Command2。
(3) 设置Label2的标签标题为“A=”，字体为：宋体、12号字。
设置Label3的标签标题为“B=”，字体为：宋体、12号字。
(4) Command1和Command2的Caption属性分别设为“最大公约数=”，“最小公倍数=”。
功能要求：单击最大公约数和最小公倍数按钮实现其功能。

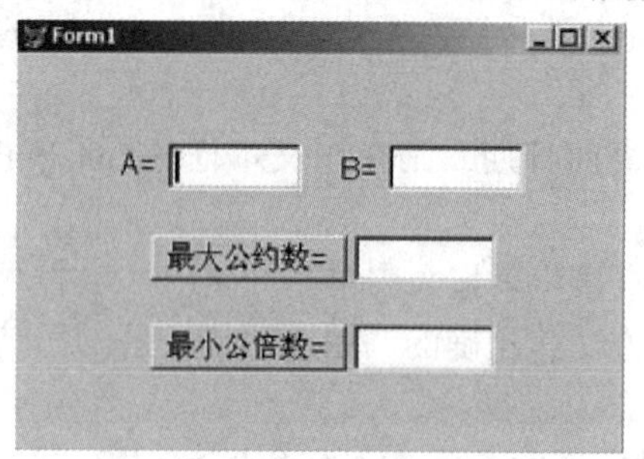

图3 运行状态

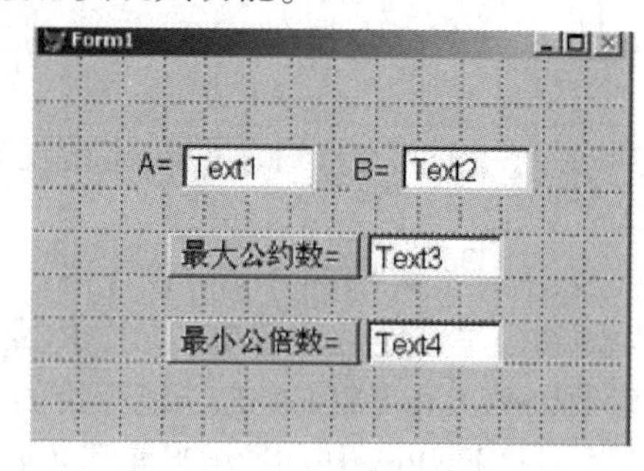

图4 编辑状态

第5章 数据的管理

存储数据不是建立数据库的目的，建立数据库的目的是为了查询，利用数据库管理技术访问这些数据。在 Visual FoxPro 6.0 中有很多查询方法，可以使用查询向导、查询设计器、SQL 语句、多表查询、限定条件查询和视图查询等。

5.1 【案例 14】使用查询向导查询

查询是从指定的表或视图中提取满足条件的记录，并按照指定的输出类型输出查询结果。查询文件的默认扩展名为 .QPR，但该文件实质上是一个文本文件，里面存放着实现查询功能的 SQL SELECT 语句。

5.1.1 案例描述

当表中有很少的几条记录时，利用浏览窗口就可以找到符合一定条件的记录。但当表中有大量记录时，用浏览的方法查找某条记录就相当困难了，查找记录的效率也很低。查询是数据库操作的核心部分，Visual FoxPro 6.0 提供的查询功能能够在大量的记录中迅速找到符合一定条件的记录。

本小节完成的功能是用查询向导查找学生成绩管理数据库中 XS 表，班级为 1 班的男同学的学号、姓名、入学时间、入学成绩等信息，并且再按入学成绩升序输出。

5.1.2 操作步骤

1. 创建查询

（1）打开“项目管理器—学生成绩管理系统”对话框，切换到“数据”选项卡，如图 5-1-1 所示。

（2）单击“新建”按钮，或单击“文件”→“新建”菜单命令，打开“新建”对话框，如图 5-1-2 所示。

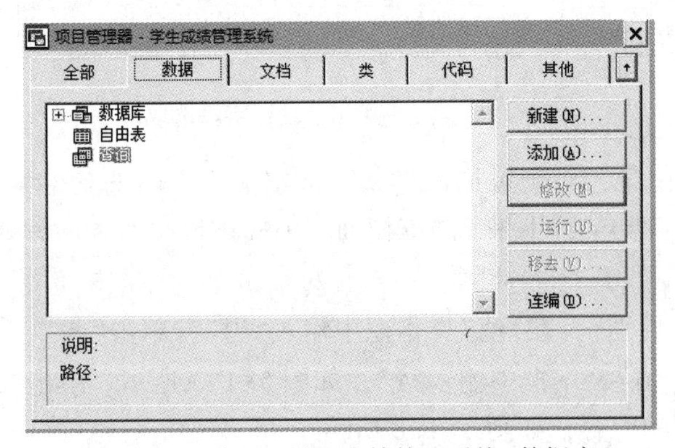

图 5-1-1 打开“学生成绩管理系统”数据库

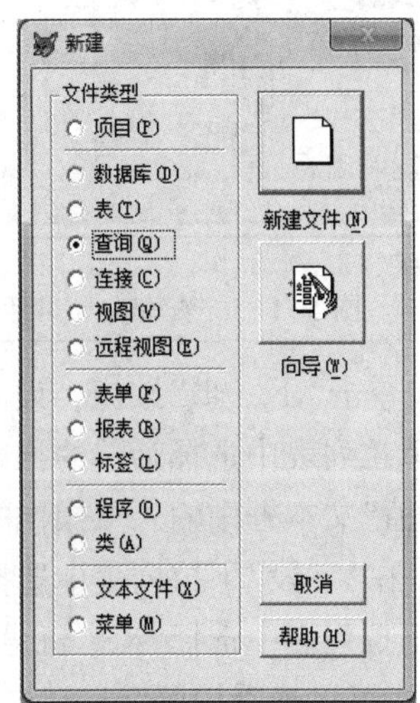

图 5-1-2 “新建”对话框

选择“查询”单选按钮，然后单击“新建文件”按钮，打开“新建查询”对话框，如图 5-1-3 所示。

(3) 单击“查询向导”按钮，打开“向导选取”对话框，如图 5-1-4 所示。

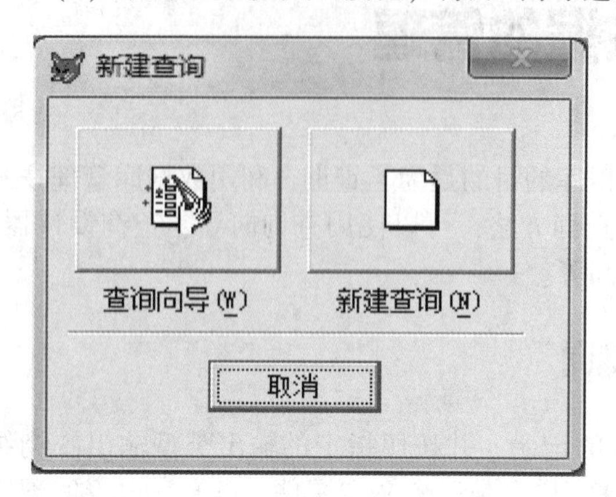

图 5-1-3 “新建查询”对话框

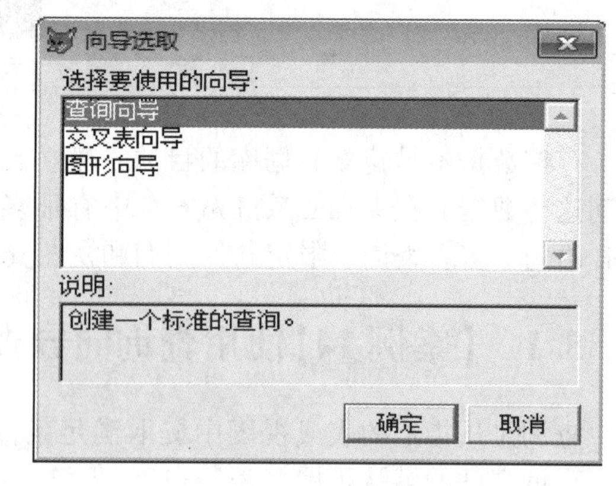

图 5-1-4 “向导选取”对话框

(4) 单击“确定”按钮，打开“查询向导”对话框，设置字段选取，如图 5-1-5 所示。查询向导自动打开数据库中的表，如果需要选择其他数据库中的表，可以通过“数据库和表”下拉列表进行选择。

(5) 在“可用字段”列表框中选择要查询的字段信息，例如选择“学号”字段，再单击 按钮，将“可用字段”列表中的“学号”字段添加到“选定字段”列表框中。如果有多个字段需要查询，重复选择添加即可，添加完成的选定字段如图 5-1-6 所示。

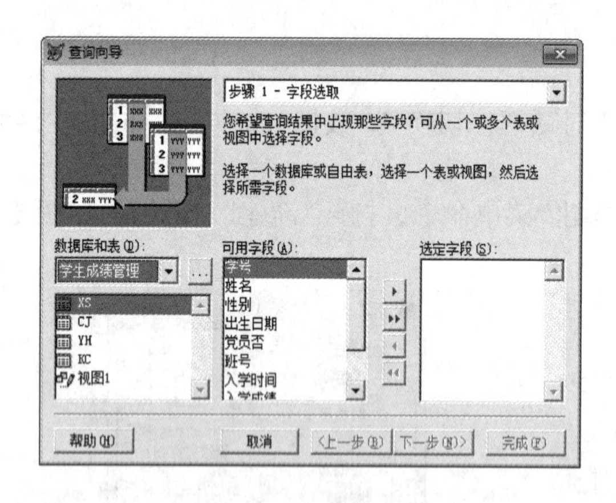

图 5-1-5 查询向导对话框

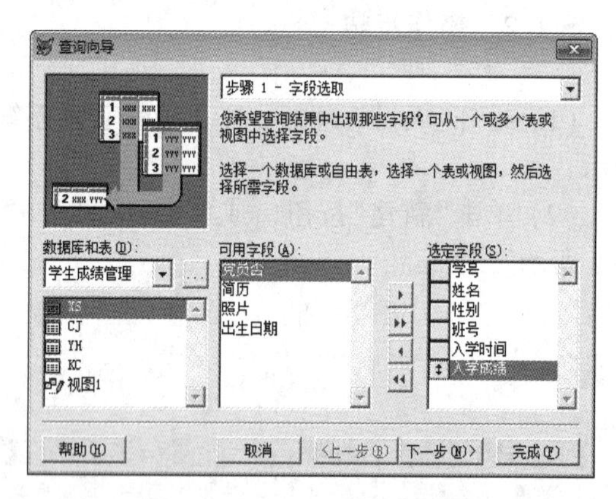

图 5-1-6 设置字段选取

(6) 单击“下一步”按钮，设置筛选记录，对于查询向导，可以定义两个筛选条件。在“字段”下拉列表中选择筛选的相应字段，然后在“操作符”下拉列表中选择相应的查询方式，最后在“值”文本框中输入可操作的值。

(7) 在“字段”下拉列表中选择“XS. 性别”，在“值”文本框中输入“男”，单击“与”，在“字段”下拉列表中选择“XS. 班号”，在“值”文本框中输入“1”，如图 5-1-7 所示。单击“预览”按钮，可以查看按照筛选记录查询到的内容，如图 5-1-8 所示。

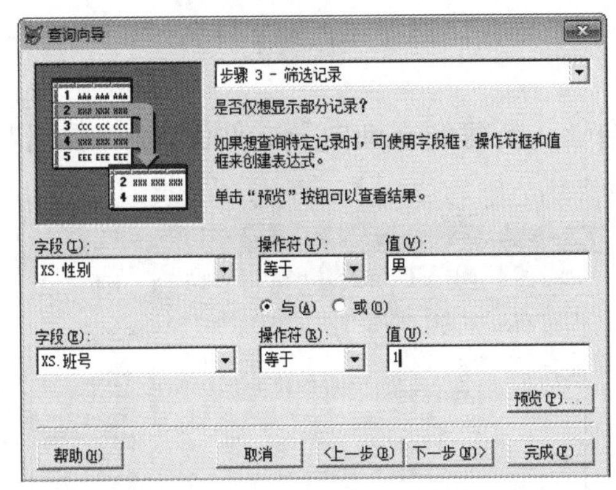

图 5-1-7　设置筛选记录

学号	姓名	性别	班号	入学时间	入学成绩
080701140201	冯天鹏	男	1	09/01/08	591.0
100801140101	邵亮	男	1	09/01/10	600.0
070101140102	梅强	男	1	09/01/07	540.0

图 5-1-8　预览筛选后的记录

(8) 单击"下一步"按钮，设置排序记录，可以对可用字段按指定方式进行排序。在"可用字段"列表框中选择"XS. 入学成绩"，再单击"添加"按钮，将选中的"可用字段"添加到"选定字段"列表框中，默认的排序方式为"升序"，如图 5-1-9 所示。

(9)单击"下一步"按钮，设置限制记录，对记录的输出比例进行限制，如图 5-1-10 所示。

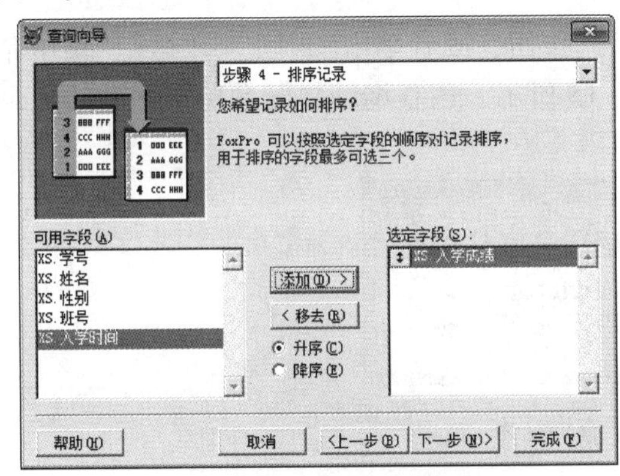

图 5-1-9　设置排序记录

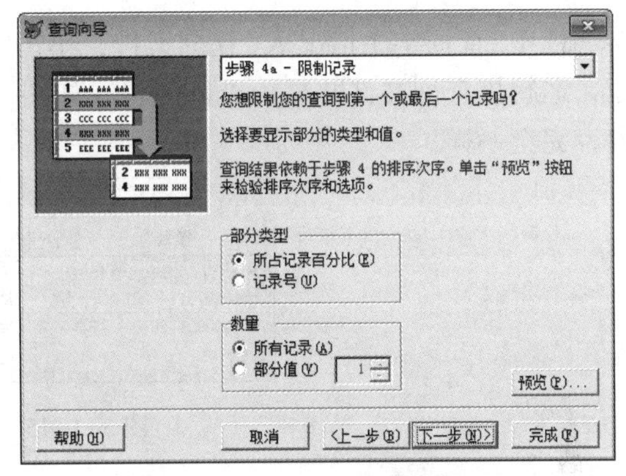

图 5-1-10　设置限制条件

单击"预览"按钮，继续查看按照排序记录查询的内容，如图 5-1-11 所示。

(10)单击"下一步"按钮，设置完成查询后，是否保存查询、运行查询，如图 5-1-12 所示。

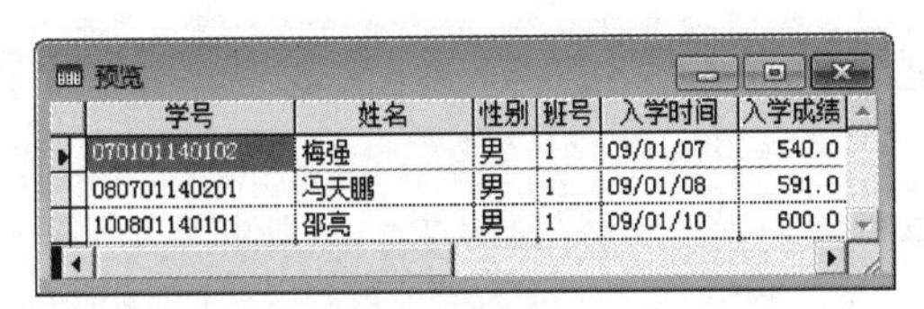

学号	姓名	性别	班号	入学时间	入学成绩
070101140102	梅强	男	1	09/01/07	540.0
080701140201	冯天鹏	男	1	09/01/08	591.0
100801140101	邵亮	男	1	09/01/10	600.0

图 5-1-11　预览排序后的记录

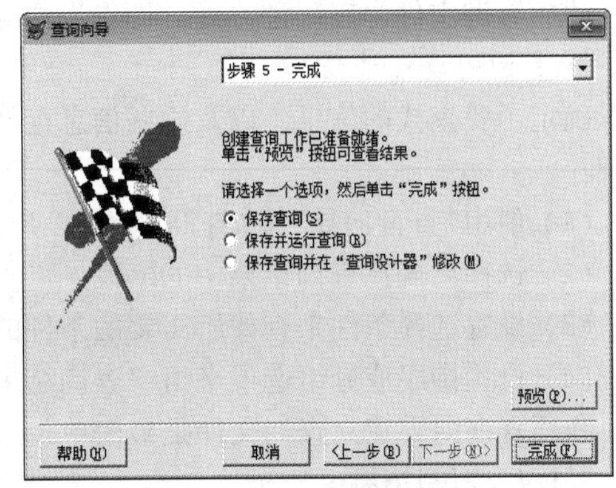

图 5-1-12　设置完成

（11）单击“完成”按钮，打开“另存为”对话框，设置存储路径和查询文件名，如图 5-1-13 所示。

（12）单击“保存”按钮，完成并关闭该查询向导，新建的查询向导文件保存在“数据”选项卡的查询中，如图 5-1-14 所示。

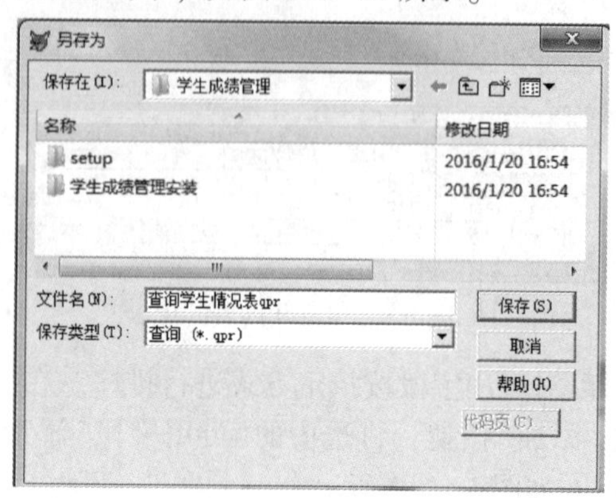

图 5-1-13 另存为“查询学生情况表”

图 5-1-14 查看查询文件

2. 运行程序

选中“查询学生情况表”查询文件，单击“运行”按钮，或者单击“程序”→“运行”菜单命令，运行该查询文件并显示查询结果，如图 5-1-15 所示。该查询结果与预览排序后的记录内容完全一样。

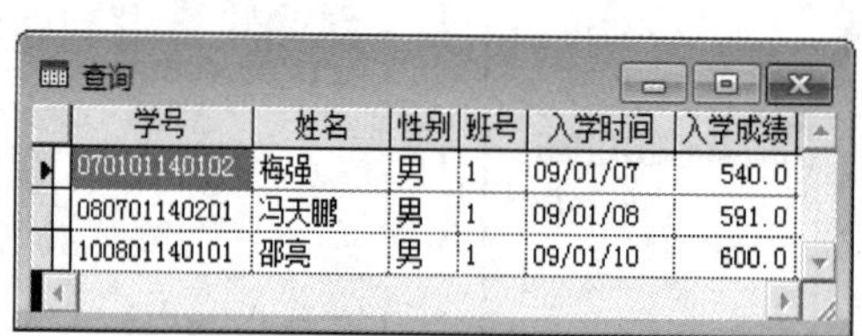

学号	姓名	性别	班号	入学时间	入学成绩
070101140102	梅强	男	1	09/01/07	540.0
080701140201	冯天鹏	男	1	09/01/08	591.0
100801140101	邵亮	男	1	09/01/10	600.0

图 5-1-15 显示查询结果

5.1.3 相关知识

1. 查询方式

在 Visual FoxPro 6.0 中，可以利用程序查询符合记录的数据，还经常使用标准查询语句来查询表中的数据。使用查询语句可以方便地对多个表中的数据进行整合，生成丰富的数据。

建立查询文件常有三种方式，即查询向导、查询设计器和 SQL 语句。

2. 查询的设计过程

确定了要查找的信息，以及这些信息存储在哪些表中后，可以通过以下几个步骤来建立查询：

（1）使用“查询向导”或“查询设计器”开始建立查询。

（2）选择出现在查询结果中的字段。

（3）设置选择条件来查找所需要的条件的记录。

（4）设置排序或分组选项来组织查询结果。

利用查询向导建立查询文件是最简单、最直观的方法。

5.1.4 案例拓展

以上例子的操作过程可用其他方式完成。

1. 在没有排序之前可用以下方法

(1)

```
SELECT 学号, 姓名, 性别, 班号, 入学时间, 入学成绩 FROM XS;
        WHERE 性别='男' AND 班号='1'
```

(2)

```
USE XS
LOCATE FOR 性别='男' AND 班号='1'
DO WHILE NOT EOF()
   DISPLAY
CONTINUE
ENDDO
```

(3)

```
USE XS
BROWSE FIELDS 学号, 姓名, 性别, 班号, 入学时间, 入学成绩;
     FOR 性别='男' AND 班号='1'
```

(4)

```
USE XS
LIST FIELDS 学号, 姓名, 性别, 班号, 入学时间, 入学成绩;
     FOR 性别='男' AND 班号='1' TO FILE W1
```

(5) 可以用表单中的表格

```
THISFORM.GRID1.RECORDSOURCETYPE=4
THISFORM.GRID1.RECORDSOURCE=;
     "SELECT 学号, 姓名, 性别, 班号, 入学时间, 入学成绩 FROM XS;
          WHERE 性别='男' AND 班号='1'"
```

(6)

```
USE XS
INDEX ON 性别+班号 TAG XB
SEEK '男'+'1'
IF FOUND()
   SET FILT TO 性别='男' AND 班号='1'
   DISPLAY ALL
ENDIF
SET FILT TO
```

2. 排序之后可用

(1)SQL 语句

```
SELECT 学号, 姓名, 性别, 班号, 入学时间, 入学成绩 FROM XS;
     WHERE 性别='男' AND 班号='1' ORDER BY 入学成绩
```

(2)可以用表单中的表格

```
THISFORM.GRID1.RECORDSOURCETYPE=4
THISFORM.GRID1.RECORDSOURCE=;
```

"SELECT 学号，姓名，性别，班号，入学时间，入学成绩 FROM XS;
WHERE 性别='男' AND 班号='1' ORDER BY 入学成绩"

5.2 【案例15】使用查询设计器查询

5.2.1 案例描述

查询的实质是把符合条件的记录提取出来，经过一定的组合、统计，最终得到一个结果，而结果可能是一条记录，也可能有成千上万条记录。

使用“查询设计器”可以创建和修改查询。打开“查询设计器”，选择包含想要信息的表后，就可以定义输出结果。至少需要选择所需的字段，也可设置选定字段的显示顺序和设置过滤器来筛选需要显示的记录，以此定义输出结果。

本小节完成的功能是用查询设计器实现查找学生成绩管理数据库中 XS 表男同学的学号、姓名、入学时间、入学成绩等信息。

5.2.2 操作步骤

1. 创建查询

(1) 在“项目管理器—学生成绩管理系统”的“数据”选项卡中，选择“查询”选项，然后单击“新建”按钮，打开“新建查询”对话框。

(2) 单击“新建查询”按钮，打开“添加表或视图”对话框和“查询设计器”对话框，如图 5-2-1和图 5-2-2 所示。

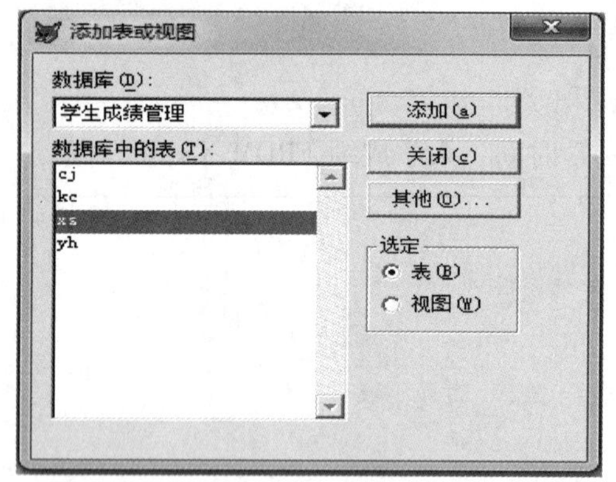

图 5-2-1 “添加表或视图”对话框

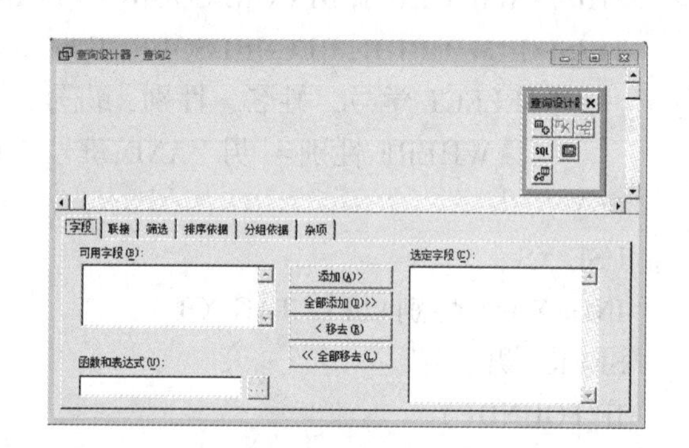

图 5-2-2 “查询设计器”对话框

或者单击“文件”→“新建”菜单命令，在“新建”对话框中选中“查询”单选按钮，再单击“新建文件”按钮，也可打开对话框。

(3) 选择想从中获取信息的数据库，例如在“添加表或视图”对话框中，选择“XS”表，然后单击“添加”按钮，在查询设计器中添加了“XS”表。再单击“关闭”按钮，关闭“添加表或视图”对话框。

在“查询设计器”活动时，设计器的顶部窗格显示查询中的表，同时显示“查询”菜单和“查询设计器”工具栏，如图 5-2-3 所示。

(4) 在“字段”选项卡中，可以将“可用字段”列表框中的内容添加到“选定字段”列表框中。如果有多个字段需要查询，重复选择添加即可。也可以双击“XS”表中的“*”号，代表选择了全部的字段，则“可用字段”列表框中的所有内容都添加到“选定字段”列表框中，如图 5-2-4 所示。

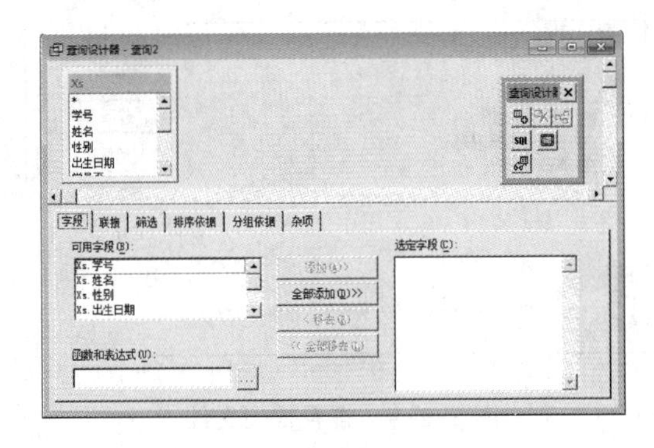

图 5-2-3　添加查询表

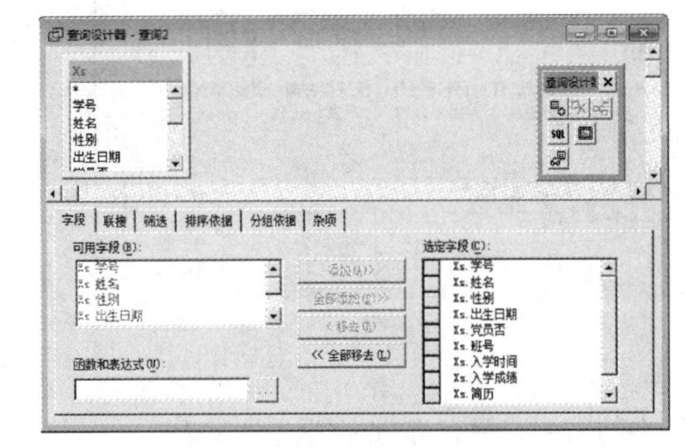

图 5-2-4　添加选定字段

（5）选定字段后切换到“筛选”选项卡，设置筛选条件，在“字段名”下拉列表中选择“XS. 性别”，如图 5-2-5 所示。

（6）选定“字段名”后，其他筛选条目可以设置，在“条件”下拉列表中选择“=”，在“实例”文本框输入“男”，如图 5-2-6 所示，即查询“XS”表中的所有男学生的内容。

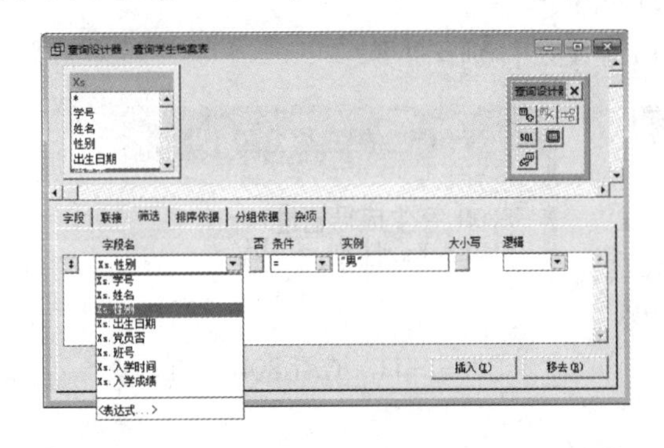

图 5-2-5　设置筛选字段

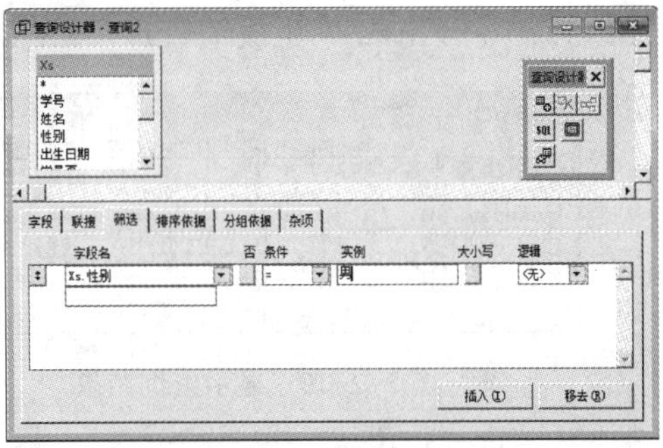

图 5-2-6　设置筛选条目

（7）还可以切换到其他选项卡中继续设置其他的查询条件，设置完毕单击“关闭”按钮，弹出系统提示信息对话框，如图 5-2-7 所示。

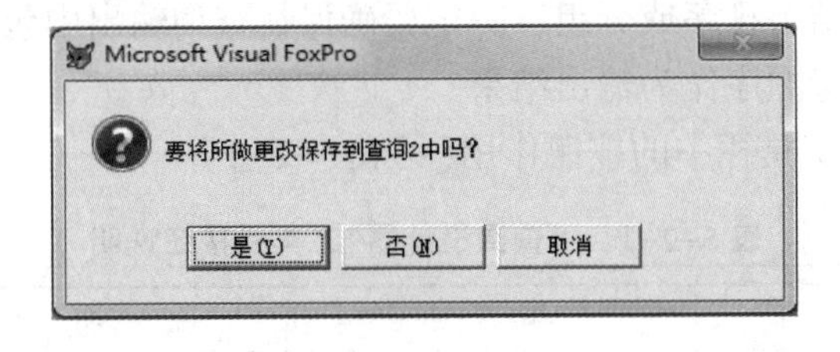

图 5-2-7　询问是否保存查询

（8）单击“是”按钮，打开“另存为”对话框，设置存储路径和查询文件名。这里设置查询文件名为“查询学生档案表”，如图 5-2-8 所示。

（9）单击“保存”按钮，完成并关闭该查询设计器，新建的查询文件保存在“数据”选项卡的查询中，如图 5-2-9 所示。

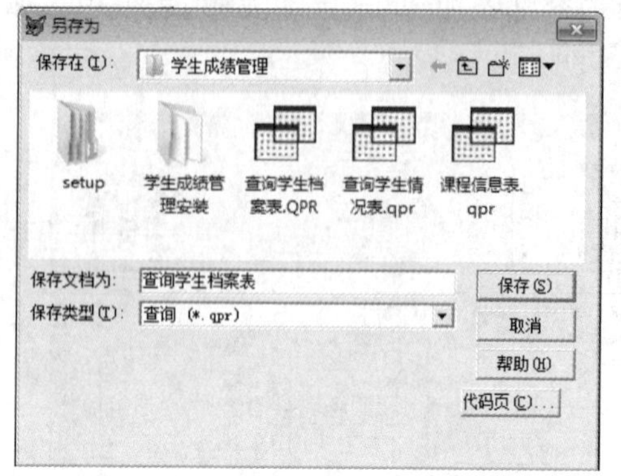

图 5-2-8　另存为“查询学生档案表”

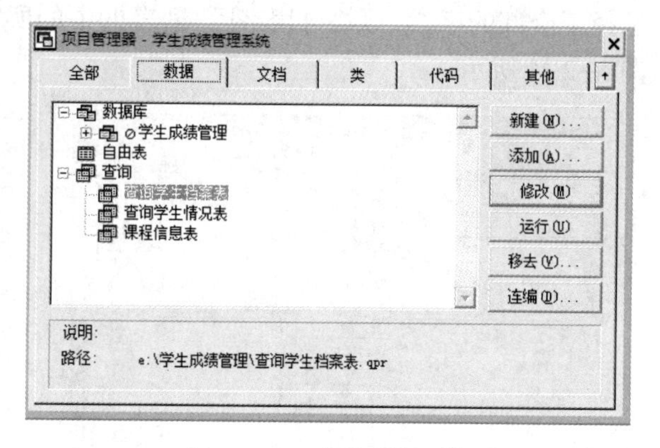

图 5-2-9　查看查询文件

2. 运行程序

(1) 选中“查询学生档案表”查询文件，单击“运行”按钮，或者单击“程序”->“运行”菜单命令，运行该查询文件并显示查询结果，如图 5-2-10 所示。

(2) 打开“查询设计器”，在“查询设计器”工具栏中，单击 SQL 按钮，打开 SQL 程序查询窗口，如图 5-2-11 所示。命令窗口中包括如下命令：

SELECT * FROM 学生成绩管理! XS WHERE XS. 性别 = "男"

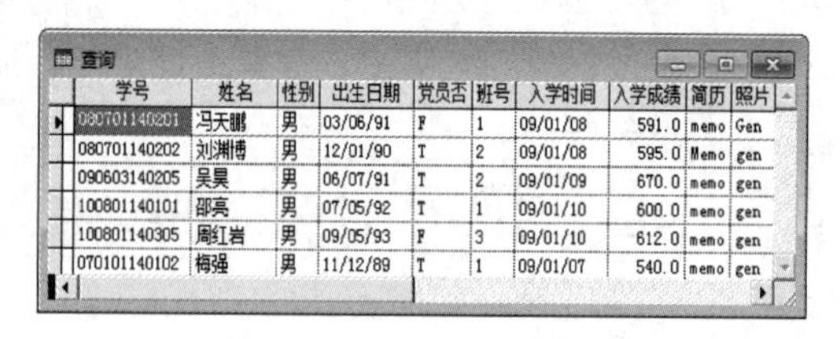

图 5-2-10　显示查询结果

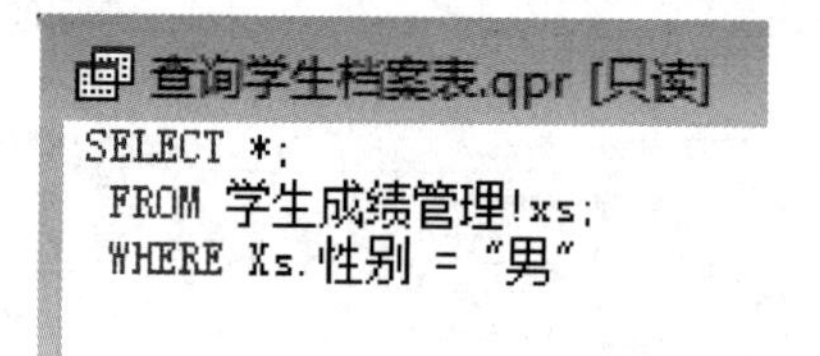

图 5-2-11　查看 SQL 语句

5.2.3　相关知识

1. 查询设计器的使用

在运行查询之前，必须选择表并选择要包括在查询结果中的字段。在某些情况下，可能需要使用表中的所有字段。但在另一些情况下，也许只想使查询与选定的部分字段相关。如果想用某些字段给查询结果排序或分组，一定要确保在查询输出中包含这些字段。选定这些字段后，可以为它们设置顺序作为输出结果。

(1) “查询设计器”工具栏中的按钮作用(见表 5-2-1)

表 5-2-1　“查询设计器”工具栏按钮说明

按　钮	名　称	说　　明
	添加表	显示“添加表或视图”对话框，从而能够向查询添加一个表或视图
	移去表	从设计器窗口的上窗格中移去选定的表
	添加连接	在查询中的两个表之间创建连接条件
SQL	显示/隐藏 SQL 窗口	显示或隐藏建立当前查询的 SQL 语句

续表

按　钮	名　称	说　　明
	最大化/最小化上部窗格	放大或缩小“查询设计器”的上窗格
	查询去向	显示“查询去向”对话框，允许把查询结果发送到八个不同的输出地点

（2）“查询设计器”各选项卡的功能(表 5-2-2)

表 5-2-2　“查询设计器”各选项卡的功能

名　　称	说　　明
“字段”选项卡	选择查询的字段，查询结果只输出指定的字段
“筛选”选项卡	设置查询的条件，查询结果只输出满足条件的记录
“排序依据”选项卡	设置查询的排序依据，查询结果按指定的顺序输出
“分组依据”选项卡	设置查询的分组依据，查询结果为各组的统计数据
“联接”选项卡	设置查询的表之间的连接条件
“杂项”选项卡	设置记录的输出方式

2. 查询的设计过程

（1）设置输出的字段

使用“查询设计器”的“字段”选项卡来选择需要包含在查询结果的字段。

选定字段名，然后单击“添加”按钮，将字段名拖到“选定字段”列表框中，还可使用名称或通配符选择全部字段。

如果使用名字选择字段，查询中要包含完整的字段名。如果向表中添加字段后，再运行查询，则输出结果不包含新字段名。

如果使用通配符，则通配符包含在查询中，并包含当前查询的表中的全部字段。如果创建查询后，表结构改变了，新字段也将出现在查询结果中。

如果要在查询中一次添加所有可用字段，可以单击“全部添加”按钮，按名字添加字段，或者将表顶部的“ * ”号拖到“选定字段”列表框中。

（2）设置字段的别名

如果要使查询结果易于阅读和理解，可以在输出结果字段中添加说明标题，显示字段的别名。当需要给字段添加别名时，可以在“函数和表达式”文本框中输入字段名，接着输入“AS”和别名，然后单击“添加”按钮，在“选定字段”列表框中放置带有别名的字段。

（3）设置输出字段的次序

在“字段”选项卡中，字段的出现顺序决定了查询输出中信息列的顺序。如果要改变查询输出的列顺序，可以上、下拖动位于字段名左侧的移动框。

（4）设置筛选的条件

用“查询设计器”中的“筛选”选项卡选取需要查找的记录是决定查询结果的关键。使用“筛选”选项卡可以确定用于选择记录的字段、选择比较准则以及输入与该字段进行比较的示例值。

“筛选”选项卡可以构造一个带有 WHERE 子句的选择语句来搜索并检索记录。

如果要指定过滤器，可以从“字段名”下拉列表中选取用于选择记录的字段。注意，通用字段和备注字段不能用于过滤器中。然后从“条件”下拉列表中选择比较的类型，最后在“实例”文本框中输入比较条件。仅当字符串与查找的表中字段名相同时，才用引号括起字符串，否则无须用引号将字符串引起来，日期也不必用花括号引起来。逻辑位的前后必须使用句点。在搜索字符型数据时，如果想忽略大小写匹配，请单击“大小写”下面的按钮。

5.2.4 案例拓展

例子的操作过程可用 5.1.4 的方法实现，请自己完成，仅列举了 SQL 语言的实现过程。

SELECT 学号，姓名，性别，班号，入学时间，入学成绩 FROM XS WHERE 性别='男'

5.3 【案例 16】使用 SQL 语句查询

SQL 是一种日趋流行的标准的数据库系统管理语言，能使数据检索非常方便、灵活。

5.3.1 案例描述

SQL 是结构查询语言(Structured query language)的缩写。SQL 由查询语言、数据定义语言 DDL、数据操作语言 DML 和数据控制语言 DCL 四个部分组成。

查询向导和查询设计器最终都要生成 SQL 语言，该语句才是查询的最终结果。向导和查询设计器只是查询语句的图形化表示。

本小节完成的功能是用 SQL 语言查询学生成绩管理数据库中 XS 表中的所有记录、查询 XS 表中的性别是男同学的学号和姓名。

5.3.2 操作步骤

1. 查询全部记录

(1) 单击“窗口”→“命令窗口”菜单命令，打开“命令”窗口。

(2) 在“命令”窗口中输入如下命令，显示“XS”表中的所有记录。

SELECT * FROM 学生成绩管理! XS

其中，“*”代表所有字段。运行结果与 BROWER 命令的执行结果类似。只不过用 BROWER 命令之前要打开表文件，而 SELECT 命令有先打开表再显示记录的功能。

(3) 按【ENTER】键，打开“查询”窗口，如图 5-3-1 所示。

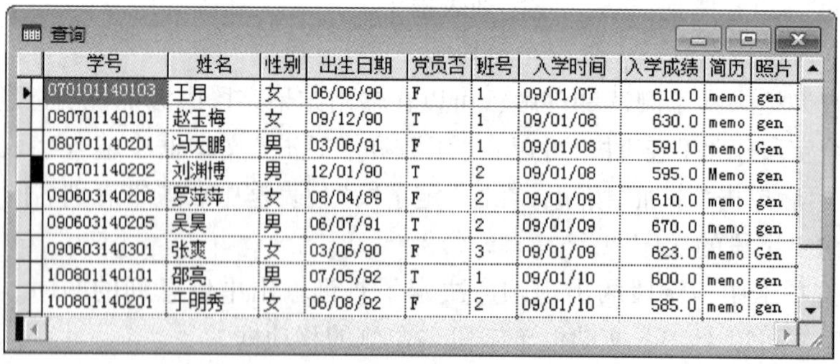

查询

学号	姓名	性别	出生日期	党员否	班号	入学时间	入学成绩	简历	照片
070101140103	王月	女	06/06/90	F	1	09/01/07	610.0	memo	gen
080701140101	赵玉梅	女	09/12/90	T	1	09/01/08	630.0	memo	gen
080701140201	冯天鹏	男	03/06/91	F	1	09/01/08	591.0	memo	Gen
080701140202	刘渊博	男	12/01/90	T	2	09/01/08	595.0	Memo	gen
090603140208	罗萍萍	女	08/04/89	F	2	09/01/09	610.0	memo	gen
090603140205	吴昊	男	06/07/91	T	2	09/01/09	670.0	memo	gen
090603140301	张爽	女	03/06/90	F	3	09/01/09	623.0	memo	Gen
100801140101	邵亮	男	07/05/92	T	1	09/01/10	600.0	memo	gen
100801140201	于明秀	女	06/08/92	F	2	09/01/10	585.0	memo	gen

图 5-3-1 “查询”窗口

2. 查询指定记录

(1) 在“命令”窗口中输入如下命令，显示“XS”表中性别为“男”的学生记录。

SELECT XS. 学号, XS. 姓名 FROM 学生成绩管理! XS WHERE XS. 性别 = "男"

其中，“学号，姓名”表示查询后显示的字段，WHERE 是设置查询的条件。

（2）按【ENTER】键，打开“查询”窗口，如图 5-3-2 所示。

3. 使用字段的别名

（1）在“命令”窗口中输入如下命令，按照姓名升序显示“XS”表中的学号、姓名两个字段的内容，并将“查询”窗口中的标题依次更改为 NUMBER、NAME。

```
*选择字段使用 AS 后面的别名替代显示
SELECT XS. 学号 AS "NUMBER" , XS. 姓名 AS "NAME";
*要查询表的名称
    FROM 学生成绩管理! XS WHERE XS. 性别 = "男" ORDER BY XS. 姓名
```

（2）按【ENTER】键，打开“查询”窗口，如图 5-3-3 所示。

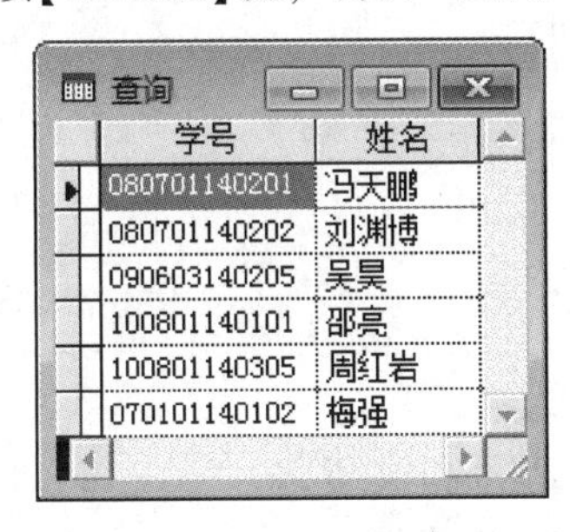

学号	姓名
080701140201	冯天鹏
080701140202	刘渊博
090603140205	吴昊
100801140101	邵亮
100801140305	周红岩
070101140102	梅强

图 5-3-2　查询“男”同学记录

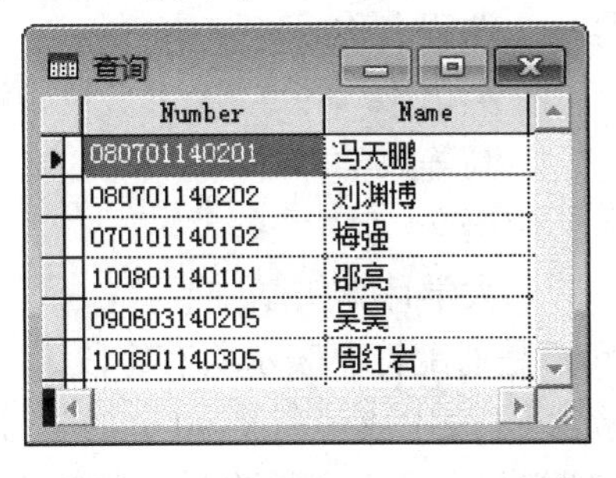

Number	Name
080701140201	冯天鹏
080701140202	刘渊博
070101140102	梅强
100801140101	邵亮
090603140205	吴昊
100801140305	周红岩

图 5-3-3　使用字段的别名查询记录

4. 简单的查询

（1）从 CJ 表中检索所有成绩。

```
SELECT 成绩 FROM CJ
```

结果是：

成绩

85

69

95

78

99

86

88

90

56

87

65

100

70

93

98

100

87

86

92

96

可以看到，在结果中有重复值，如果要去掉重复值只需要指定 DISTINCT 短语。

SELE DISTINCT 成绩 FROM CJ

DISTINCT 短语的作用是去掉查询结果中的重复值。

（2）检索 KC 表中的所有元组。

SELECT * FROM KC

结果是：

课程号	课程名称
0001	英语
0002	高等数学
0003	语文
0004	大学计算机基础

其中“*”是通配符，表示所有字段。

（3）检索 CJ 表中成绩高于 90 分的学号、学年、课程号和成绩。

SELECT 学号，学年，课程号，成绩 FROM CJ WHERE 成绩>90

结果是：

学号	学年	课程号	成绩
070101140101	2007	0003	95
070101140102	2007	0001	99
070101140103	2007	0004	100
080101140103	2008	0002	93
090603140208	2009	0003	98
100801140305	2010	0003	91
100801140302	2010	0004	96

（4）检索 CJ 表中成绩高于 90 分在 2010 学年的学号、学年、课程号和成绩。

SELECT 学号，学年，课程号，成绩 FROM CJ WHERE 成绩>90 AND 学年='2010'

结果是：

学号	学年	课程号	成绩
100801140305	2010	0003	91
100801140302	2010	0004	96

5. 简单的连接查询

检索 CJ 和 XS 表中的成绩高于 90 分的学号、姓名、班号、学年、课程号和成绩。

SELECT XS. 学号，XS. 姓名，XS. 班号，CJ. 学年，CJ. 课程号，CJ. 成绩；

FROM XS ，CJ WHERE XS. 学号=CJ. 学号 AND CJ. 成绩>90

结果是：

学号	姓名	班号	学年	课程号	成绩
070101140101	杨洋	1	2007	0003	95
070101140102	李明浩	1	2007	0001	99

070101140103	王月	1	2007	0004	100
080701140101	赵玉梅	1	2008	0002	93
090603140208	罗萍萍	2	2009	0003	98
090603140208	罗萍萍	2	2009	0004	100
100801140305	周红岩	3	2010	0003	91

这里的"XS. 学号=CJ. 学号"是连接条件。

如果在检索命令的 FROM 之后有两个关系，那么这两个关系之间肯定有一种联系(否则无法构成检索表达式)。

当 FROM 之后的多个关系中含有相同的属性名，必须用关系前缀指明属性所属的关系，"."前面是关系名，后面是属性名。

6. 嵌套查询

检索 CJ 和 XS 表中的成绩在 80 到 90 之间的学号和姓名。

```
SELECT DISTINCT 学号, 姓名 FROM XS;
  WHERE 学号 IN (SELECT 学号 FROM CJ WHERE 成绩>=80 AND 成绩<=90)
```

7. 几个特殊运算符

(1)检索出 CJ 表中成绩在 80 到 90 范围内的学号和学期。

```
SELECT DISTINCT 学号, 学期;
FROM CJ WHERE 成绩 BETWEEN 80 AND 90
```

结果是:

学号	学期
070101140101	1
070101140102	1
070101140103	1
100801140305	1

这里，BETWEEN…AND 的意思是"在…和…之间"，这个查询的条件等价于:

成绩>=80 AND 成绩<=90

使用 BETWEEN…AND 表达条件更清晰、更简洁。

(2) 从 CJ 表中检索出学号含 07 的信息。

```
SELECT * FROM CJ WHERE 学号 LIKE "%07%"
```

这里的 LIKE 是字符匹配运算符，通配符"%"表示 0 个或多个字符，另外还有一个通配符"_"(下划线)表示一个字符。

有时人们只需要满足条件的前几个记录，这时使用 TOP NExpr[PERCENT]短语非常有用，其中 NExpr 是数字表达式，当不使用 PERCENT 时，NExpr 是 1 到 32767 间的整数，说明显示前几个记录；当使用 PERCENT 时，NExpr 是 0. 01 至 99. 99 间的实数，说明显示结果中前百分之几的记录。需要注意的是，TOP 短语要与 ORDER BY 短语同时使用才有效。

(3) 显示成绩最高的 3 位学生的信息。

```
SELECT * TOP 3 FROM CJ ORDER BY 成绩 DESC
```

(4)显示成绩最低的那 30%学生的信息。

```
SELECT * TOP 30 PERCENT  FROM CJ ORDER BY 成绩
```

SQL 支持集合的并(UNION)运算，即可以将两个 SELECT 语句的查询结果通过并运算合并成一个查询结果。为了进行并运算，要求两个查询结果具有相同的字段个数，并且对应字段的值要出自一个值域(相同的数据类型和取值范围)。

```
SELECT * FROM CJ WHERE 课程号='0002' UNION ;
SELECT * FROM CJ WHERE  成绩>95
```

8. 排序

(1)检索出在CJ表中按课程号升序并且成绩在80到90之间的学号和学期。

```
SELECT DIST 学号, 学期 FROM CJ;
            WHERE 成绩>=80 AND 成绩<=90 ORDER BY 课程号
```

结果是:

学号	学期
070101140101	1
100801140305	1
070101140102	1
070101140103	1

这里ORDER BY是排序子句，如果要将结果按降序排列，只要加上DESC:

```
SELECT DISTINCT 学号, 学期 FROM CJ;
WHERE 成绩>=80 AND 成绩<=90 ORDER BY 课程号 DESC
```

(2) 检索出XS和CJ表中成绩优秀学生的学号和姓名，先按成绩升序排序，再按学号降序排序输出信息。

```
SELECT DISTINCT XS. 学号, XS. 姓名 FROM XS, CJ;
WHERE XS. 学号= CJ. 学号 AND CJ. 成绩>=90 ORDER BY CJ. 成绩, XS. 学号 DESC
```

9. 简单的计算查询

(1) 统计KC表课程名称的数目。

```
SELECT COUNT(DISTINCT 课程名称) FROM KC
```

(2) 求CJ表中成绩的总和。

```
SELECT SUM(成绩) FROM CJ
```

(3) 求所有学生的大学计算机基础的平均成绩。

```
SELECT AVG(CJ. 成绩) FROM CJ, KC WHERE CJ. 课程号=KC. 课程号 ;
    AND KC. 课程名称='大学计算机基础'
```

(4) 求所有学生中的大学计算机基础的最高成绩。

```
SELECT MAX(CJ. 成绩) FROM CJ, KC ;
    WHERE CJ. 课程号=KC. 课程号 AND KC. 课程名称='大学计算机基础'
```

与MAX函数相对应的是MIN函数，求所有学生中的大学计算机基础的最低成绩方法如下:

```
SELECT MIN(CJ. 成绩) FROM CJ, KC ;
    WHERE CJ. 课程号=KC. 课程号 AND KC. 课程名称='大学计算机基础'
```

10. 分组与计算查询

(1) 求CJ表中每门课的平均分。

```
SELECT AVG(成绩) FROM CJ GROUP BY 课程号
```

(2) 求 CJ 表至少选了 5 个人的课程的平均成绩。

```
SELECT COUNT( * ), AVG(成绩) FROM CJ GROUP BY 课程号;
    HAVING COUNT ( * )>=5
```

11. 别名与自连接查询

在连接操作中，经常需要使用关系名作前缀，有时显得很麻烦。SQL 允许在 FROM 短语中为关系名定义别名，格式为：

<关系名> <别名>

```
SELECT X. 学号, X. 姓名, X. 班号, C. 学年, C. 课程号, C. 成绩;
  FROM   XSX, CJ C WHERE X. 学号=C. 学号 AND C. 成绩>90
```

12. 利用空值查询

```
SELECT * FROM XS WHERE 入学成绩 IS NULL
```

VFP 中的空值是不允许手动输入的，如果你手动输入"NULL"，VFP 认为它就是实际的值，而不代表空值，你必须打开表结构，点一下需要使用空值的字段，在它后面的"NULL"下的按钮点一下(按钮上会显示一个对勾)，然后在默认值一栏中输入 NULL，点确定，会有一个对话框提示，点"是"就行了。如果不会打开表结构，请在命令窗口中输入 MODIFY STRUCTURE，然后回车。

可靠的方法：用 SQL 语言中字段更新命令 UPDATE 给字段赋 NULL 值，经试验发现它是最可靠的一种方法。

复制数组数据法：VFP 中提供了 GATHER 命令，可以实现从数组中收集数据到当前记录中。具体如下：

```
DIMENSION RR(2)   && 定义数组
RR(1)=. NULL.
RR(2)=. NULL.
GO 4
GATHER FROM RR FIELD 所用字段名
```

13. 超连接查询

检索 XS 和 CJ 两个表中在学号相同时的信息。

(1) 内部连接

```
SELECT XS. 学号, XS. 姓名, XS. 性别, XS. 班号, XS. 入学时间, CJ. 学年,;
CJ. 学期, CJ. 课程号, CJ. 成绩 FROM 学生成绩管理! XS;
INNER JOIN 学生成绩管理! CJ ON XS. 学号=CJ. 学号
```

(2) 左连接

```
SELECT XS. 学号, XS. 姓名, XS. 性别, XS. 班号, XS. 入学时间, CJ. 学年,;
CJ. 学期, CJ. 课程号, CJ. 成绩 FROM 学生成绩管理! XS LEFT OUTER JOIN;
学生成绩管理! CJ ON XS. 学号=CJ. 学号
```

(3) 右连接

```
SELECT XS. 学号, XS. 姓名, XS. 性别, XS. 班号, XS. 入学时间, CJ. 学年,;
CJ. 学期, CJ. 课程号, CJ. 成绩;
FROM 学生成绩管理! XS RIGHT OUTER JOIN 学生成绩管理! CJ;
ON XS. 学号=CJ. 学号
```

（4）全连接

SELECT XS. 学号，XS. 姓名，XS. 性别，XS. 班号，XS. 入学时间，CJ. 学年，;

CJ. 学期，CJ. 课程号，CJ. 成绩;

FROM 学生成绩管理！XS FULL JOIN 学生成绩管理！CJ;

ON XS. 学号=CJ. 学号

14. 查询去向

（1）将 XS 表的数据结果存放到数组中。

SELECT * FROM XS INTO ARRAY TMP

（2）将 XS 表的数据结果存放到临时文件中。

SELECT * FROM XS INTO CURSOR TMP

（3）将 XS 表的数据结果存放到永久表中。

SELECT * FROM XS INTO TABLE XS1

（4）将结果存放到文本文件中。

使用短语 TO FILE FILENAME [ADDITVE] 可以将结果存放到文本文件中，其中 FILENAME 给出了文本文件名，如果使用 ADDITVE 则结果将追加在原文件的尾部，否则将覆盖原有文件。

（5）将结果直接输出到打印机。

使用短语 TO PRINTER [PROMPT] 可以直接将查询结果输出到打印机，如果使用了 PROMPT 选项，在开始打印之前会打开打印机设置对话框。

5.3.3 相关知识

1. SELECT 查询命令

SELECT 查询命令是对标准 SQL 查询命令的扩充。基本的 SELECT 命令必须制定一个表名和一个查询输出项。表名指明数据源，查询输出项指明查询内容。

SELECT [ALL | DISTINCT] [TOP<数值表达式>[PERCENT]] <输出项表> ;

FROM[数据库名！表名 1][INNER | LEFT[OUTER] | RIGHT[OUTER] | FULL[OUTER];

JOIN 数据库名！表名 2][INNER | LEFT[OUTER] | RIGHT[OUTER] | FULL[OUTER];

JOIN [数据库名！表名 3…ON <关联条件>…]];

[TO FILE 文本文件名 | INTO TABLE | INTO CURSOR 新表文件名];

[WHERE 选定条件];

[GROUP BY 分组字段名][HAVING 分组中的满足条件];

[ORDER BY 排序字段名 1 [ASC | DESC] [, 排序字段名 2 [ASC | DESC] ...]]

[ALL | DISTINCT] 中，ALL 是指定查询结果中包含所有行，该项为默认选项；DISTINCT 将去掉查询结果中所有重复的行。

[TOP<数值表达式>[PERCENT]] 是符合查询条件的所有记录中，选定指定数量或百分比的记录。TOP 参数必须与[ORDER BY]参数同时使用。按照[ORDER BY]参数排好序后，TOP 参数根据此顺序从起始处选定<数值表达式>条或<数值表达式>% 的记录。使用 [ORDER BY] 子句对指定的字段进行排序，会产生并列的情况。如果包含 PERCENT 关键字指定查询结果中的记录数，得到记录数为小数时进行取整。

<输出项表>指定查询结果的输出项目，每一项之间用逗号分开，查询输出项包括以下几种：

① FROM 参数，指定表中的字段名。如果要查询的字段名在多个表文件中出现，则要在字段名前加上表的别名或临时表名和连接符号"."。该查询输出项在查询结果记录中的值为对应的表文件中字段的值。

② 常量，可以是任何类型的常量。查询输出项在查询结果记录中的值都为该常量值。

③ 表达式，可以是任何结果类型的 VFP 表达式。表达式中可以包含表的字段、VFP 提供的函数和自定义函数。这种查询输出项在查询结果记录中的值为将对应的查询表字段的值代替表达式字段名，然后计算表达式的值。正是因为查询输出项可以是表达式，使得 SELECT 命令具有较强的计算能力。

对于查询输出项的个数没有限制，此处常用的一个特殊符号是" * "，可以用来指代查询表的所有字段名而不必逐个列出，简化了命令的书写。

每个查询输出项还可以指定一个列名，列名用作在浏览中显示结果时的表头字段名，这对于字符数太多的查询项(如表达式)具有十分重要的作用。列名应该与查询输出项的实际意义相符。注意列名不可在命令的其他参数中被引用。

FROM[数据库名！<表名 1>] 指定要查询的一个或多个表。在 FROM 子句中，表名可以带数据库名的前缀以查询非当前数据库的表。

SELECT 命令的强大功能之一是多表关联查询。多表关联就是将两个或多个表文件的记录按照关联方式和关联条件交叉合并，关联之后可以得到一个新的虚拟表。多表关联查询的结果取自这个虚拟表。当一个表的某条记录与另一个表的某条记录符合指定的关联条件时，这两条记录的字段值合并后便作为虚拟表的一条记录。

关联条件可用 FROM 子句之后的 ON 子句或者 WHERE 子句的参数指定，两个以上的表关联需要多个关联条件，第一个表之后的每一个表都需要一个关联条件。最常用的关联条件是一个表的字段与另一个表的字段相等。

[INNER | LEFT[OUTER] | RIGHT[OUTER] | FULL[OUTER]JOIN 设置关联方式。多个表关联则需要多个 JOIN 参数。JOIN 参数左边的表称为左表，右边的表称为右表。多表关联有内部连接、左连接、右连接和完全连接等几种关联方式。

INNER JOIN 设置内部连接，这是默认的表关联方式。系统检查左表的每条记录和右表的每条记录，每当左表的记录与右表的某条记录按照关联条件匹配时，就将左表与右表匹配的记录合并，作为虚拟表的一条记录。

LEFT[OUTER] JOIN 设置左连接。检查左表的每条记录和右表的每条记录，每当左表的记录与右表的某条记录按照关联条件匹配时，就将左表与右表匹配的记录合并，作为虚拟表的一条记录；如果左表的记录在右表中没有匹配的记录，左表记录也作为虚拟表的一条记录，不过这种虚拟表记录中左表字段的值都取自左表，而右表字段的值全为 NULL 值。可见，左连接的结果包含内部连接的结果。

RIGHT[OUTER] JOIN 设置右连接。右连接的结果与左连接正好相反，即相当于左表与右表位置互换之后左连接的结果，不过字段次序不同。

FULL[OUTER]JOIN 设置完全连接。完全连接的结果是左连接的结果和右连接的结果合并后重复记录的结果。

[INTO 输出目标]，SELECT 命令的查询结果可以输出到多种目标，例如表浏览窗口、内存数组、数据库、表、文件、打印机和屏幕。输出目标可以通过 INTO 子句指定，当不使用 INTO 子句时，查询结果输出到表浏览窗口。INTO ARRAY 数组名，设置输出到数组，将查询结果输出到指定的二维数组。如果数组已经存在且结构与查询结果相同，则将结果追加到数组尾部，否则创建新数组。如果查询结果不包含任何记录(未查询到符合条件的记录或者查询失败)，则不用创建数组。数组的列数等于查询项的个数，行数等于查询结果的记录数。每列数组元素的数据类型与查询项目的结果数据类型相同。INTO DBF[TABLE 表名[DATABASE 数据库名]]设置输出到数据库和表，它可以将查询结果输出到指定的表中，并可以添加到指定的数据库中。如果指定的表已经存在并且打开，而 SET SAFETY 设置为 OFF，则该表内容被查询结果完全覆盖；如果 SET SAFETY 设置为 ON，则 VFP 首先提示是否覆盖指定的表；如果指定的表不存在或者存在但未打开，则 VFP 直接用查询结果覆盖该表；如果新的表名未指定路径，则在默认路径下创建表；如果新的表名不含扩展名，则默认扩展名为 . DBF。当使用 DATABASE 子句及其参数时，VFP 将指定的表添加到指定的数据库中。

TO FILE <文件名>[ADDITIVE]将查询结果输出到指定的文本文件中。如果文件名未指定路径，则在默认路径下创建文件；如果文件名不含扩展名，则默认扩展名为 . TXT。如果使用 ADDITIVE 子句，则查询结果添加到指定文本文件的末尾而不覆盖原文件。

TO PRINTER [PROMPT]设置输出到打印机，将查询结果输出到默认的打印机。如果使用 PROMPT 参数，则打印前显示打印对话框，可以调整打印选项。

TO SCREEN 设置输出屏幕，将查询结果输出到 VFP 的主窗口或者当前的用户活动窗口。

WHERE<筛选条件>指定筛选记录的条件或者多个表关联的条件。

ORDER BY<排序表达式>[ASC | DESC]指定查询结果记录的排序方式。在 SELECT 命令中不用 ORDER BY 子句时，查询结果按照记录的物理存储次序排列。如果需要改变这种次序，则需要 ORDER BY 子句。ORDER BY 子句的参数是一个或多个(用逗号分隔)排序表达式以及可选的排序方式子句 ASC 或 DESC。当 ORDER BY 子句有多个排序表达式时，查询结果记录先按照排在前面的排序表达式排序，然后依次按照排在后面的排序表达式排序。每个排序表达式后附带的 ASC 子句表示在按照该排序表达式排序时采用升序方式；DESC 子句表示在按照该排序表达式排序时采用降序方式；不带 ASC 和 DESC 子句时，默认按升序方式排序。

GROUP BY 子句指定查询结果记录的分组方式。含有 GROUP BY 子句的 SELECT 命令主要用来完成统计运算。这种 SELECT 命令通常只包含两类查询项：用来分组的查询项和统计运算表达式，其他的查询项也是查询结果，但没有实际的意义。

[HAVING<筛选条件>]，有时不希望查询结果包含分组之后的所有记录，而希望有条件地选择分组之后的部分记录，这时就要用到与 GROUP BY 子句相配合的 HAVING 子句。HAVING 子句的参数是一个逻辑表达式，指定了选择分组记录的条件。使用 HAVING 子句的命令如果没有使用 GROUP BY 子句，则它的作用与 WHERE 子句相同。

[UNION [ALL] SELECT 命令]把一个 SELECT 语句的最后查询结果同另一个 SELECT 语句的最后查询结果组合起来。默认情况下，UNION 查询组合的结果不含重复的记录，如果带 ALL 子句时，输出结果中会出现重复记录。在使用 UNION 子句时参数中不可嵌套 UNION

子句，即一个 SELECT 命令仅可含一个 UNION 子句。两个 SELECT 命令的查询结果中的列数必须相同。两个 SELECT 查询结果中的对应列必须有相同的数据类型和宽度，只是最后的 SELECT 中可以包含 ORDER BY 子句，而且必须按编号指出输出的列。如果包含了一个 OREDR BY 子句，将影响整个结果。

2. VFP 支持的几条 SQL 命令

(1)表的定义

```
CREATE TABLE | DBF TableName[NAME LongTableName][FREE];
(FieldName1 FieldType [(nFieldWidth [, nPrecsion])][NULL | NOT NULL];
[CHECK lExpression1 [ERROR cMessageText1]];
[DEFAULTEexpression1];
[PRIMARY KEY | UNIQUE];
[, FieldName2…])
```

用 CREATE TABLE 命令可以完成表设计器所能完成的所有功能，还包含满足实体完整性的主索引 PRIMARY KEY、定义域完整性的 CHECK 约束及出错提示信息 ERROR、定义默认值的 DEFAULT 等。

NAME LongTableName 为建立的表指定一个长名。

FREE 建立的表不添加到当前数据库中，即建立一个自由表。

NULL 或 NOT NULL 说明字段允许或不允许为空值。

UNIQUE 说明建立候选索引。

例如：建立 XS1 表如下：

```
CREATE TABLE XS1 (XH C(4) DEFAULT "1201" PRIMARY KEY, XM C(6), ;
XB C(2) CHECK XB="男" OR XB="女" ERROR "性别只能是男或女" ;
DEFAULT "女", NL N(2) NULL )
```

建立 XS1 表，包括 XH 字段字符型长度为 4、用 DEFAULT 说明默认值为 1201，用 PRIMARY KEY 说明是主关键字；XM 字段字符型长度为 4；XB 字段字符型长度为 2，用 CHECK 说明了有效规则只能输入男或女，用 ERROR 说明了出错信息，用 DEFAULT 为"XB"字段值说明了默认值(女)；NL 字段数值型长度为 2，小数点后为 0 位，用 NULL 说明字段允许为空值。

新表的每个字段由名称、类型、精度、是否支持 NULL 值和参照完整性规则来定义。

(2) 创建一个临时表

```
CREATE CURSOR TableName(FieldName1 FieldType [(nFieldWidth])][,FieldName2…])
CREATE CURSOR TEACHER (TEACHERID N(5), NAME C(20), ADDRESS;
C(30),OFFICENO C(8) NULL, SPECIALTY M)
```

(3) 表结构的修改

修改表结构的命令是 ALTER TABLE，该命令有 3 种格式。

```
① ALTER TABLE TableName1 ADD|ALTER[COLUMN] FieldName1;
FieldType [(nFieldWidth [,nPrecsion])][NULL|NOT NULL];
[CHECK lExpression1 [ERROR cMessageText1]] [DEFAULTEexpression1];
[PRIMARY KEY|UNIQUE]
```

该格式可以添加(ADD)新的字段或修改(ALTER)已有的字段，它的句法基本可以与CREATE TABLE 的句法相对应。

为 XS1 表增加一个“JXJ”字段(数值型)可以使用如下命令：

ALTER TABLE XS1 ADD JXJ N(4，1) CHECK JXJ>=0 ERROR "应该大于等于 0!"

再如，将 XS1 表的“NL”字段的宽度改为 4 小数点后 1 位(原来为 2)

ALTER TABLE XS1 ALTER NL N(4，1)

从命令格式可以看出，该格式可以修改字段的类型、宽度、有效性规则、错误信息、默认值、定义主关键字等，但是不能修改字段名，不能删除字段，也不能删除已经定义的规则等。

② ALTER TABLE TableName1 ALTER [COLUMN] FieldName2 [NULL | NOT NULL]；

[SET DEFAULE eExpression2] [set check lExpression2 [ERROR cMessageText2]]；

[DROP DEFAULT][DROP CHECK]

从命令格式可以看出，该格式主要用于定义、修改和删除有效性规则和默认值定义。

如下命令修改了“JXJ”字段的有效性规则：

ALTER TABLE XS1 ALTER JXJ SET CHECK JXJ>10 ERROR "应该大于 10!"

而如下命令则删除了“JXJ”字段的有效性：

ALTER TABLE XS1 ALTER JXJ DROP CHECK

③ ALTER TABLE TableName1 [DROP [COLUMN] FieldName3]

[SET CHECK lExpression3 [ERROR cMessageText3]]

[DROP CHECK]

[DROP PRIMARY KEY]

[RENAME COLUMN FieldName4 TO FieldNAME5]

该格式可以删除字段(DROP [COLUMN])、修改字段名(RENAME COLUMN)，可以定义、修改和删除表的有效性规则等。

如下命令将 XS1 表的“JXJ”字段名改为“XJ”：

ALTER TABLE XS1 RENAME COLUMN JXJ TO XJ

如下命令删除 XS1 表中的“XJ”字段：

ALTER TABLE XS1 DROP COLUMN XJ

如下命令将 XS1 表的“XH”和“XB”定义为候选索引(候选关键字)，索引名是 KK：

ALTER TABLE XS1 ADD UNIQUE XH+XB TAG KK

如下命令删除 XS1 表的候选索引：

ALTER TABLE XS1 DROP UNIQUE TAG KK

(4) 表的删除

DROP TABLE table-name

DROP TABLE 直接从磁盘上删除 table-name 所对应的 .dbf 文件。如果 table-name 是数据库中的表并且相应的数据库是当前数据库，则从数据库中删除了表；否则虽然从磁盘上删除了 .dbf 文件，但是在数据库中(记录在 .dbf 文件中)的信息却没有被删除，此后会出现错误提示。所以要删除数据库中的表时，最好在数据库中进行操作(即数据库是当前打开的数据库)。

(5) 表中的记录加上删除标记

DELETE FROM [<数据库名!]<表名>[<WHERE<expL1>]

对 CJ 表中成绩<60 的同学做删除标记，只做删除标记并没有删除，如想要删除用

PACK 命令删除。

DELETE FROM CJ WHERE 成绩<60

(6) 插入记录命令

① INSERT INTO <表名>[(<字段 1>[, <字段 2>[, …]])]

VALUES(<表达式 1>[, <表达式 2>[, …]])

在指定的表尾添加一条新记录，其值为 VALUES 后面表达式的值。

INSERT INTO XS1 VALUES("1301","张明","男", 80)

INSERT INTO XS1 (XH, XM) VALUES("1302","李明")

当需要插入表中所有字段的数据时，表名后面的字段名可以缺省，但插入数据的格式必须与表的结构完全吻合；若只需要插入表中某些字段的数据，就需要列出插入数据的字段名，当然相应表达式的数据位置应与之对应。

② INSERT INTO <表名>FROM ARRAY <数据名>| FROM MEMVAR

先定义了数组 AA(4), AA(1)= "1303", AA(2)="张洋", AA(3)= "男", AA(4)=90

INSERT INTO XS1 FROM ARRAY AA

定义内存变量 xh="1304", xm="张洋", xb= "男", nl=90

INSERT INTO XS1 FROM MEMVAR

(7) 更新表中的记录

UPDATE[<数据库名!>]<表名>SET <字段名 1>=<expL1>[<WHERE<expL1>];

[<字段名 2>=<expL2> …]

对 CJ 表中成绩小于 60 的，改为 60：

UPDATE CJ SET 成绩= 60 WHERE 成绩<60

5.4 【案例 17】多表查询学生信息

5.4.1 案例描述

如果查询中有多个表，可用更新或添加连接来控制查询选择的记录。添加表时会自动显示连接，使用“联接条件”对话框，可改变表之间的连接类型。但是，如果相关的字段名不匹配，则必须自己创建表间的连接。多表查询的创建过程与单表查询的创建基本上相同，只是查询中涉及多个表的内容。用户可以在创建查询的同时将表加入到查询中，也可以在查询创建好以后再添加表。

本小节完成的功能是用查询设计器查找学生成绩管理数据库中 XS 表、CJ 表中在学号相同的条件下，一个人的信息，并且按入学成绩升序输出。

5.4.2 操作步骤

1. 创建单表查询

(1) 在“项目管理器—学生成绩管理系统”的“数据”选项卡中，选择“查询”选项，然后单击“新建”按钮，打开“新建查询”对话框。

(2) 单击“查询向导”按钮，打开“向导选取”对话框。

(3) 单击“确定”按钮，打开“查询向导”对话框，设置字段选项，选定“XS”表中的部分字段，如图 5-4-1 所示。

(4) 单击“下一步”按钮，设置筛选记录，此处不设置任何筛选条件，如图 5-4-2 所示。

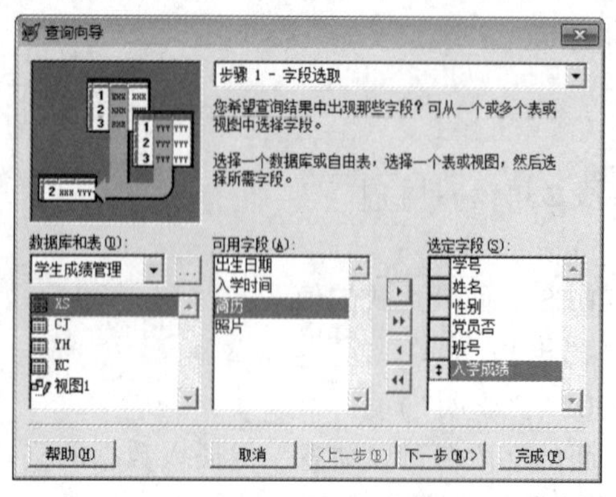

图 5-4-1 选定字段

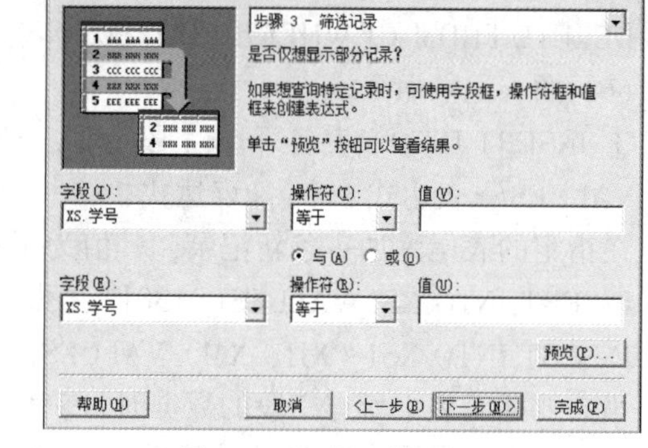

图 5-4-2 设置筛选记录

（5）单击“预览”按钮，查看查询记录的结果，如图 5-4-3 所示。

（6）单击“完成”按钮，将设置完成的查询保存在“E:\VFP”文件夹下，命名为“查询学生情况表”。

2. 添加多表

（1）双击“查询学生情况表”，打开查询设计器窗口，如图 5-4-4 所示。

学号	姓名	性别	党员否	班号	入学成绩
070101140103	王月	女	F	1	610.0
080701140101	赵玉梅	女	T	1	630.0
080701140201	冯天鹏	男	F	1	591.0
090603140208	罗萍萍	女	F	2	610.0
090603140205	吴昊	男	T	2	670.0
090603140301	张爽	女	F	3	623.0
100801140101	邵亮	男	T	1	600.0
100801140201	于明秀	女	F	2	585.0
100801140305	周红岩	男	F	3	612.0

图 5-4-3 预览查询结果

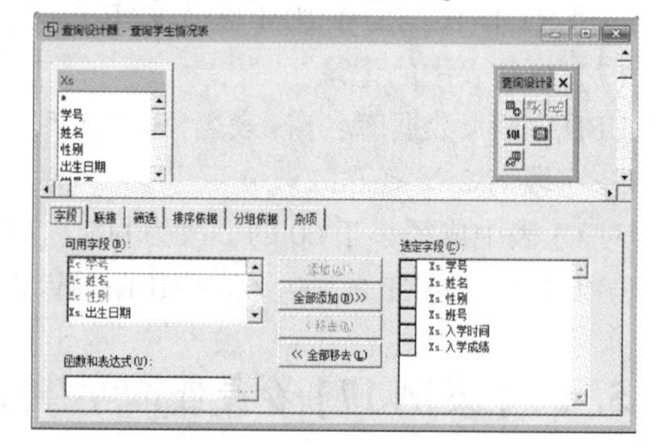

图 5-4-4 “查询设计器-查询学生情况表”

（2）单击“查询”→“添加表”菜单命令，打开“添加表或视图”对话框，如图 5-4-5 所示。或者右击查询设计器的空白位置，在弹出的快捷菜单中单击“添加表”菜单命令。

（3）选择“CJ”表，单击“添加”按钮，打开“联接条件”对话框，建立如图 5-4-6 所示的关联关系。

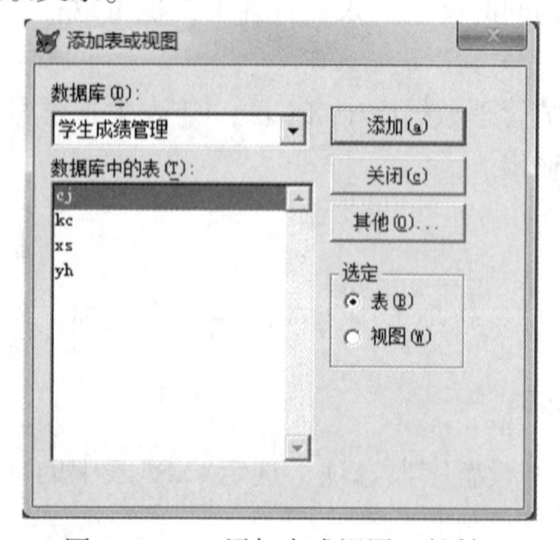

图 5-4-5 “添加表或视图”对话框

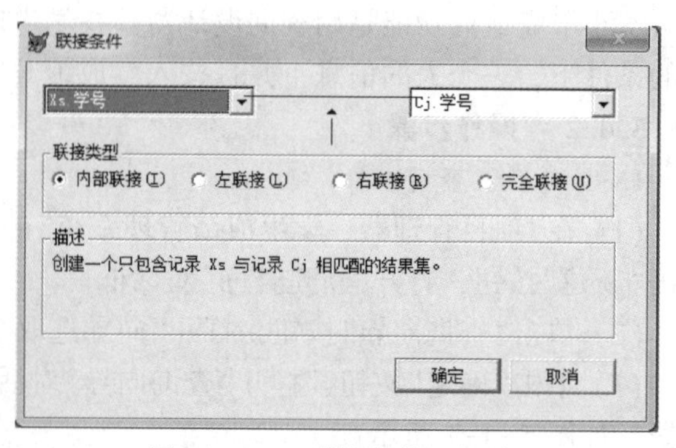

图 5-4-6 “联接条件”对话框

(4) 单击“确定”按钮，返回到“添加表或视图”对话框，可以继续添加多个表，建立连接关系。

(5) 单击“关闭”按钮，完成添加，返回到查询设计器，如图 5-4-7 所示。

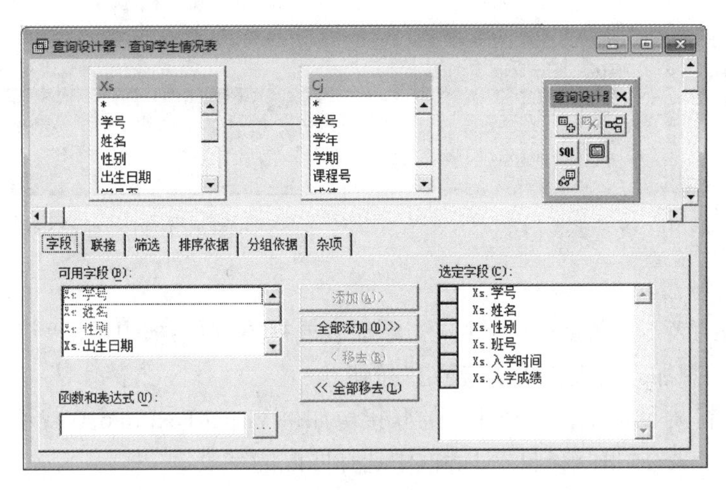

图 5-4-7 “查询设计器-查询学生情况表”

3. 创建多表查询

(1) 在“字段”选项卡的“可用字段”中选中“CJ”表中的字段，单击“添加”按钮，继续添加该表需要显示的其他字段，如图 5-4-8 所示。

(2) 点击查询设计器右上角的关闭按钮，弹出系统提示信息对话框，如图 5-4-9 所示，询问是否保存该文件。

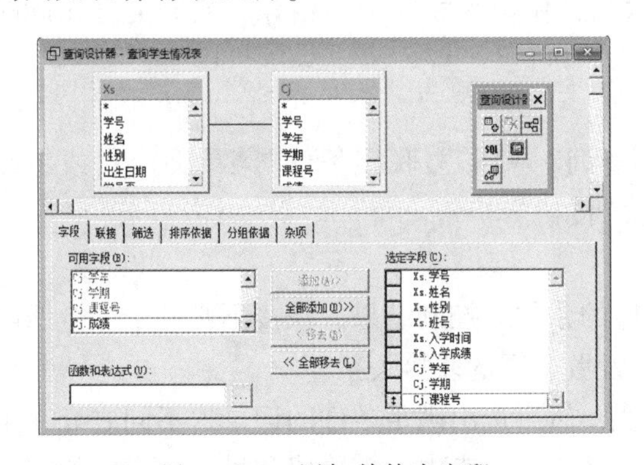

图 5-4-8 添加其他表字段

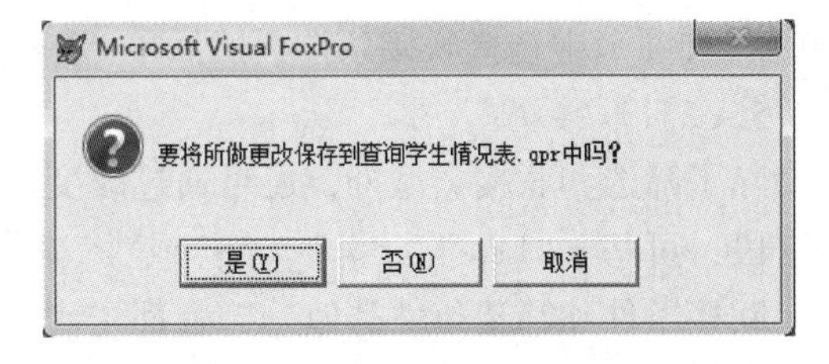

图 5-4-9 系统询问是否保存

(3) 单击“是”按钮，保存并运行查询程序，得到的结果如图 5-4-10 所示。

(4) 在“查询设计器”工具栏中，单击 SQL 按钮，打开 SQL 程序查询窗口，如图 5-4-11 所示。

5.4.3 相关知识

在使用 SELECT 查询时，可以将多个表连接到一起，形成一个“新表”。向查询中添加表或视图时，Visual FoxPro 6.0 根据匹配的字段建立一个可能的表或视图之间的联系。如果使用的数据库中，表或视图具有永久关系，Visual FoxPro 6.0 就利用这些已有的关系作为默认的联接。如果要在查询中添加数据库表，需要先打开适当的数据库，运行该数据库。

查询

学号	姓名	性别	班号	入学时间	入学成绩	学年	学期	课程号
070101140101	杨洋	女	2	09/01/07	610.0	2007	2	0016
070101140101	杨洋	女	2	09/01/07	610.0	2007	1	0002
070101140101	杨洋	女	2	09/01/07	610.0	2007	1	0003
070101140101	杨洋	女	2	09/01/07	610.0	2007	1	0004
070101140101	杨洋	女	2	09/01/07	610.0	2008	4	0012
070101140102	梅强	男	1	09/01/07	540.0	2007	1	0016
080701140101	赵玉梅	女	1	09/01/08	630.0	2008	1	0016
080701140101	赵玉梅	女	1	09/01/08	630.0	2008	1	0002
090603140208	罗萍萍	女	2	09/01/09	610.0	2009	1	0003
090603140208	罗萍萍	女	2	09/01/09	610.0	2009	1	0004
100801140305	周红岩	男	3	09/01/10	612.0	2010	1	0016
100801140305	周红岩	男	3	09/01/10	612.0	2010	1	0002
100801140305	周红岩	男	3	09/01/10	612.0	2010	1	0003

图 5-4-10　查看多表信息

图 5-4-11　查看 SQL 语句

1. 创建查询时添加表

如果想添加的表不在数据库中，则在“添加表或视图”对话框中单击“其他”按钮，在“打开”对话框中选定想加入的表，单击“确定”按钮。

在“联接条件”对话框中，检查建议的联接。如果 Visual FoxPro 6.0 找不到这样的匹配字段，则应该由设计者在“联接条件”对话框中选择匹配的字段。

2. 多表查询中的联接

在“查询设计器”中，拖动表中的字段与另一表中的字段联接；或者从“查询设计器”工具栏上单击“添加联接”按钮，这时会显示“联接条件”对话框。添加或变更联接时，可选择联接类型来扩充或缩小结果。创建联接的最简单方法是使用“联接条件”对话框。

3. 从查询中添加或移去表

向查询中添加两个或多个表。在“查询设计器”工具栏中，单击“添加联接”按钮，在“联接条件”对话框中，从两个表中选择相关的字段名，仅当字段的大小相等、数据类型相同时才能联接，最后单击“确定”按钮。

4. 删除联接

从“查询设计器”中选中联接行，再单击“查询”→“移去联接条件”菜单命令；或者在“联接”选项卡中选择联接条件，然后单击“移去”按钮。

5. 修改联接

除了筛选和联接类型外，还可通过改变联接的条件来控制结果。联接不必基于完全匹配的字段，可基于“Like”、“=”、“>”或“<”条件设置不同的联接关系。

联接条件和筛选条件类似，二者都先比较值，然后选出满足条件的记录。不同之处在于筛选是将字段值和筛选值进行比较，而联接条件是将一个表中的字段值和另一个表中的字段值进行比较。

6. 联接类型

在多个表的查询中，表之间的联接包括如下 4 种：

① 内部联接：两个表中仅满足条件的记录，这是最普通的联接类型。

② 左联接：表中联接条件左边的所有记录和表中联接条件右边的且满足联接条件的记录。

③ 右联接：表中联接条件右边的所有记录和表中联接条件左边的且满足联接条件的记录。

④ 完全联接：表中不论是否满足条件的所有记录。

5.4.4 案例拓展

例子的操作过程可用 SQL 语言完成：

SELECT XS. 学号，XS. 姓名，XS. 性别，XS. 班号，XS. 入学时间，XS. 入学成绩，；
CJ. 学年，CJ. 学期，CJ. 成绩 FROM 学生成绩管理！XS INNER JOIN ；
学生成绩管理！CJ ON XS. 学号=CJ. 学号

也可以这样完成：

SELECT XS. 学号，XS. 姓名，XS. 性别，XS. 班号，XS. 入学时间，XS. 入学成绩，；
CJ. 学年，CJ. 学期，CJ. 成绩 FROM XS ，CJ WHERE XS. 学号=CJ. 学号

结果一样。

5.5 【案例 18】限定条件查询学生信息

5.5.1 案例描述

在查询数据时，为了更好地找到记录行，可以指定查询条件。当需要对查询所返回的结果做更多的控制或者搜索满足两个条件之一的记录时，都需要在“筛选”选项卡中加进更多的语句。在 VFP 中如果在“筛选”选项卡中连续输入选择条件表达式，那么这些表达式自动以逻辑“与”的方式组合起来，如果想使待查询的记录满足两个以上条件中的任意一个，可以使用“添加‘或’”按钮在这些表达式中间插入逻辑“或”操作符。

本小节完成的功能是用查询向导和查询设计器查找学生成绩管理数据库中 KC 表、CJ 表中在课程号相同的条件下，课程名称是大学计算机基础并且成绩高于 70 分的学生信息。

5.5.2 操作步骤

1. 创建单表查询

（1）在“项目管理器—学生成绩管理系统”的“数据”选项卡中，选择“查询”选项，然后单击“新建”按钮，打开“新建查询”对话框。

（2）单击“查询向导”按钮，打开“向导选取”对话框。

（3）单击“确定”按钮，打开“查询向导”对话框，设置字段选项，选定“KC”表中的全部字段，如图 5-5-1 所示。

（4）单击“下一步”按钮，设置筛选记录，此处不设置任何筛选条件，如图 5-5-2 所示。

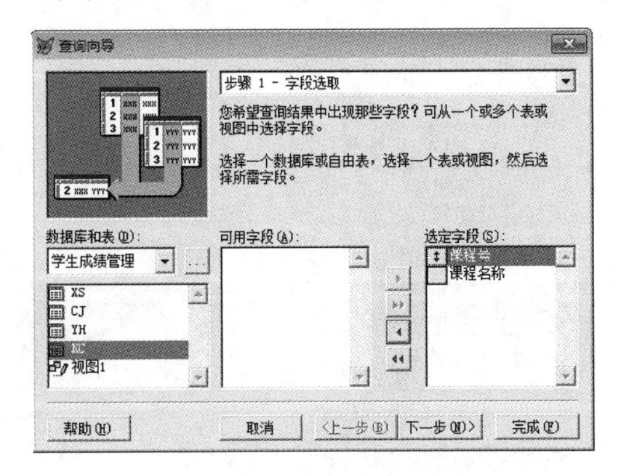

图 5-5-1　选定全部字段

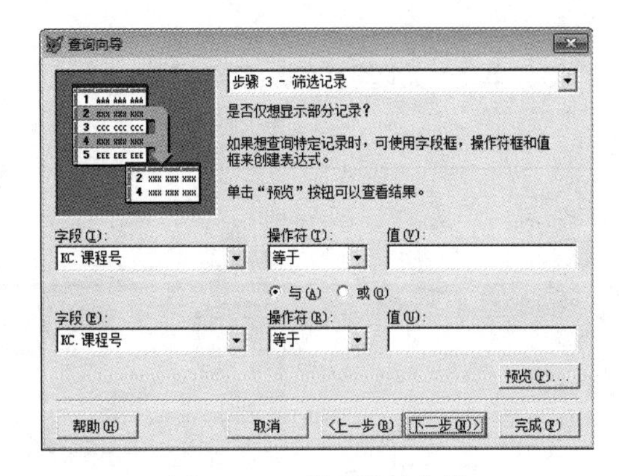

图 5-5-2　设置筛选字段

（5）单击“预览”按钮，查看查询记录的结果，如图 5-5-3 所示。

（6）单击“完成”按钮，将设置完成的查询保存在“E:\VFP”文件夹下，命名为“课程信息表”。

2. 添加多表

（1）双击“课程信息表”，打开查询设计器窗口，如图 5-5-4 所示。

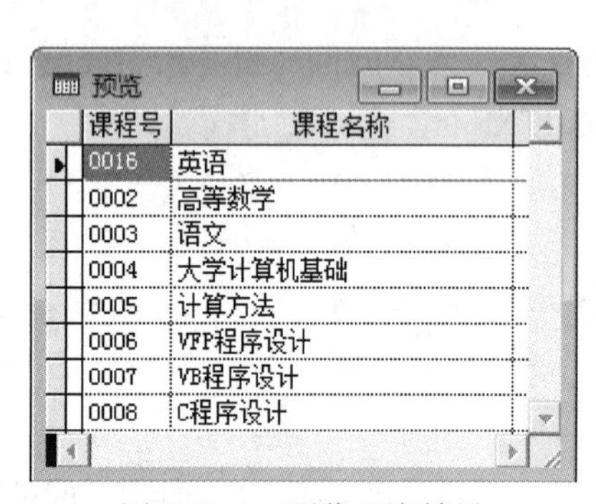

课程号	课程名称
0016	英语
0002	高等数学
0003	语文
0004	大学计算机基础
0005	计算方法
0006	VFP程序设计
0007	VB程序设计
0008	C程序设计

图 5-5-3　预览查询结果

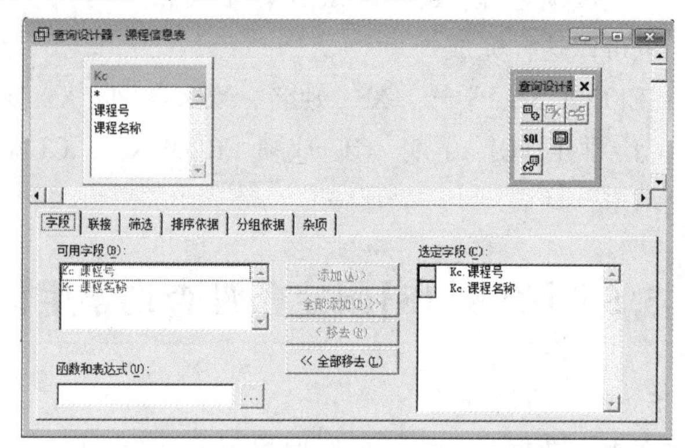

图 5-5-4　“查询设计器-查询学生信息表”

（2）单击“查询”→“添加表”菜单命令，打开“添加表或视图”对话框，如图 5-5-5 所示。或者右击查询设计器的空白位置，在弹出的快捷菜单中单击“添加表”菜单命令。

（3）选择“CJ”表，单击“添加”按钮，打开“联接条件”对话框，建立如图 5-5-6 所示的关联关系。

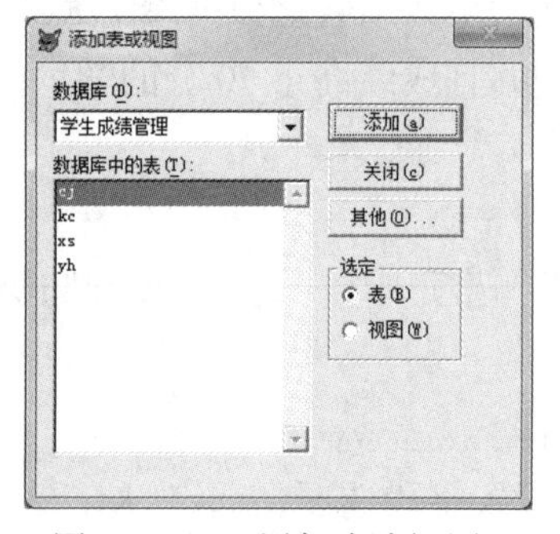

图 5-5-5　“添加表或视图”

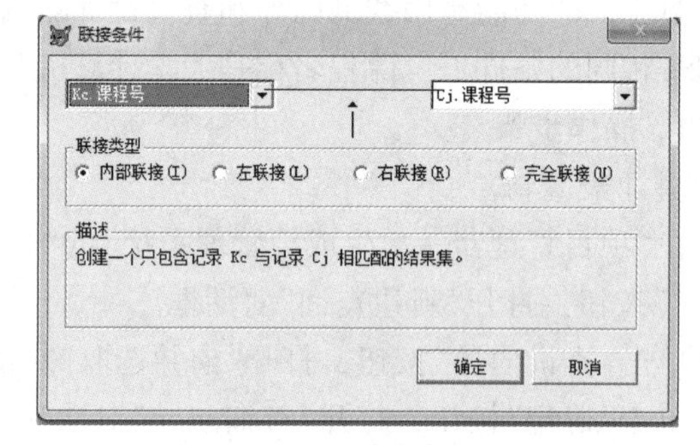

图 5-5-6　“联接条件”对话框

（4）单击“确定”按钮，返回到“添加表或视图”对话框，可以继续添加多个表，建立联接关系。

（5）单击“关闭”按钮，完成添加，返回到查询设计器，如图 5-5-7 所示。

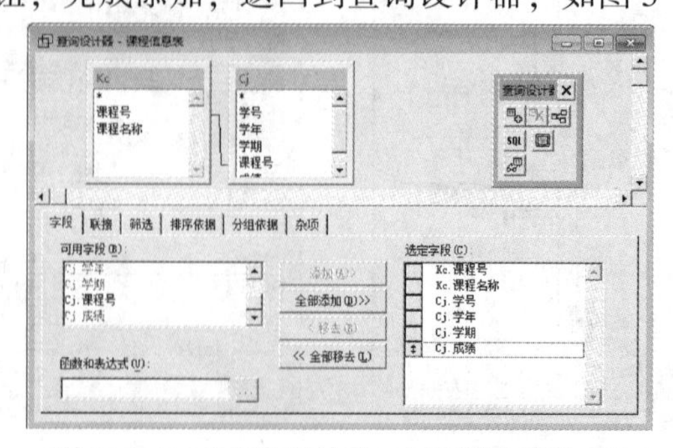

图 5-5-7　“查询设计器-查询课程信息表”

3. 创建筛选条件

（1）切换到“筛选”选项卡，在“字段名”下拉列表中选择“课程名称”，在“条件”下拉列表中选择“=”，在“实例”文本框中输入“大学计算机基础”，创建第一个筛选条件，如图 5-5-8所示。

（2）在第一个筛选条件的“逻辑”下拉列表中选择 AND，表示和输入的第二个条件之间的关系是 AND 的关系。也就是当两个条件都满足时，才显示该记录，如图 5-5-9 所示。

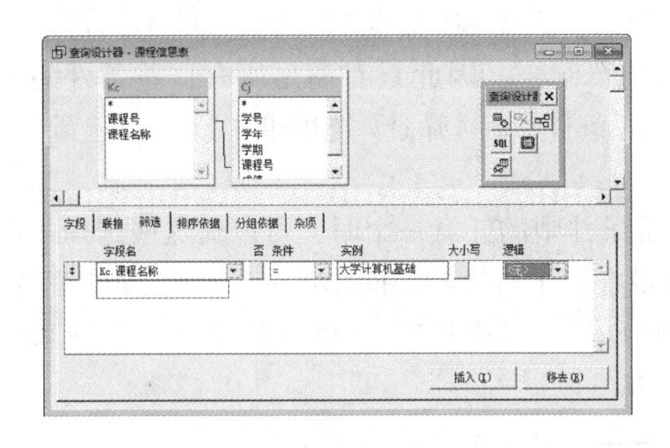

图 5-5-8　添加第一个筛选条件

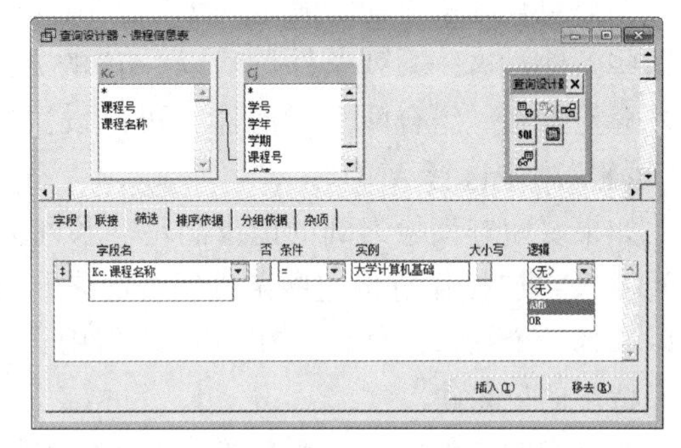

图 5-5-9　设置多个条件间的关系

（3）在第二个条件的“字段名”下拉列表中选择“成绩”，在“条件”下拉列表中选择“>”，在“实例”文本框中输入“70”，创建第二个筛选条件，如图 5-5-10 所示。

（4）在项目管理器上单击“运行”按钮，弹出系统提示信息对话框，如图 5-5-11 所示，询问是否保存该查询文件。

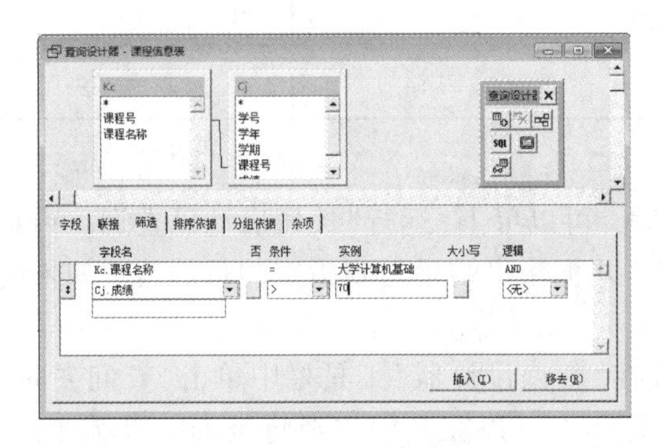

图 5-5-10　添加第二个筛选条件

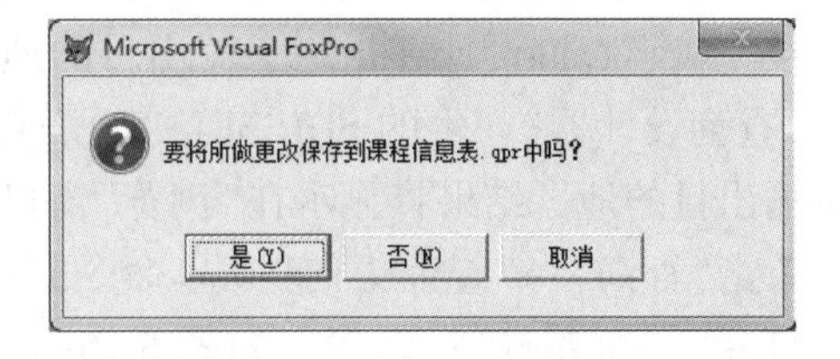

图 5-5-11　系统询问是否保存

（5）单击“是”按钮，保存并运行查询程序，得到的结果如图 5-5-12 所示。

（6）在“查询设计器”工具栏中，单击 SQL 程序查询窗口，如图 5-5-13 所示，其中包括如下命令：

课程号	课程名称	学号	学年	学期	成绩
0004	大学计算机基础	070101140101	2007	1	78
0004	大学计算机基础	070401140102	2007	1	90
0004	大学计算机基础	070401140103	2007	1	100
0004	大学计算机基础	090603140208	2009	1	100

图 5-5-12　查询多表信息

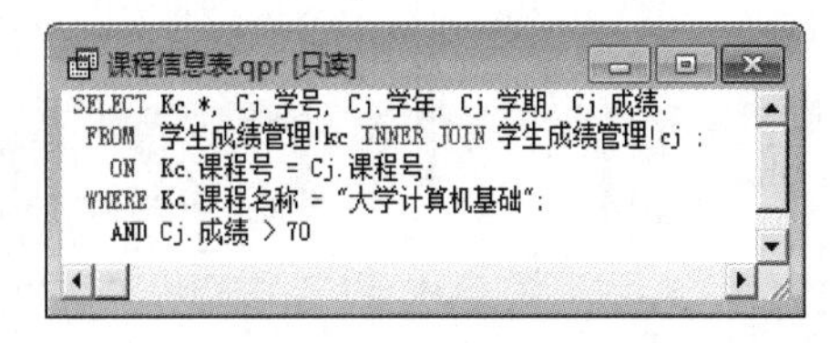

图 5-5-13　查看 SQL 语句

```
SELECT KC. *, CJ. 学号, CJ. 学年, CJ. 学期, CJ. 成绩;
    FROM 学生成绩管理! KC INNER JOIN 学生成绩管理! CJ ;
        ON KC. 课程号=CJ. 课程号;
            WHERE KC. 课程名称="大学计算机基础" AND CJ. 成绩>70
```

5.5.3 相关知识

1. 设置筛选条件

如果想查询检索同时满足一个以上条件的记录，只需在“筛选”选项卡中的不同行上列出这些条件，这一系列条件自动以“与”的方式组合起来，因此只有满足所有这些条件的记录才会检索到。组合两个过滤器，可以设置“与”条件，在“筛选”选项卡中输入筛选条件，在“逻辑”列中选择 AND。

如果要使查询检索到的记录满足一系列选定条件中的任意一个时，可以在这些选择条件中间插入“或”操作符将这些条件组合起来。需要在两个过滤器之间添加一个“或”操作符时，可以选择一个筛选条件，再在“逻辑”列中选择“OR”。可以把“与”和“或”条件组合起来以选择特定的记录集。

在查询的条件中，一般都要用到比较关系运算，如表 5-5-1 所示。

表 5-5-1　比较关系运算符号

操作符	比较关系	操作符	比较关系
=	相等	>	大于
==	完全相等	>=	大于等于
LIKE	SQL LIKE	<	小于
<>、! =、#	不相等	<=	小于等于

2. 定向输出查询结果

在完成了查询设计并指定了输出目的地后，可以单击“运行”按钮启动该查询。VFP 执行用“查询设计器”产生的 SQL SELECT 语句，并把输出结果送到指定的目的地。如果尚未选定输出目的地，结果将显示在“浏览”窗口中。

单击“查询”→“查询去向”菜单命令，或在“查询设计器”工具栏中单击“查询去向”按钮，打开“查询去向”对话框，如图 5-5-14 所示，可以在其中选择将查询结果送往何处。“查询去向”对话框中的按钮作用如表 5-5-2 所示。

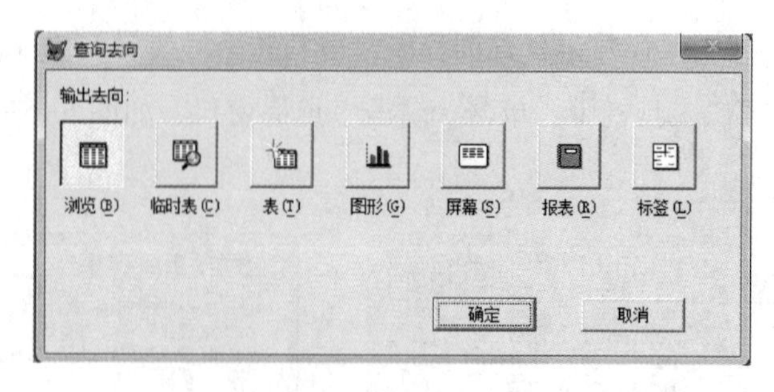

图 5-5-14　“查询去向”对话框

表 5-5-2　查询去向

选择的输出选项	查询的去向
浏览	在“浏览”窗口中显示查询结果
临时表	将查询结果存储在一个命名的临时只读表中
表	使查询结果保存为一个命名的表
图形	使查询结果可用于 Miscrosoft Graph
屏幕	在 VFP 主窗口或当前活动输出窗口中显示查询结果
报表	将输出送到一个报表文件
标签	将输出送到一个标签文件

3. 查询结果设置

(1) 删除重复记录

重复记录是指其中所有字段值均相同的记录。如果想把查询结果中的重复记录去掉，只需在“杂项”选项卡中选中“无重复记录”复选框。

(2) 查询极值记录

可以使用查询返回包含指定数目或指定百分比的特定字段的记录。

(3) 在查询输出项中添加表达式

在“字段”选项卡底部，可以在查询输出中加入函数和表达式。可以显示列表来查看可用的函数或者直接向组合框中键入表达式。如果希望字段名中包含表达式，可以添加别名。

如果要在查询输出中添加表达式，在“字段”选项卡的“函数和表达式”文本框中键入表达式。或者单击…按钮，打开“表达式生成器”对话框，在“表达式”文本框中键入表达式即可。

单击“添加”按钮，在“选定字段”列表框中键入表达式。需要注意的是，计算中将忽略 NULL 值，有关表达式中 NULL 值的详细内容，请搜索“NULL 值”。

不同于简单搜索与一个或多个字段相匹配的记录，使用一个表达式可以组合两个字段，或基于一个字段执行某计算并且搜索匹配该组合或计算字段的记录。

定义查询输出后，可组织出现在结果中的记录，方法是对输出字段排序和分组。也可筛选出现在结果中的记录组。

(4) 排序

排序决定了查询输出结果中记录或行的先后顺序。在“排序依据”选项卡中，可以设置查询的排序次序，排序次序决定了查询输出中记录或行的排序顺序。

首先从“选定字段”列表框中选取要使用的字段，并把它们移到“排序条件”列表框中，然后根据查询结果中所需的顺序排列这些字段。为了调整排序字段的重要性，可以在“排序条件”列表框中，将字段左侧的按钮拖到相应的位置上。通过设置“排序选项”区域中的按钮，可以确定升序或降序的排序次序。在“排序依据”选项卡的“排序条件”列表框，每一个排序字段都带有一个上箭头或下箭头，该箭头表示按此字段排序时，是升序排序还是降序排序。

(5) 分组查询

所谓分组就是将一组类似的记录压缩成一个结果记录，这样就可以完成基于一组记录的计算。例如，想找到某一特定地区所有订货的总和，不用单独查看所有的记录，可以把来自相同地区的所有记录合成为一个记录，并获得来自该地区的所有订货的总和。如果要控制记录的分组，可使用“查询设计器”中的“分组依据”选项卡。分组在与某些合计函数联合使用时效果最好，如 SUM、COUNT、AVG 等。

要设置分组选项，在“字段”选项卡中，在“函数和表达式”文本框中键入表达式。或者单击...按钮，打开“表达式生成器”对话框，在“分组依据”选项卡中，加入分组结果依据的表达式。

选择分组，如果要对已进行过分组或压缩的记录而不是对单个记录设置筛选，可在“分组依据”选项卡中单击“满足条件”单选按钮，可使用字段名、字段名中的合计函数或者“字段名”下拉列表框中其余的表达式。若需要为一个组设置条件，可以在“分组依据”选项卡上，单击“满足条件”按钮，打开“满足条件”对话框，选定一个函数，并在“字段名”下拉列表框中选定字段名，单击“确定”按钮即可。

5.5.4 案例拓展

例子的操作过程可用 SQL 语言完成。

```
SELECT KC. *, CJ. 学号, CJ. 学年, CJ. 学期, CJ. 成绩;
    FROM 学生成绩管理! KC INNER JOIN 学生成绩管理! CJ ;
        ON KC. 课程号=CJ. 课程号 WHERE KC. 课程名称="大学计算机基础";
            AND CJ. 成绩>70
```

也可以这样实现：

```
SELECT KC. *, CJ. 学号, CJ. 学年, CJ. 学期, CJ. 成绩;
    FROM KC , CJ WHERE KC. 课程号=CJ. 课程号;
        AND KC. 课程名称="大学计算机基础" AND CJ. 成绩>70
```

5.6 【案例19】使用视图查询

从用户角度来看，一个视图是从一个特定的角度来查看数据库中的数据。从数据库系统内部来看，一个视图是由 SELECT 语句组成的查询定义的虚拟表。从数据库系统内部来看，视图是由一张或多张表中的数据组成的。从数据库系统外部来看，视图就如同一张表一样，对表能够进行的一般操作都可以应用于视图，例如查询、插入、修改、删除操作等。

5.6.1 案例描述

视图是一个虚拟表，其内容由查询定义。同真实的表一样，视图包含一系列带有名称的列和行数据。但是，视图并不在数据库中以数据存储的形式存在。行和列数据来自由定义视图的查询所引用的表，并且在引用视图时动态生成。对其中所引用的基础表来说，视图的作用类似于筛选。定义视图的筛选可以来自当前或其他数据库的一个或多个表，或者其他视图。分布式查询也可用于定义使用多个异类源数据的视图。

视图设计器是创建和修改视图的有用工具，其中的“字段”、“联接”、“筛选”、“排序依据”、“分组依据”和“杂项”选项卡的功能与使用方法与查询设计器中对应选项卡相同，它只多一个用于设置可更新字段的“更新条件”选项卡。使用视图设计器更新数据需要选择“发送 SQL 更新”复选框。

本小节完成的功能是用视图向导查找学生成绩管理数据库中 XS 表、CJ 表中在学号相同的条件下，一个人的信息。

学生成绩管理数据库中KC表、CJ表中在课程号相同的条件下，课程名称是大学计算机基础并且成绩高于70分学生的信息。

5.6.2 操作步骤

1. 创建本地视图

(1)在“项目管理器—学生成绩管理系统”的“数据”选项卡中，选择“学生成绩管理”数据库中的“本地视图”选项，然后单击“新建”按钮，打开“新建本地视图”对话框，如图5-6-1所示。

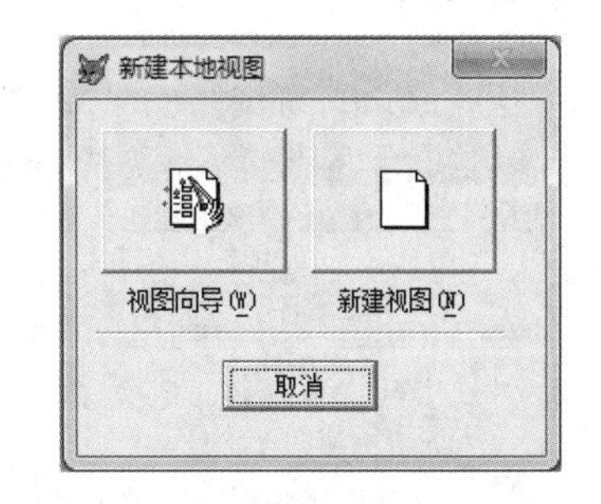

图5-6-1 新建本地视图对话框

(2)单击“视图向导”按钮，打开“本地视图向导”对话框，进行字段选取，首先在“学生成绩管理”数据库中，添加“XS”表中的相关字段，如图5-6-2所示。

(3) 在“数据库和表”下拉列表中选择“学生成绩管理”数据库，添加“CJ”表中的相关字段，如图5-6-3所示。

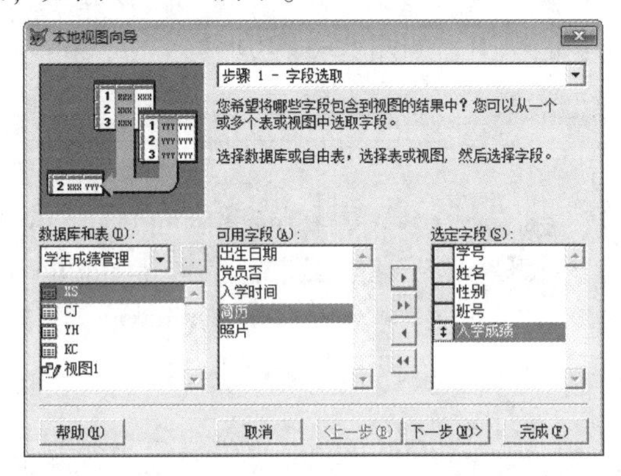

图5-6-2 设置“XS”表中的字段选择

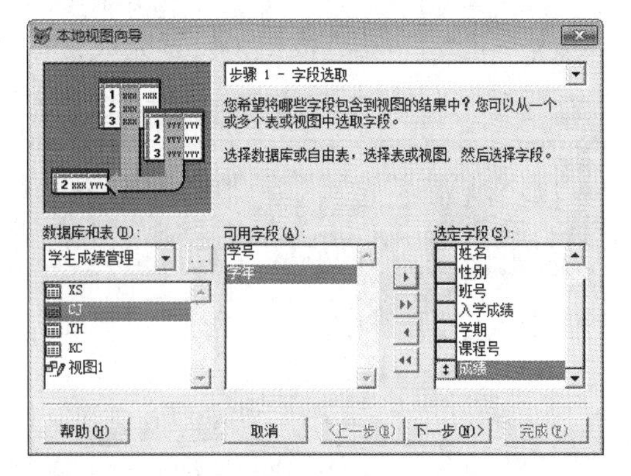

图5-6-3 设置“CJ”表中的字段选择

(4) 单击“下一步”按钮，为表建立关系，分别选择两表中的“学号”字段作为相关联的字段，再单击“添加”按钮，建立两表间的关联关系，如图5-6-4所示。

(5) 单击“下一步”按钮，设置字段选取，可以不做任何修改，遵循“步骤1-字段选取”中添加的选定字段完成查询，如图5-6-5所示。

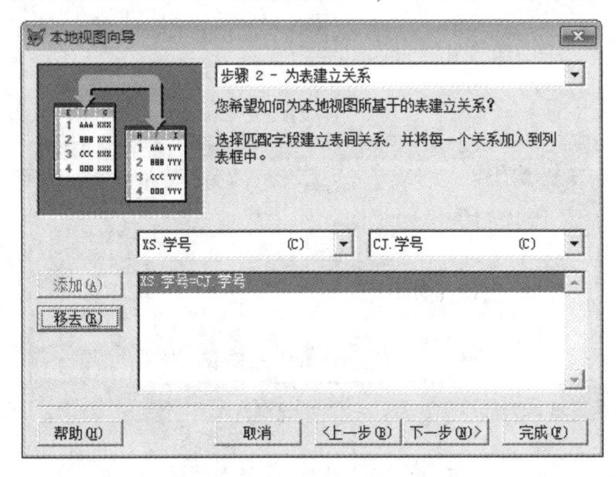

图5-6-4 为表建立关系

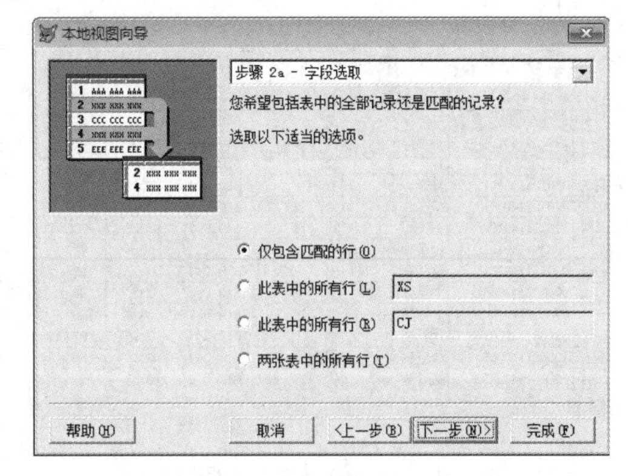

图5-6-5 设置字段选取

(6) 单击“下一步”按钮，设置筛选记录，可以不做任何修改，如图5-6-6所示。

(7) 单击“下一步”按钮，设置排序记录，选择“学号”字段，单击“添加”按钮，添加到

“选定字段”列表框中，根据学号进行升序排列，如图 5-6-7 所示。

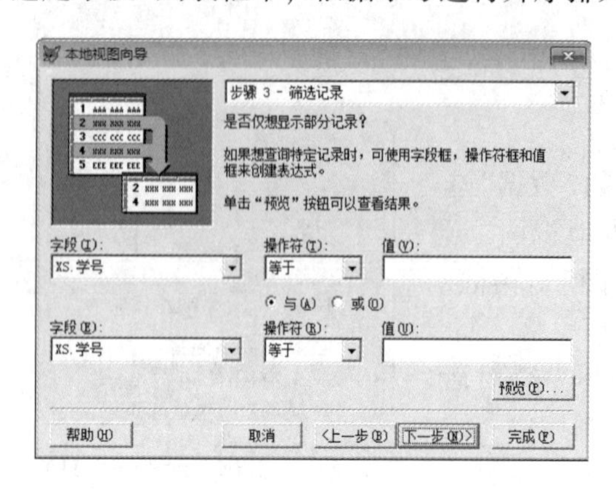

图 5-6-6　设置筛选记录

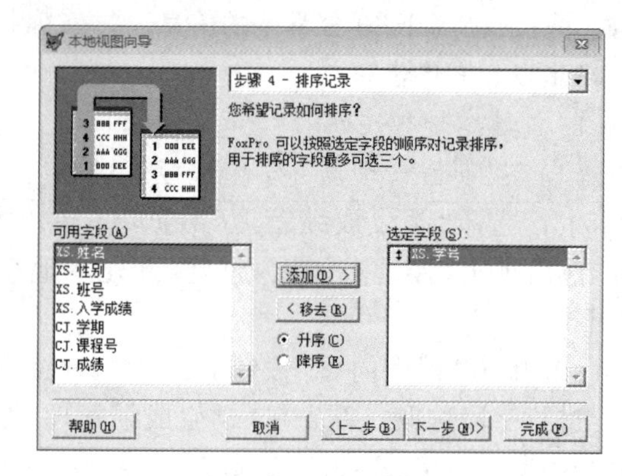

图 5-6-7　设置排序记录

（8）单击“下一步”按钮，设置限制记录，可以不做任何修改，如图 5-6-8 所示。

（9）单击“下一步”按钮，设置完成，保存到本地视图，如图 5-6-9 所示。

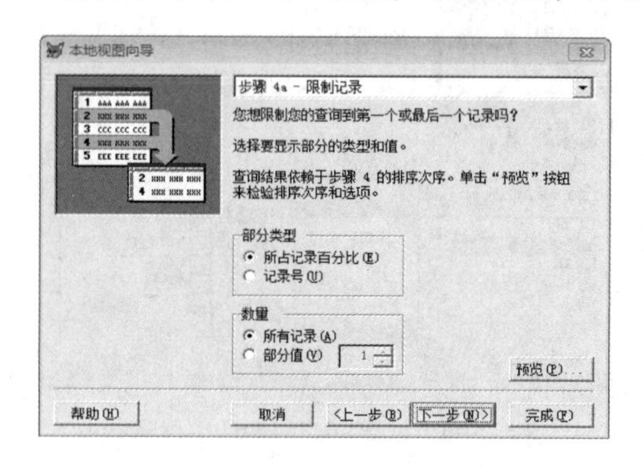

图 5-6-8　设置限制记录

图 5-6-9　设置完成

（10）单击“预览”按钮，查看查询结果，如图 5-6-10 所示。

（11）单击“完成”按钮，打开“视图名”对话框，在文本框中输入“学生情况视图”，如图 5-6-11 所示。

预览

学号	姓名	性别	班号	入学成绩	学期	课程号	成绩
070101140101	杨洋	女	2	610.0	2	0016	90
070101140101	杨洋	女	2	610.0	1	0002	69
070101140101	杨洋	女	2	610.0	1	0003	95
070101140101	杨洋	女	2	610.0	1	0004	78
070101140101	杨洋	女	2	610.0	4	0012	89
070101140102	梅强	男	1	540.0	1	0016	99
080701140101	赵玉梅	女	1	630.0	1	0016	70
080701140101	赵玉梅	女	1	630.0	1	0002	93
090603140208	罗萍萍	女	2	610.0	1	0003	98
090603140208	罗萍萍	女	2	610.0	1	0004	100
100801140305	周红岩	男	3	612.0	1	0016	87
100801140305	周红岩	男	3	612.0	1	0002	86
100801140305	周红岩	男	3	612.0	1	0003	91

图 5-6-10　预览查询记录结果

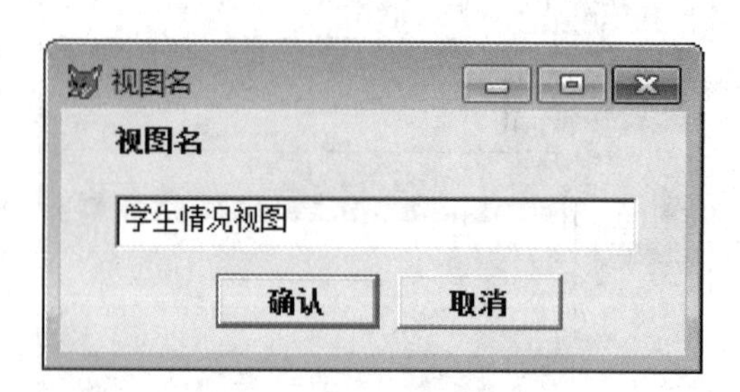

图 5-6-11　“视图名”对话框

（12）单击“确认”按钮，返回到项目管理器窗口，在“数据”选项卡的“本地视图”中添加了“学生情况视图”，如图 5-6-12 所示。

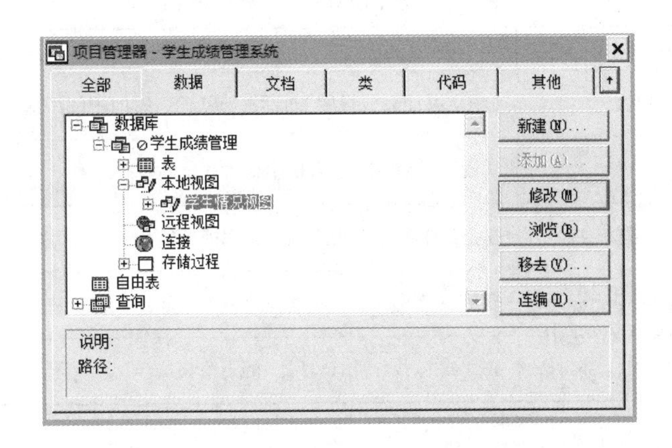

图 5-6-12　查看添加的本地视图

2. 从多个表派生出的视图

视图一方面可以限定对数据的访问，另一方面又可以简化对数据的访问。

```
CREATE VIEW W2 AS SELECT KC. * , CJ. 学号, CJ. 学年, CJ. 学期, CJ. 成绩;
    FROM 学生成绩管理! KC INNER JOIN 学生成绩管理! CJ;
      ON KC. 课程号=CJ. 课程号;
          WHERE KC. 课程名称="大学计算机基础" AND CJ. 成绩>70
```

这时候再提出同样的查询要求，就只需输入如下命令即可：

```
SELECT * FROM W2
```

3. 视图中的虚字段

用一个查询来建立一个视图的 SELECT 子句可以包含算术表达式或函数，这些表达式或函数与视图的其他字段一样对待，由于它们是计算得来的，并不存储在表内，所以称为虚字段。

```
CREATE VIEW W1 AS SELECT 学号, AVG(成绩) AS 平均成绩 ;
    FROM CJ GROUP BY 学号
```

这里在 SELECT 短语中利用 AS 重新定义了视图的字段名。

由于其中一个字段是计算得来的，所以必须给出字段名，这里“平均成绩”是虚字段，它是由 CJ 表中“成绩”按学号算出的平均成绩。

5.6.3　相关知识

创建本地视图可以使用“视图向导”或“视图设计器”等完成。创建视图和创建查询的过程类似，主要差别在于视图是可更新的，而查询则不行。查询是一种 SQL SELECT 语句，作为文本文件以扩展名 .QPR 存储。如果想从本地或远程表中提取一组可以更新的数据，就需要使用视图。

1. 视图设计器的使用

使用“视图设计器”基本上与使用“查询设计器”一样，但“视图设计器”多了一个“更新条件”选项卡，可以控制视图的更新。

“视图设计器”工具栏中按钮的说明如表 5-6-1 所示。

表 5-6-1 “视图设计器”工具栏按钮说明

按　钮	名　称	说　　明
	添加表	显示“添加表或视图”对话框，从而能够向视图添加一个表或视图
	移去表	从设计器窗口的上窗格中移去选定的表
	添加联接	在查询中的两个表之间创建联接条件
SQL	显示/隐藏 SQL 窗口	显示或隐藏建立当前查询的 SQL 语句
	最大化/最小化上部窗格	放大或缩小“视图设计器”的上窗格

2. 在视图中使用多个表

可以在本地视图中合并两个或多个本地表。定义多表视图的过程类似于查询中对多表进行操作的过程，但使用视图时，可以在对视图的输出进行操作的过程中更新源表内容。

如果要在视图中连接表，可以在“视图设计器”中添加一个表。单击“添加表”按钮，根据需要更改联接条件，然后单击“确定”按钮。如果要使源表可更新，可以在“视图设计器”中选择“更新条件”选项卡，选中“发送 SQL 更新”复选框。

3. 在视图中添加表达式

与查询一样，可以在视图中加入函数和表达式作为筛选条件。如果要在视图中添加表达式，可以在“筛选”选项卡中“字段名”下拉列表中选择“表达式”选项。

4. 本地视图的打开和关闭

使用视图时，必须像表一样先打开。在 VFP 中可用 USE 命令打开视图，但在此之前必须先打开包含该视图的数据库，视图打开后，将在当前工作区中以一个“临时表”的形式存在。可用操作表的命令去操作视图。

本地视图的源表随视图的打开而自动打开，但却不随视图的关闭而关闭，如果要关闭必须单独输入关闭表文件的命令。

5. 利用命令操作视图

可以通过在“命令”窗口中输入命令，实现对视图的各种操作。

修改视图命令：MODIFY VIEW <视图名>

重命名视图命令：RENAME VIEW <视图 1>TO <视图 2>

删除视图命令：DELETE VIEW <视图名>或 DROP VIEW <视图名>

其中，DROP VIEW 的作用与 DELETE VIEW 相同。

5.7 课后习题

一、选择题

1. Visual FoxPro 系统中的查询文件是指一个包含一条 SELECT-SQL 命令的程序文件，文件的扩展名为(　　)。

A. PRG　　B. QPR　　C. SCX　　D. TXT

2. 查询学生表中学号(字符型，长度为 2)末尾字符是“1”的错误命令是(　　)。

A. SELECT * FROM 学生 WHERE "1" $ 学号

B. SELECT * FROM 学生 WHERE RIGHT(学号, 1)="1"

C. SELECT * FROM 学生 WHERE SUBSTR(学号, 2)="1"

D. SELECT * FROM 学生 WHERE SUBSTR(学号, 2, 1)="1"

3. 创建 SQL 查询时，GROUP BY 子句的作用是确定(　　)。

A. 查询目标　　B. 分组条件　　C. 查询条件　　D. 查询视图

4. 视图不能单独存在，它必须依赖于(　　)而存在。

A. 视图　　B. 数据库　　C. 自由表　　D. 查询

5. 以下短语中，与排序无关的是(　　)。

A. GROUP BY　　B. ORDER BY　　C. ASC　　D. DESC

6. 以下关于"视图"的描述正确的是(　　)。

A. 视图保存在项目文件中　　B. 视图保存在数据库中

C. 视图保存在表文件中　　D. 视图保存在视图文件中

7. 检索 STUDENT 表中成绩大于 90 分的学号，正确的命令是(　　)。

A. SELECT 学号 WHERE 成绩>90

B. SELECT 学号 FROM STUDENT SET 成绩>90

C. SELECT 学号 FROM STUDENT WHERE 成绩>90

D. SELECT 学号 FROM STUDENT FOR 成绩>90

8. 建立 STUDENT 表的结构：学号(C/4)，姓名(C/8)，课程名(C/20)，成绩(N/3)，使用的 SQL 语句是(　　)。

A. NEW DBF STUDENT(学号 C(4), 姓名 C(8), 课程名 C(20), 成绩 N(3, 0))

B. CREATE DBF STUDENT(学号 C(4), 姓名 C(8), 课程名 C(20), 成绩 N(3, 0))

C. CREATE STUDENT(学号, 姓名, 课程名, 成绩) WITH (C(4), C(8), C(20), N(3, 0))

D. ALTER DBF STUDENT(学号 C(4), 姓名 C(8), 课程名 C(20), 成绩 N(3, 0))

9. 将"学生"表中班级字段的宽度由原来的 8 改为 12，正确的命令是(　　)。

A. ALTER TABLE 学生 ALTER 班级 C(12)

B. ALTER TABLE 学生 ALTER FIELDS 班级 C(12)

C. ALTER TABLE 学生 ADD 班级 C(12)

D. ALTER TABLE 学生 ADD FIELDS 班级 C(12)

10. 将 STUDENT 表中定义的成绩字段默认值置为 0，正确的命令是(　　)。

A. ALTER TABLE 成绩 ALTER 成绩 DEFAULT 成绩=0

B. ALTER TABLE 成绩 ALTER 成绩 DEFAULT 0

C. ALTER TABLE 成绩 ALTER 成绩 SET DEFAULT 成绩=0

D. ALTER TABLE 成绩 ALTER 成绩 SET DEFAULT 0

11. 将 STUDENT 表中所有学生年龄 AGE 字段值增加 1 岁，应使用命令(　　)。

A. REPLACE AGE WITH AGE+1　　B. UPDATE STUDENT AGE WITH AGE+1

C. UPDATE SET AGE WITH AGE+1　　D. UPDATE STUDENT SET AGE=AGE+1

12. 将查询结果存入永久表的 SQL 短语是(　　)。

A. TO TABLE　　B. INTO ARRAY　　C. INTO CURSOR　　D. INTO DBF | TABLE

13. 若用如下的 SQL 语句创建一个 student 表：

CREATE TABLE student(NO C(4) NOT NULL, NAME C(8) NOT NULL,;
    SEX C(2), AGE N(2))

可以插入到 student 表中的是(　　)。

A. ('1031', '曾华', 男, 23)　　B. ('1031', '曾华', NULL, NULL)

C. (NULL, '华', '男', '23')　　D. ('1031', NULL, '男', 23)

14. 在 SCORE 表中，按成绩升序排列存入 NEW 表中，应使用的 SQL 语句是(　　)。

A. SELECT * FROM SCORE ORDER BY 成绩

B. SELECT * FROM SCORE ORDER BY 成绩 INTO CURSOR NEW

C. SELECT * FROM SCORE ORDER BY 成绩 INTO TABLE NEW

D. SELECT * FROM SCORE ORDER BY 成绩 TO NEW

15. 在成绩表中要求按“总分”降序排列，并查询前 3 名学生的记录，正确的命令是(　　)。

A. SELECT * TOP 3 FROM 成绩 WHERE 总分 DESC

B. SELECT * TOP 3 FROM 成绩 FOR 总分 DESC

C. SELECT * TOP 3 FROM 成绩 GROUP BY 总分 DESC

D. SELECT * TOP 3 FROM 成绩 ORDER BY 总分 DESC

二、填空题

1. 利用查询设计器设计查询，可以实现多项功能，查询设计器最终实质上是生成一条(　　)语句。

2. 结构化查询语言(SQL)的主要功能有(　　)、数据操纵、数据定义和数据控制。

3. 使用视图前，必须打开包含该视图的(　　)。

4. 查询设计器和视图设计器的主要不同表现在查询设计器有“查询去向”选项，而没有(　　)选项卡。

5. 在 Visual FoxPro 中，使用 SQL 语言的 ALTER TABLE 命令给学生表 STUDENT 增加一个 Email 字段，长度为 30，命令是：ALTER TABLE STUDENT (　　) Email C(30)

6. 在 SQL 语句中，插入、删除、更新命令依次是 INSERT、DELETE 和(　　)。

7. SQL 语句 SELECT * TOP 10 PERCENT FROM 订单 ORDER BY 金额 DESC 的查询结果是订单中金额最高的(　　)的订单信息。

8. 将“学生”表中学号字段的宽度由原来的 10 改为 12(字符型)，应使用的命令是：

ALTER TABLE 学生 (　　) C(12)

9. 将“学生”表中学号左边 4 位为"2010"的记录存储到新表 new 中的命令是：

SELECT *FORM 学生 WHERE LEFT(学号, 4)="2010" (　　) DBF NEW

10. 查询学生表中所有数据并保存到永久表 STUDENT 中：

SELECT * FROM 学生表(　　) TABLE　STUDENT"

第6章 菜单、报表与标签设计

一个数据库应用系统通常由若干个子系统构成，而这些子系统又由若干个功能模块构成，这些功能模块可以由一些程序来实现。在 Visual FoxPro 6.0 中，用来组织和调用这些程序模块的方法是使用菜单。在实际应用中，经常需要将数据汇总整理后，以更加灵活的方式输出数据，这就是报表和标签。本章介绍菜单、报表与标签的设计方法。

6.1 【案例20】定制“学生成绩管理系统”菜单

6.1.1 案例描述

用户在应用管理系统时，首先看到的便是菜单。如果菜单设计得好，那么根据菜单的组织形式和内容，用户就可以很好地理解应用程序。VFP 提供了“菜单设计器”，可以用来创建菜单，提高应用程序的质量。

下面就利用“菜单设计器”来完成“学生管理系统”下拉菜单系统的设计，要求条形菜单达到如图 6-1-1 所示效果，弹出式菜单达到如图 6-1-2 所示效果。

图 6-1-1 条形菜单

图 6-1-2 弹出式菜单

6.1.2 操作步骤

1. 打开“菜单设计器”

打开“项目管理器—学生成绩管理系统”对话框，切换到“其他”选项卡。然后选择“菜单”选项，单击“新建”按钮，打开“新建菜单”对话框，如图 6-1-3 所示。

也可以通过单击“文件”→“新建”菜单命令，或者单击系统工具栏上的新建按钮，打开“新建”对话框，选择“菜单”按钮，然后单击“新建文件”按钮，打开“新建菜单”对话框。

然后单击“菜单”按钮，打开“菜单设计器—菜单 1”对话框，如图 6-1-4 所示。

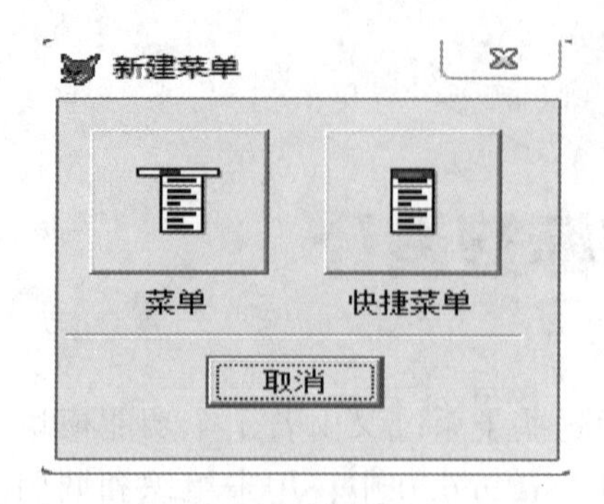

图 6-1-3 “新建菜单”对话框

图 6-1-4 “菜单设计器-菜单 1”对话框

2. 创建主菜单

(1) 在“菜单设计器”的“菜单名称”中，输入“系统管理(\<S)”，在“结果”列中选择“子菜单”，如图 6-1-5 所示。

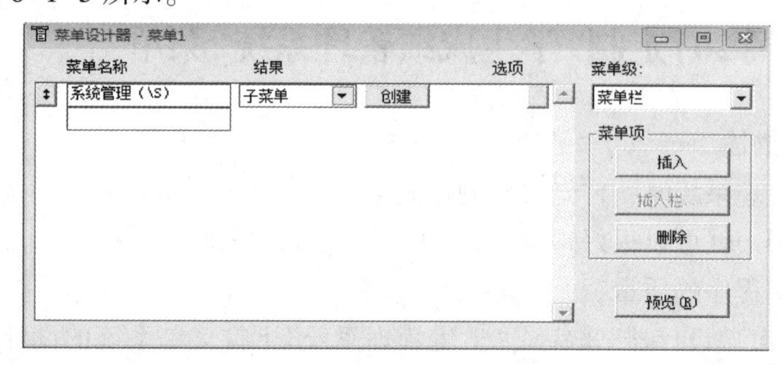

图 6-1-5 添加系统管理菜单

(2) 利用(1)中方法在菜单栏中完成其他主菜单的设计。菜单名称分别为：课程管理、学生信息管理、学生成绩管理、数据查询和报表打印，并分别给这 5 个菜单名称加上访问键字母：C、D、G、Q、P。

(3) 条形菜单最后定义结果如图 6-1-6 所示。

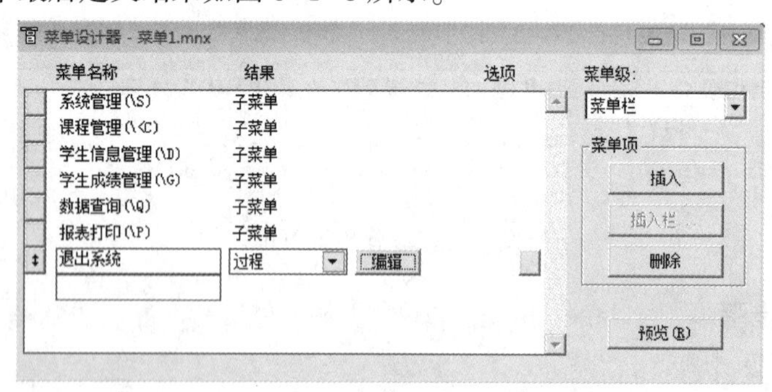

图 6-1-6 条形菜单

3. 创建菜单项，为菜单项指定任务

(1) 单击“系统管理”栏“创建”按钮进入“系统管理”子菜单设计器。

(2) 在“菜单名称”中输入“用户管理”，在“结果”下拉列表中选择“命令”，然后在后面的文本框中输入如下命令，如图 6-1-7 所示。

DO FORM YHGL. SCX

然后单击选项字段的□按钮，打开“提示选项”对话框，在“键标签”框中，按下组合键“CTRL+Y”，为“用户管理”创建快捷键，如图 6-1-8 所示。

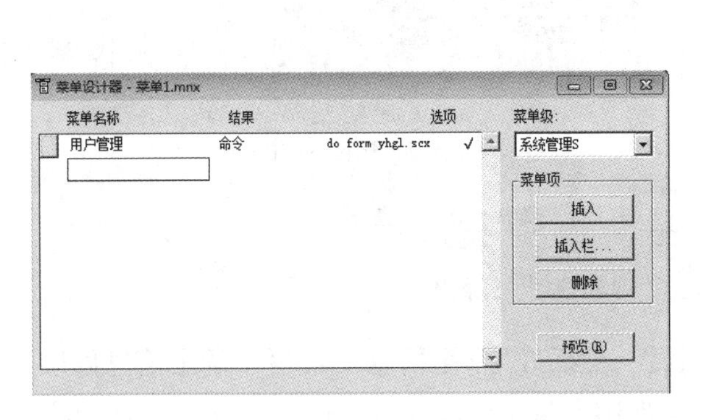

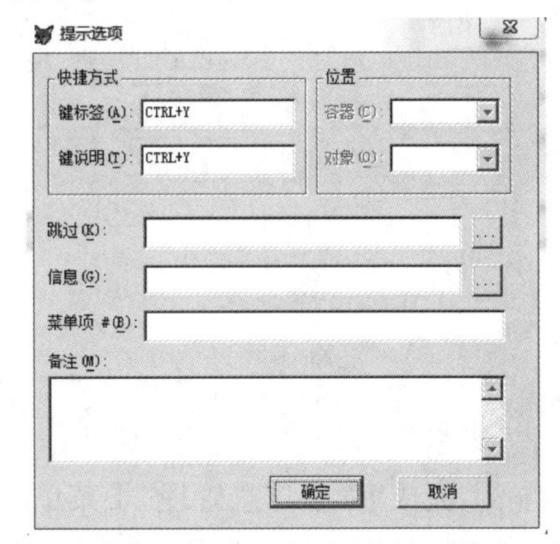

图 6-1-7　添加“用户管理”子菜单　　　图 6-1-8　“提示选项”对话框

（3）在“用户管理”菜单下，输入“\ -”作为菜单项之间的分隔线，在“结果”列表中选择“子菜单”。

（4）重复操作步骤(2)，建立“密码修改”子菜单，在“结果”中选择“命令”，在文本框中输入“DO FORM MMXG. SCX”，单击选项按钮，设置快捷键“CTRL+M”组合键。

（5）“系统管理”子菜单定义结果如图 6-1-9 所示。

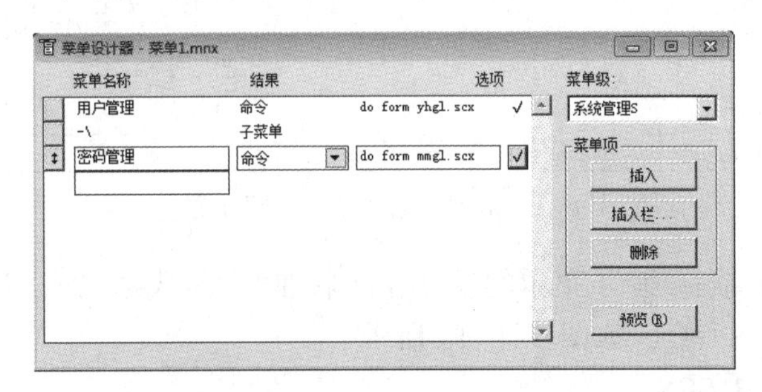

图 6-1-9　“系统管理”子菜单

（6）选择“菜单级”下拉列表中的“菜单栏”，如图 6-1-10 所示，返回菜单栏的设计部分。

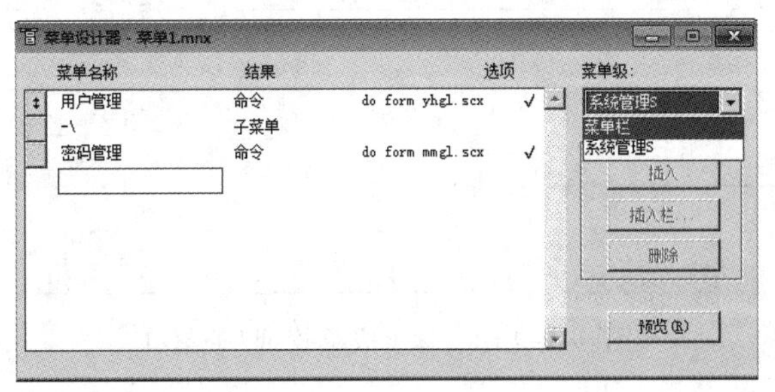

图 6-1-10　返回菜单栏

（7）完成“课程管理”子菜单的设计，然后在“课程信息录入”和“课程信息修改”后面的文本框中输入如下命令，如图 6-1-11 所示。

DO FORM KCXXLR. SCX

DO FORM KCXXXG. SCX

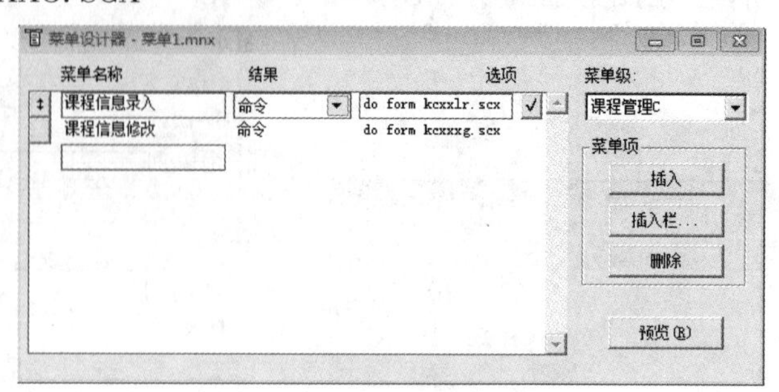

图 6-1-11 “课程管理”子菜单

(8) 完成“学生信息管理”子菜单的设计，然后在“学生信息录入”和“学生信息修改”后面的文本框中输入如下命令，如图 6-1-12 所示。

DO FORM XSXXLR. SCX

DO FORM XSXXXG. SCX

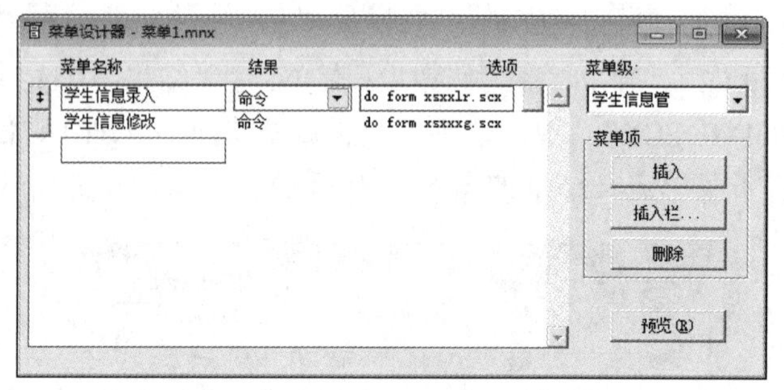

图 6-1-12 “学生信息管理”子菜单

(9) 完成“学生成绩管理”子菜单的设计，然后在“学生成绩录入”和“学生成绩修改”后面的文本框中输入如下命令，如图 6-1-13 所示。

DO FORM XSCJLR. SCX

DO FORM XSCJXG. SCX

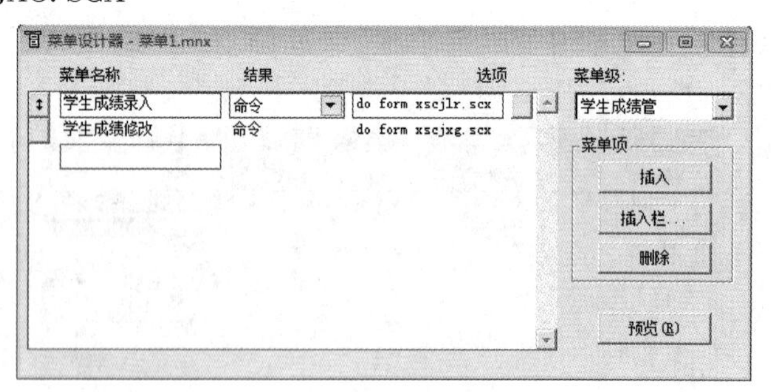

图 6-1-13 “学生成绩管理”子菜单

(10) 完成“数据查询”子菜单的设计，然后在“学生信息查询”、“学生成绩查询”和“课程信息查询”后面的文本框中输入如下命令，如图 6-1-14 所示。

DO FORM XSXXCX. SCX

DO FORM XSCJCX. SCX

DO FORM KCXXCX. SCX

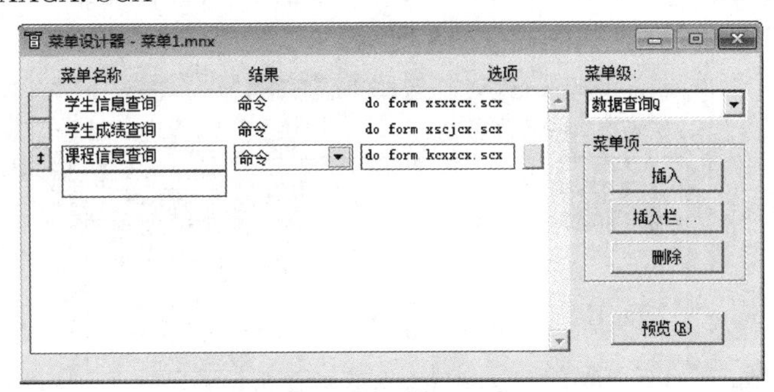

图 6-1-14 “数据查询”子菜单

(11) 完成“报表打印”子菜单的设计，然后在“学生成绩报表”和“学生信息报表”后面的文本框中输入如下命令，如图 6-1-15 所示。

REPORT FORM XSCJBB PREVIEW

REPORT FORM XSXXBB PREVIEW

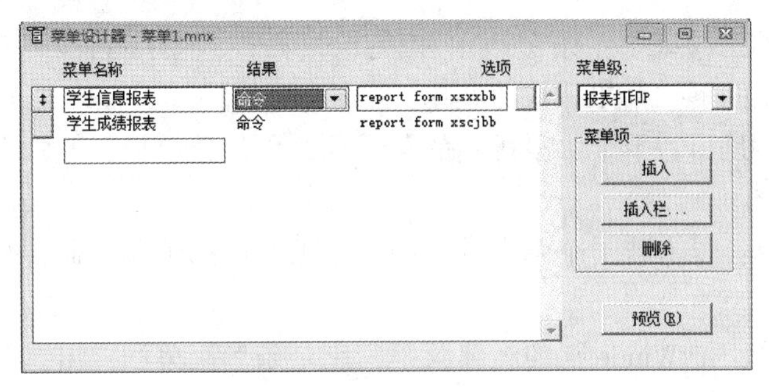

图 6-1-15 “打印报表”子菜单

4. 生成菜单程序

(1) 创建完菜单后，保存菜单，依次单击“文件”→“保存”或点击工具栏上的保存按钮，弹出系统提示信息对话框，如图 6-1-16 所示。保存菜单为“mainmenu. mnx”，单击“保存”按钮。

(2) 在菜单栏上单击“菜单”项→“生成”菜单命令，打开“生成菜单”对话框，如图 6-1-17 所示。

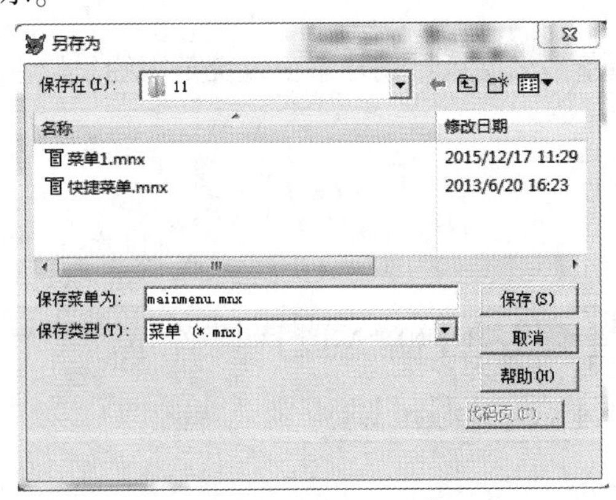

图 6-1-16 “另存为”对话框

图 6-1-17 “生成菜单”对话框

(3) 单击“生成”按钮，生成菜单可执行文件。返回“项目管理器”中，在“其他”选项卡的“菜单”中出现“mainmenu”，如图 6-1-18 所示。

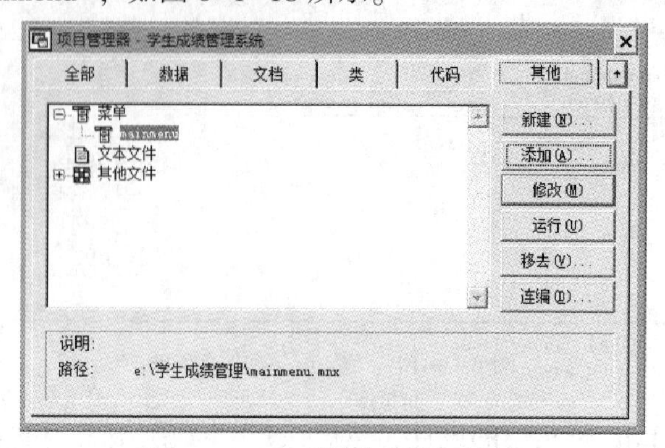

图 6-1-18 “项目管理器”对话框

6.1.3 相关知识

1. 菜单的基本结构

VFP 支持两种类型的菜单：条形菜单和弹出式菜单。利用这两种基本类型的菜单可以构造应用程序中常见的下拉菜单和快捷菜单。

(1) 条形菜单：是由若干个水平排列的菜单项组成的菜单栏，通常布置在屏幕或顶层表单的上部。

(2) 弹出式菜单：是由若干个垂直排列的菜单项组成的菜单，通常是隐蔽的，仅在需要时弹出。

(3) 下拉式菜单：是 Windows 的经典菜单，它是条形菜单和弹出式菜单的组合，通常由一个条形菜单和一组弹出式菜单组成。条形菜单作为主菜单，弹出式菜单作为子菜单。VFP 的系统菜单就是一个典型的下拉式菜单。

(4) 快捷菜单：在 Windows 应用程序中往往选定某个控件或对象，单击鼠标右键时，弹出一个弹出式菜单，快速展示对当前对象进行操作的各种可用的功能，这就是快捷菜单。快捷菜单一般由一个或一组上下级的弹出式菜单组成。

无论上述哪一种菜单，在用户选择时都会发生一定的动作，如执行一条命令、执行一段代码或激活另一个菜单。

2. 菜单设计的基本步骤

不管应用程序的规模有多大，打算使用的菜单多么复杂，创建菜单系统都需经过以下步骤，如图 6-1-19 所示。

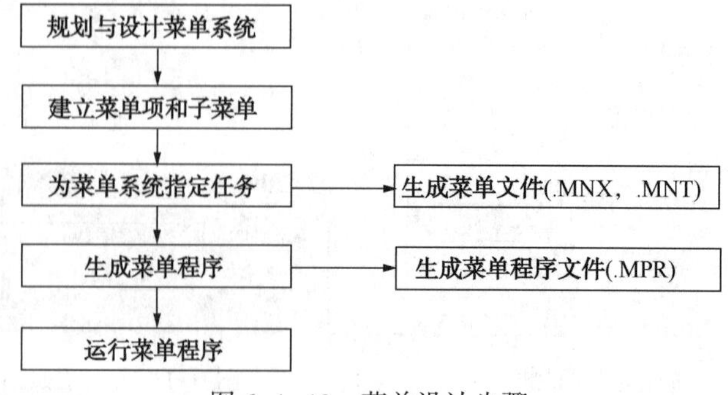

图 6-1-19 菜单设计步骤

(1) 规划与设计菜单系统：根据用户需要确定要执行的任务，需要哪些菜单、是否需要子菜单，每个菜单项完成什么功能，以及菜单项出现在界面的什么位置等。有关规划菜单系统的详细内容，请参阅本章稍后的规划菜单系统。

(2) 建立菜单项和子菜单：使用菜单设计器可以定义菜单标题、菜单项和子菜单。

(3) 按实际要求为菜单系统指定任务：指定菜单所要执行的任务，例如执行一条命令或一个程序等。菜单建立好之后将生成一个以 .MNX 为扩展名的菜单文件和以 .MNT 为扩展名的菜单备注文件。

(4) 生成菜单程序：利用已建立的菜单文件，生成扩展名为 .MPR 的菜单程序文件。

(5) 运行生成的菜单程序文件，测试菜单系统。

3. 规划菜单系统

应用程序的实用性一定程度上取决于菜单系统的质量。花费一定时间规划菜单，有助于用户接受这些菜单，同时也有助于用户对这些菜单的学习。设计菜单系统时，要考虑下列准则：

(1) 根据用户任务组织菜单系统，而不要按应用程序的层次组织系统。用户只要查看所设计的菜单和菜单项，就应该对应用程序的组织方法有一个感性认识。

(2) 给每个菜单和菜单选项设置一个意义明了的标题。

(3) 按照估计的菜单项使用频率、逻辑顺序或字母顺序组织菜单项。如果不能预计频率，也无法确定逻辑顺序，则可以按字母顺序组织菜单项。

(4) 在菜单项的逻辑组之间放置分隔线。

(5) 给每个菜单和菜单选项设置热键或键盘快捷键。

(6) 将菜单上菜单项的数目限制在一个屏幕之内，如果超过了一屏，则应为其中一些菜单项创建子菜单。

(7) 为菜单项指定任务。

(8) 使用能够准确描述菜单项的文字。描述菜单项时，要使用日常用语而不要使用计算机术语。同时，说明选择一个菜单项产生的效果时，应使用简单、生动的动词，而不要将名词当作动词使用。另外，要用相似语句结构说明菜单项。

(9) 对英文的菜单，在菜单项中建议采用大小写字母混合字体，即菜单项的第一个字母大写，其他字母小写，对于需要特别强调的菜单项可以全部使用大写字母。

4. 用菜单设计器创建菜单

在 Visual FoxPro 6.0 里创建菜单系统，可以使用四种方法打开菜单设计器。

方法一：在“项目管理器”中选择“其他”选项卡，然后选择“菜单”选项，单击“新建”按钮。

方法二：选择“文件”菜单中的“新建”命令，在弹出的“新建”对话框中选择“菜单”单选按钮，然后单击“新建文件”按钮。

方法三：单击工具栏“新建文件”按钮，在弹出的“新建”对话框中选择“菜单”单选按钮，然后单击“新建文件”按钮。

方法四：在命令窗口键入：CREATE MENU 命令。命令格式为：

CREATE MENU [<菜单文件名> | ?]

不论使用上述哪种方法，屏幕上都会弹出“新建菜单”对话框，其上有两个按钮：“菜单”和“快捷菜单”，如图 6-1-3 所示。单击“菜单”按钮，即可打开“菜单设计器”对话框。

如果要定制自己的菜单系统，可以使用“菜单”功能；如果要定制已有的 Visual FoxPro 6.0 菜单系统，则可以使用“快速菜单”功能。

(1) 创建菜单

如果在“新建菜单”对话框中单击“菜单”按钮，屏幕将弹出“菜单设计器—菜单 1”对话框，如图 6-1-4 所示。同时系统菜单增加了“菜单”菜单；在“显示”菜单中增加了“常规选项”和“菜单选项”两个菜单项。在“菜单设计器”中可以完成设计菜单的全部工作，例如，设计菜单、定义菜单项、菜单项的子菜单、分隔相关菜单组的线条、为菜单或菜单项指定任务、设计运行菜单系统所需的代码等。

在“菜单设计器”窗口里进行菜单设计时，首先在“菜单名称”文本框中输入菜单标题，如“数据录入”、“数据查询”、“打印”、“退出”等。然后在“结果”下拉列表框里选择一种类型，如选择“子菜单”或“过程”时，右边将出现一个“创建”按钮，单击该按钮即可创建子菜单或编写过程代码；选择“命令”或“填充名称”时，右边将出现一个文本框，此时可以向文本框中输入命令或名称。各种类型的具体含义和设置稍后将作详细陈述。

在“菜单设计器”窗口中，单击“菜单项”中的“插入”按钮，可在当前菜单或菜单项位置之前插入一个菜单或菜单项；单击“删除”按钮，将删除当前选中的菜单或菜单项；单击“预览”按钮，可以在运行菜单程序之前浏览菜单的最终界面。

如果需要改变某菜单或菜单项在菜单列表中的位置，可单击菜单标题前面的小方块按钮，在按钮上出现上下双箭头时，拖动该菜单或菜单项，直到恰当的位置。

在“菜单级”下拉列表框中，显示着当前编辑的是属于哪一级的菜单及名称，通过选择该列表框中的菜单及名称，可以进入不同的菜单级进行编辑。

(2) 快速创建菜单

在“菜单设计器—菜单 1”窗口中，选择系统菜单上的“菜单”→“快速菜单”命令，将弹出一个“菜单设计器—菜单 1”窗口，显示的内容是 Visual FoxPro 系统菜单所包含的各项菜单及菜单项，如图 6-1-20 所示，据此用户可以修改成自己需要的菜单。这种方法能快速建立高质量的菜单，但是应注意，若在“菜单设计器”窗口中已定义了自己的菜单或菜单项，则不能使用系统菜单的“快速菜单”命令。“快速菜单”命令仅可用于产生下拉式菜单，不能用于产生快捷菜单。

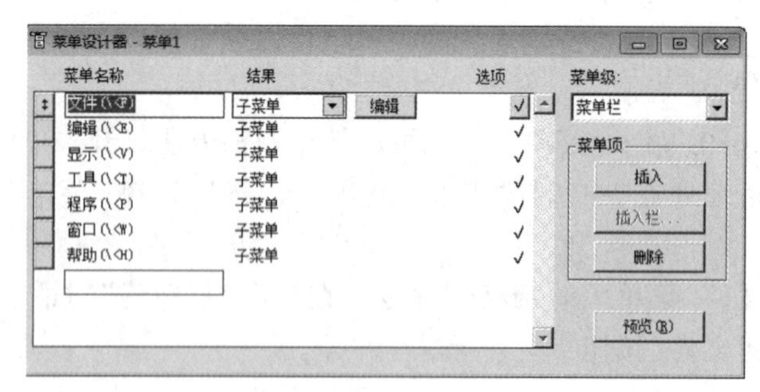

图 6-1-20 建立快速菜单后的菜单设计器窗口

5. 创建快捷菜单

快捷菜单是一种单击鼠标右键才能出现的弹出式菜单，利用“快捷菜单设计器”仅能生成快捷菜单本身，实现单击右键来弹出一个菜单的动作还需要编程。建立快捷菜单的步骤如下：

（1）在如图 6-1-3 所示的“新建菜单”对话框中，单击“快捷菜单”按钮，打开“快捷菜单设计器”窗口，如图 6-1-21 所示。

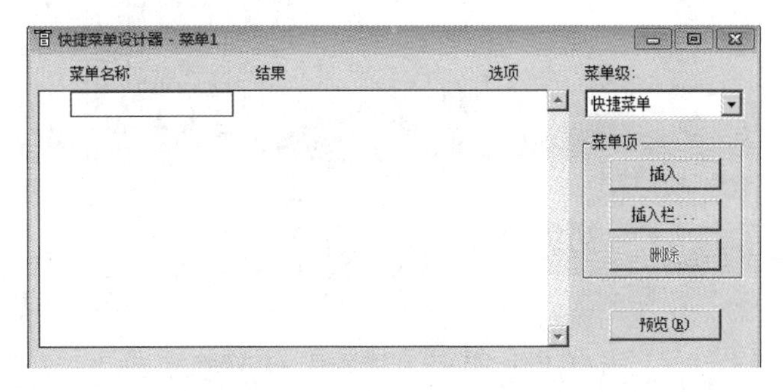

图 6-1-21 “捷菜单设计器”对话框

（2）采用与创建菜单系统类似的方法，在“快捷菜单设计器”中设计快捷菜单。

如果在快捷菜单中使用 Visual FoxPro 6.0 系统菜单，可以通过单击“快捷菜单设计器”上的“插入栏”按钮，进入“插入系统菜单栏”对话框，如图 6-1-22 所示。选中“插入系统菜单栏”对话框中的任意菜单项，并单击“插入”按钮，可以将选中的系统菜单插入到用户菜单的任意一级。用户可以在该对话框中同时插入多个菜单项，然后单击“关闭”按钮返回“快捷菜单设计器”窗口，用户插入的系统菜单项会依次排列在所选菜单栏中。

图 6-1-22 “插入系统菜单栏”对话框

（3）生成并保存菜单程序。

（4）编写调用程序。

快捷菜单一般由鼠标右键激活，所以在生成快捷方式菜单之后，需要在相应代码窗口为每一控件的 RightClick 事件编写代码：

DO <快捷方式菜单程序名>

这样可以防止在表单的其他地方点击而误弹出鼠标右键菜单。如果要在整个表单上使鼠标右键弹出菜单都起作用，可用下列命令形式：

PUSH KEY CLEAR　　　　　　&& 清除之前定义的功能

ON KEY LABEL RIGHTMOUSE DO <快捷方式菜单程序名>

这种右键弹出菜单的定义，方法相对简单快捷，效率较高。但也存在不足，主要是右键弹出的菜单项，在定义时受到系统菜单栏的限制，如果增加系统中所没有的菜单项目，则此种办法不方便实现。

注意：<快捷方式菜单程序名>一定要包含扩展名(.MPR)。

6. 创建 SDI 菜单

在 VFP 中，SDI 菜单即是放在表单上的菜单，创建 SDI 菜单与通常下拉式菜单相比，主要要经过以下三个不同步骤：

（1）创建好下拉菜单后，在菜单设计器未关闭时，选择“显示”菜单下的“常规选项”命令，弹出“常规选项”对话框，如图 6-1-23 所示。选中“顶层表单”复选框，单击“确定”按钮，然后生成菜单程序。

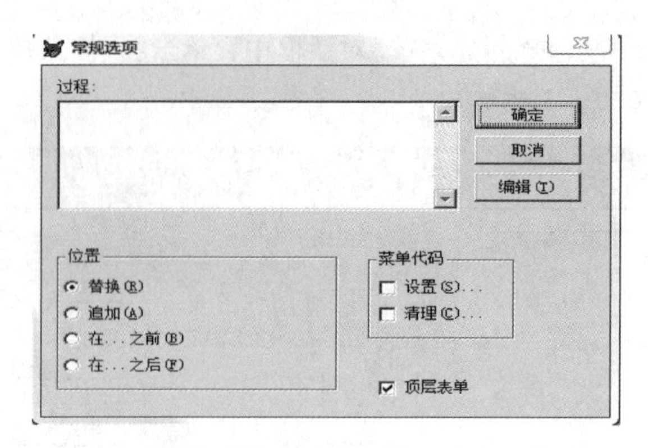

图 6-1-23 “常规选项”对话框

(2) 创建要放置菜单的表单，将该表单的 ShowWindows 属性值设置为“2-作为顶层表单”。

(3)在该表单的 Init 事件中调用菜单程序，命令如下：

DO<菜单程序名> WITH THIS ，. T.

注意：<菜单程序名>一定要包含扩展名(. MPR)。

运行表单，就可以看到菜单显示在表单上了。

7. 编辑菜单

(1) 创建菜单项

创建菜单后，用户就可以在菜单上添加并设置所需的菜单项了。菜单项可以是代表用户希望执行的 Visual FoxPro 6. 0 命令或过程，也可以是包含其他菜单项的子菜单。

要在菜单中添加菜单项，其操作步骤如下：

① 在“菜单设计器”中，单击“插入”按钮，此时“菜单设计器”将自动插入一行新的菜单项，在默认情况下新的菜单项插入在末尾。

② 在“菜单名称”文本框中输入能标志菜单的菜单标题，例如“文件”，菜单标题应该能一目了然地标志菜单的用途。

③ 在“结果”列表框中，用户可以指定在选择菜单或菜单项时发生的动作。

④ 重复上述操作，直到插入需要的所有菜单项。

(2) 为菜单指定任务

每个菜单或菜单项都是完成特定任务的，可以在“结果”列表框中选择一种方式，为菜单指定任务。

① 为菜单指定“命令”

如果选择“命令”，则表示该菜单或菜单项是执行一条 Visual FoxPro 6. 0 有效的命令，包括对程序和过程的调用。如果调用 VFP 命令，则可在文本框中直接输入命令；如果调用一个过程，此过程应该在“常规选项”对话框的“清理”选项中定义过；若调用一个程序，应该指出包含程序的路径；若调用一个名为“密码修改”的表单，可使用下列命令：

DO FORM MMXG. SCX

② 为菜单指定“填充名称”

当选中“填充名称”时，其右侧出现一个文本框，用户可在文本框中输入一个名字，此名称为菜单项的外部名称，是 Visual FoxPro 6. 0 在用户界面上使用的名称。在默认情况下

VFP 在生成的菜单程序中，还自动为每个菜单或菜单项指定一个名称或编号，称为内部名称或内部编号。

选择这项的目的主要是在程序中引用它，例如利用它来设计动态菜单。

③ 为菜单指定“子菜单”

如果在“结果”列表框里选择“子菜单”，则表示为当前菜单或菜单项创建子菜单，列表框右侧将出现一个“创建”按钮(如果子菜单已存在，则出现“编辑”按钮)。

单击“创建”按钮，屏幕将显示下一级菜单项的“菜单设计器”，同时其右侧的“菜单级”下拉列表框里将显示上一级要建立子菜单的菜单项名。按照前面所述“创建菜单项”的方法，可创建相应的子菜单项。

当子菜单设计完成后，可以通过“菜单级”选项选择主菜单项，返回到主菜单的编辑状态。

④ 为菜单指定“过程”

如果要为不含子菜单的菜单或菜单项指定过程，在“结果”列表框里选择“过程”，列表框右侧将出现一个“创建”按钮(如果“过程”已被创建，则出现“编辑”按钮)，单击该按钮，屏幕将显示过程的编辑窗口，在窗口中键入过程代码即可，不需要在第一行输入 Procedure 及为过程命名，因为 Visual FoxPro 6.0 已经把输入的代码当作过程代码处理，并自动为该过程命名。

若要为含有子菜单的菜单或菜单项指定过程，应单击系统菜单的“显示”→“菜单选项”命令，在弹出的“菜单选项”对话框的“过程”框中编写过程。

(3) 菜单项分组

将下拉菜单中具有相关功能的菜单项分成一组，可以方便用户的操作，例如，常将“剪切”、“复制”、“粘贴”等相关命令放在一组。方法是在需要添加分组符位置的“菜单名称”栏输入“\ -”，则在两菜单项之间插入一条水平分组线。

(4) 设置访问键和键盘快捷键

① 设置访问键

为菜单标题或菜单项指定访问键，可以按照以下步骤进行操作：

第一步，在“菜单设计器”中选择菜单标题或菜单项。

第二步，在“菜单名称”框的菜单标题或菜单项的名称后面添加“(\ <*)”，其中的“*”号用于指定标志访问键的字母。

例如要在“文件”菜单标题中设置“F”作为访问键，可在“菜单名称”栏中将“文件”替换为“文件(\ <F)”。在菜单标签或菜单项中，访问键用带有下划线的字母标示。

如果菜单系统某个访问键不起作用，则可查看是否有重复的访问键。

②设置键盘快捷键

使用键盘快捷键，用户可以通过键盘操作直接访问菜单项。Visual FoxPro 6.0 菜单的键盘快捷键一般使用 CTRL 键或 ALT 键与其他字母键的组合。例如，可以使用 CTRL+N 键打开一个“新建”对话框，使用 ALT+F 键打开“文件”菜单。

要建立菜单项的键盘快捷键，可以按照以下步骤进行操作：

第一步，在“菜单设计器”中选中一个菜单项。

第二步，单击其右侧的“选项”按钮，弹出如图 6-1-8 所示的“提示选项”对话框。

第三步，将光标移到“快捷方式”选项组中的“键标签”文本框中，按下所需的组合键，所按组合键将自动显示在“键标签”框中。

第四步，在“键说明”文本框中也自动显示“键标签”中的内容，用户可以将其改写为希望在菜单项旁边出现的文本。

要取消已定义的快捷键，可以先单击“键标签”文本框，然后按空格键。

(5) 建立状态条信息

状态条信息用于表达相关菜单或菜单项所执行的任务，并将其显示在用户菜单界面的左下方。其操作步骤如下：

① 在“菜单设计器”的“菜单名称”栏指定用户菜单。

② 单击“选项”按钮，弹出“提示选项”对话框。

③ 在“信息”文本框中输入相应的状态信息，也可单击其右侧的按钮，在弹出的“表达式生成器”中生成逻辑表达式。

对于添加在“信息”文本框中的信息必须用引号括起来，因为该说明是一个字符串表达式。

(6) 设置菜单项的启动条件

可以为菜单的启动和废止设置逻辑条件，以使程序的用户界面发生变化时，相应的菜单项也可以跟着打开或关闭。

要设置菜单启动的逻辑条件，可以按照以下步骤进行操作：

① 在“菜单设计器”中指定需要添加启动条件的菜单项。

② 单击“选项”按钮，弹出“提示选项”对话框。

③ 在“跳过”文本框中输入一个逻辑表达式，也可以单击其右侧的按钮，在弹出的“表达式生成器”中生成用户指定的逻辑表达式。

④ 单击“确定”按钮，完成菜单启动条件的设置。

当“跳过”文本框中设置的表达式为“假”时，菜单为启动状态，否则菜单为禁止状态。当系统菜单显示时，也可以通过“SET SKIP OFF”命令来控制菜单是否启用。

8. 菜单的选项操作

(1) 常规选项操作

在 Visual FoxPro 6.0 系统菜单上，选择“显示”→“常规选项”命令，弹出如图 6-1-23 所示的“常规选项”对话框。该对话框可以定义整个下拉式菜单系统的总体属性。

① 过程编辑框

在文本框里，可以直接编写过程的程序代码，或者单击“编辑”按钮，在弹出的编辑窗口中编写过程的程序代码，这样就可为菜单系统定义一个全局过程。

在运行菜单程序时，如果某些菜单或菜单项未编写程序代码也希望给用户反馈一段信息，表示选中了该菜单或菜单项。实现的方法之一就是给这些菜单或菜单项编写几行简单的、与执行的任务无关的显示程序，这就是在“常规选项”的“过程”文本框中创建的全局过程。该全局过程适用于整个菜单系统，如果用户选中了一个没有编写程序代码的菜单或菜单项，Visual FoxPro 6.0 将自动调用这个全局过程。

② 位置区

位置区有四个选项按钮，用于指定用户定义的菜单与当前系统菜单的关系。其中：

a.“替换”选项按钮为缺省按钮，选择它表示要以用户所设计的菜单系统替换 Visual FoxPro 6.0 的系统菜单出现在用户界面上。

b.“追加”，表示把设计的菜单系统追加到 VFP 的系统菜单后面，在运行应用程序时，用户界面的菜单将是 Visual FoxPro 6.0 系统菜单加上自己设计的菜单系统。

c.“在…之前”，将用户定义的菜单内容插在 VFP 系统菜单的某个弹出式菜单项之前。选择该按钮后，该选项的右侧将出现一个组合框，下拉列表中包含 Visual FoxPro 6.0 系统菜单的各个菜单名，从中选择一个菜单名，自己设计的菜单系统将插入在该菜单之前，从而形成应用程序的菜单系统。

d.“在…之后”，将用户定义的菜单内容插在 Visual FoxPro 6.0 系统菜单的某个弹出式菜单项之后。用法与“在…之前”相同。

③ 菜单代码区

无论选择“设置”或“清理”复选框，都将出现一个编辑窗口，供用户键入代码。

“设置”选项用于添加初始代码，放置在菜单程序文件中菜单定义代码的前面，主要用来进行全局性设置，例如设置环境、定义内存变量、打开所需要的文件以及使用 PUSH MENU 和 POP MENU 保存或恢复菜单系统等。初始化代码将在菜单产生之前运行。

“清理”代码放置在菜单程序文件中菜单定义代码的后面，在菜单显示出来后执行。

④ 顶层表单

用于设置菜单的 SDI 属性，如果选中“顶层表单”，表示所创建的菜单是一个 SDI 菜单。如果清除该复选框，那么正在定义的下拉式菜单将作为一个定制的系统菜单。

（2）菜单选项操作

在 Visual FoxPro 6.0 系统菜单上，选择“显示”→“菜单选项”命令，弹出“菜单选项”对话框。该对话框用于为菜单或菜单项指定代码，它包括 3 个选项：

① 名称

在这里显示的是菜单的名称，如果用户正在编辑主菜单，则此处的名称是不可改变的（其名称为“菜单栏”），即所有的主菜单项共享一个过程；如果用户当前正在编辑子菜单，则此处的名称可以改变，缺省时这里与用户在菜单设计器窗口中“菜单级”提示列的内容一样。

② 过程

这个编辑框用于输入或显示菜单的过程代码，该过程代码是本菜单级中各菜单项的缺省代码。当菜单项未指定任务时，则执行缺省代码，若指定了任务则执行指定的任务。

③ 编辑按钮

按下该按钮，将打开一个代码编辑窗口，用户不必在菜单选项对话框中输入代码。若进入打开的代码编辑窗口，要按“确定”按钮。

9. 生成菜单程序

（1）生成菜单程序

在“菜单设计器”里设计菜单完成后，系统将保存设计结果，形成菜单文件(.MNX)，而 .MNX 文件是不能直接运行的，必须生成扩展名为 .MPR 的菜单程序，才能被应用程序调用。

生成扩展名为 .MPR 的菜单程序的方法是：在“菜单设计器”打开的情况下，选择系统菜单中的“菜单”→“生成”命令，然后进行一些简单操作，如为菜单程序命名，就可生成一

个扩展名为 .MPR 的菜单程序。

在“项目管理器”中使用“连编”或“运行”时，系统也将自动生成菜单程序文件。

(2) 预览菜单系统

当用户在“菜单设计器”中将菜单设计完毕后，可以预览并查看用户的菜单设计界面并继而进行修改。

要在设计菜单系统的过程中预览整个系统，可以在“菜单设计器”中单击“预览”按钮。此时，设置的用户菜单界面将显示在当前窗口的最上端，并在“预览”对话框中显示菜单系统的文件名及相关操作。

(3) 执行菜单

当确定菜单系统设计后，可以执行该菜单系统。要执行用户菜单，必须首先生成菜单程序，然后单击主菜单中的“程序”→“运行”命令，在“打开”对话框中选择要运行的菜单程序名。

6.1.4 案例拓展

使用菜单设计器设计出来的菜单，字体、字号都是相同的，下面的例子用于实现改变某一菜单下面菜单项的字体。

例 1：设计一个如图 6-1-24 所示的改变菜单字体的菜单，要求“数据维护”菜单下的各菜单项的字体为华文行楷，字号为 16，字体加粗。

数据维护 数据查询

数据录入

数据修改

数据删除

图 6-1-24 改变菜单字体

操作步骤如下：

(1) 打开“菜单设计器”，按 6.1 节的方法设计好菜单；

(2) 单击“数据维护”菜单下的“数据录入”菜单项，单击该菜单项下的“选项”按钮，弹出“提示选项”对话框；

(3) 选择标题为“跳过(K)”的文本编辑框，并在编辑框中输入以下命令：

.F. FONT“华文行楷”，16 STYLE “B”

(4) 重复步骤(2)、(3)，完成“数据修改”和“数据删除”菜单项的设置；

(5) 保存并生成菜单程序；

(6) 运行菜单程序。

这样用户只要改变上面的命令参数，就可根据需要为不同的菜单项选择不同的字体、字号，以达到醒目和提示用户注意的效果。

例 2：为菜单项加入标记

在菜单中，有时根据需要在菜单项的左边加上一个复选标记“√”，用来表明此菜单项对应的功能正在使用，例如在 VFP 系统中当对表单进行编辑操作时，此时显示菜单下的表单控件工具栏，如果复选标记是“√”，则表示当前正在使用表单控件工具栏，如再次选择该菜单项，则标记消失，表单控件工具栏被取消。实现这种功能可以先通过 MRKBAR( ) 函数判断选项是否被打标记，若已打标记返回值为真，否则为假。然后配合使用 SET MARK OF 命令为某一个菜单项设置复选标记，如例 1 中“数据维护”菜单下的“数据录入”菜单项设置复选标记，可将“数据录入”菜单项的操作结果设为过程，并在该过程中写入如下命令：

```
IF ! MRKBAR("数据维护", 1)                    && 如果该菜单项没有设置标记
  SET MARK OF BAR 1 OF 数据维护 TO.T.          && 为该菜单项设置标记
ELSE
```

```
    SET MARK OF BAR 1 OF 数据维护 TO .F.          && 取消该菜单项标记
ENDIF
```

在上面程序段中，1 代表“数据录入”菜单项在“数据维护”菜单中的位置，这里“数据录入”为“数据维护”菜单中的第一项。

保存生成这个菜单，在运行时我们可以发现，当使用鼠标点击“数据录入”这个菜单项时，可以方便地设置或取消该菜单项的标记，如图 6-1-25 所示。

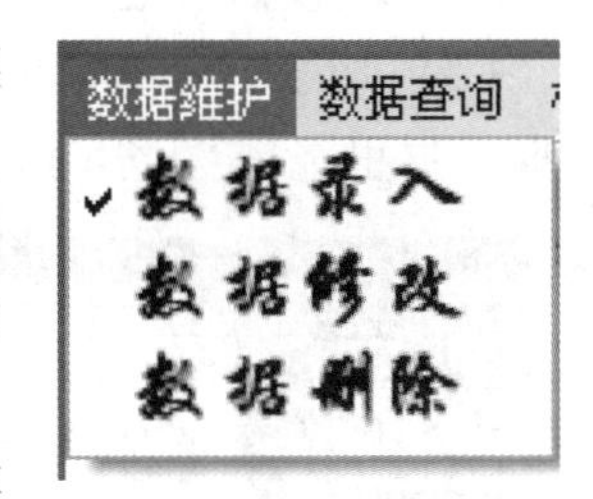

图 6-1-25　为菜单项加入标记

注意：如果菜单里面加了分隔线，因为分隔线也要算一个菜单项，因此分隔线下的菜单项的序号要增加。

6.2 【案例 21】学生信息报表

6.2.1 案例描述

报表是数据库中最有效的输出形式。通过建立报表，可以对数据库中的数据进行汇总、显示和打印。如果要在显示的文档中显示并总结数据，报表功能提供了灵活的途径。

学生信息报表的作用是按照学生的入学时间、学号、姓名、性别、出生日期、班号和入学成绩等信息进行浏览。

6.2.2 操作步骤

1. 启动“报表向导”

(1) 打开“项目管理器—学生成绩管理系统”对话框，切换到“文档”选项卡。

(2) 选择“报表”选项，单击“新建”按钮，打开“新建报表”对话框，如图 6-2-1 所示。

(3) 单击“报表向导”按钮，打开“向导选取”对话框，如图 6-2-2 所示。也可以通过单击系统工具栏上的报表按钮，直接打开“向导选取”对话框。

图 6-2-1　“新建报表”对话框

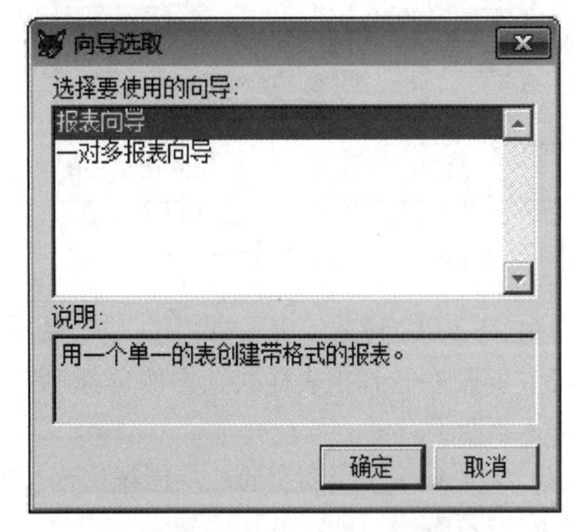

图 6-2-2　“向导选取”对话框

2. 通过“报表向导”建立报表

选择“报表向导”选项，单击“确定”按钮，打开“报表向导”对话框。“报表向导”制作报表共有六个步骤，先后出现 6 个对话框，依次按提示操作。

(1) 步骤 1-字段选取。这里选择“学生成绩管理”数据库中的“XS”表，选择除“党员否”、“简历”和“照片”字段以外的所有字段到“选定字段”列表框中，如图 6-2-3 所示。单击“下一步”按钮，进入第二步。

（2）步骤 2-分组记录。分组记录可以使用数据分组来分类并排序字段，这样能够方便读取，这里选择“入学时间”字段，如图 6-2-4 所示。

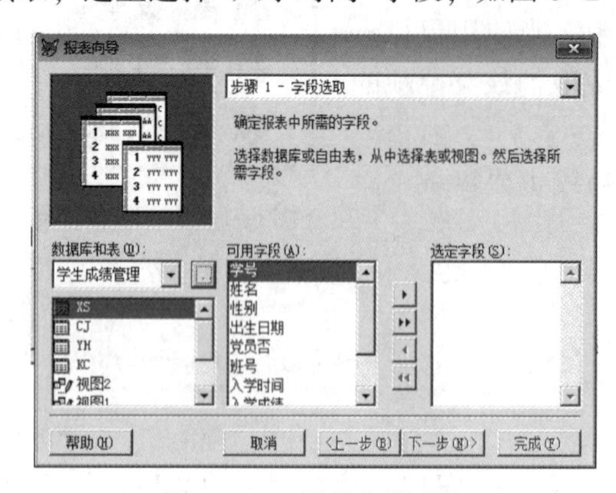

图 6-2-3　设置字段选取

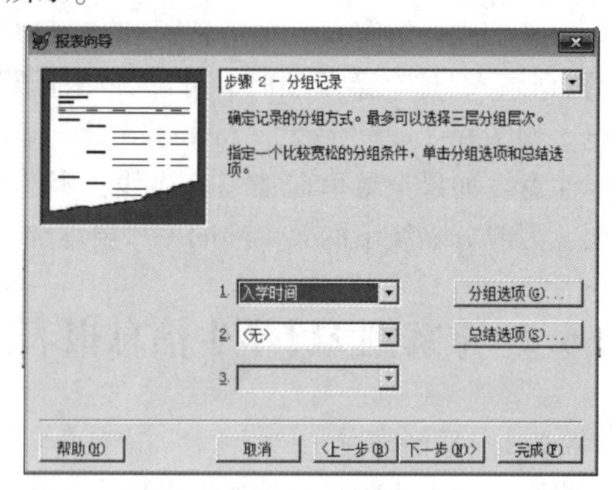

图 6-2-4　设置分组记录

单击“分组选项”按钮，打开“分组间隔”对话框，如图 6-2-5 所示，这里可以设置指定分组级字段的分组间隔。这里选择“日期”，单击“确定”按钮，返回步骤 2。

单击“总结选项”按钮，打开“总结选项”对话框，如图 6-2-6 所示，从中可以选择与用来分组的字段中所含的数据类型相关的筛选级别，如“求和”、“平均值”、“计数”等，也可以为报表选择“细节及总结”、“只包含总结”或“不包含总结”单选按钮。这里对“入学成绩”字段求“平均值”，单击“确定”按钮，返回步骤 2。

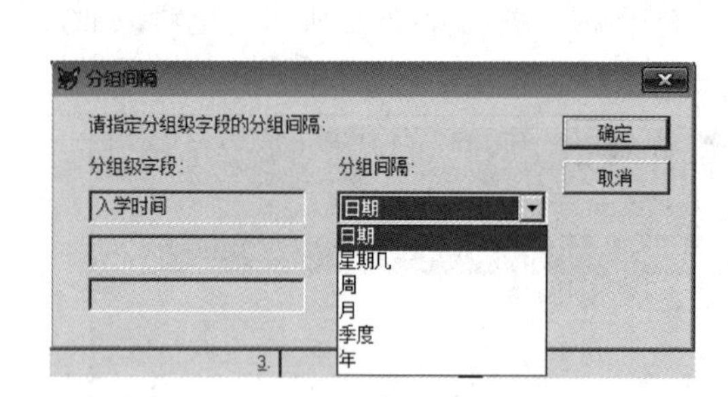

图 6-2-5　“分组间隔”对话框

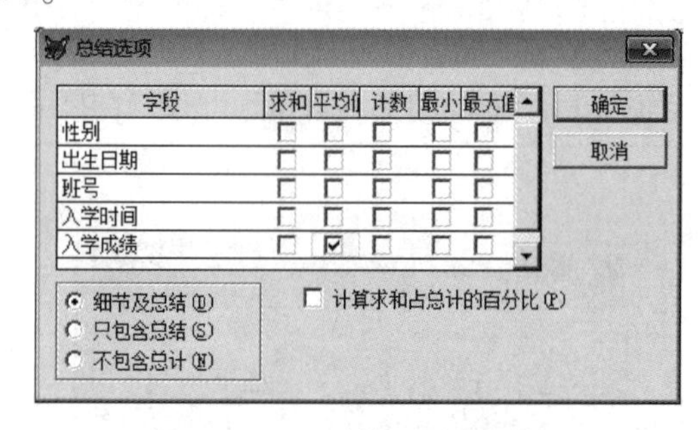

图 6-2-6　“总结选项”对话框

单击“下一步”按钮，进入第三步。

（3）步骤 3-选择报表样式。本例选择“账务式”，如图 6-2-7 所示。单击“下一步”按钮，进入第四步。

（4）步骤 4-定义报表布局。本例默认选择纵向、单列的列报表布局，如图 6-2-8 所示。单击“下一步”按钮，进入第五步。

（5）步骤 5-排序记录。本例选择“学号”字段，并按升序的方式排序，如图 6-2-9 所示。单击“下一步”按钮，进入第六步。

（6）步骤 6-完成。在“报表标题”栏中输入“学生信息表”，如图 6-2-10 所示。

单击“预览”按钮查看报表的效果，如图 6-2-11 所示。

选择“保存报表以备将来使用”，单击“完成”按钮，完成向导。系统提示保存该报表，保存报表文件名为 XSXXBB. FRX，保存后在项目管理器中出现了该报表。

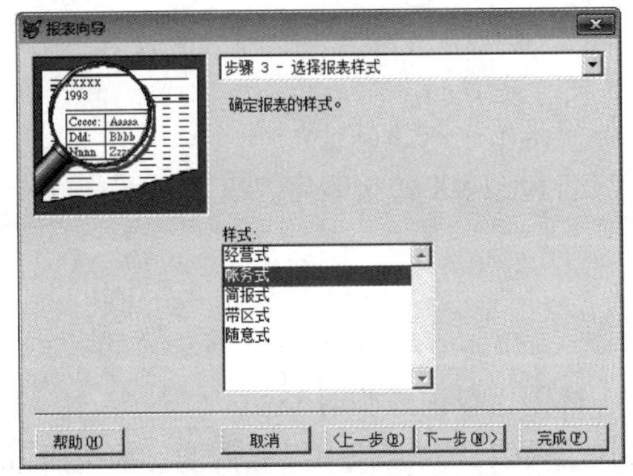

图 6-2-7　设置选择报表样式

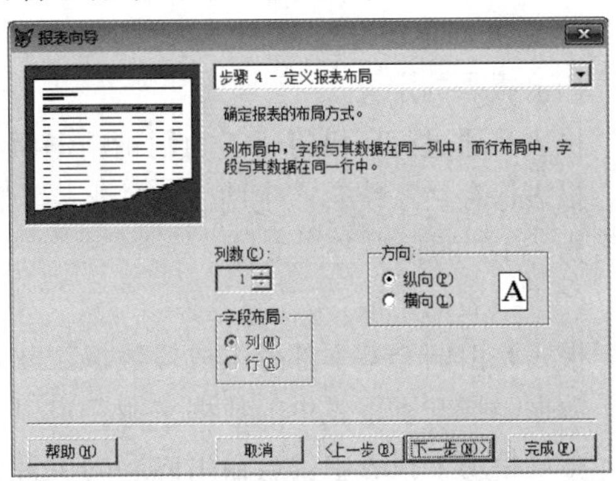

图 6-2-8　设置定义报表布局

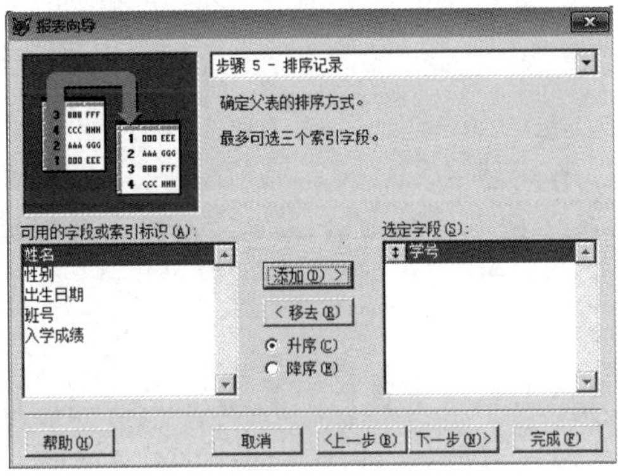

图 6-2-9　设置排序记录

图 6-2-10　设置完成

学生信息表

05/30/11

入学时间	学号	姓名	性别	出生日期	班号	入学成绩
09/01/07						
	070101140101	杨泽	男	05/10/88	1	650.0
	070101140102	李明浩	男	01/03/89	1	643.0
	070101140103	王月	女	06/06/90	1	610.0
计算平均数09/01/07:						634.3
09/01/08						
	080701140101	赵玉梅	女	09/12/90	1	630.0
	080701140201	冯天鹏	男	03/06/91	2	591.0
	080701140202	刘渊博	男	12/01/90	2	595.0
计算平均数09/01/08:						605.3
09/01/09						
	090603140205	吴昊	男	06/07/91	2	670.0
	090603140208	罗萍萍	女	08/04/89	2	610.0
	090603140301	张爽	女	03/06/90	3	623.0
计算平均数09/01/09:						634.3
09/01/10						
	100801140101	郝亮	男	07/05/92	1	600.0
	100801140201	于明秀	女	06/08/92	2	585.0
	100801140305	周红岩	男	09/05/93	3	612.0
计算平均数09/01/10:						599.0
平均数						618.2

图 6-2-11　预览报表

6.2.3 相关知识

1. 报表的定义与组成

(1) 报表的定义

报表是通过打印机将所需的记录用书面形式输出来的一种方式。

报表保存后系统会产生两个文件：一个是扩展名为 .FRX 的报表定义文件，另一个是扩展名为 .FRT 的报表备注文件。

(2) 报表的组成

报表是由两个基本部分组成：数据源和布局。

数据源指定了报表中的数据来源，可以是表、视图、查询或临时表。

布局指定了报表中各个输出内容的位置和格式。报表从数据源中提取数据，并按照布局定义的位置和格式输出数据。

2. 报表的创建方法

在 VFP 中有三种创建报表的方法：

(1) 用报表向导创建

可以用报表向导创建简单的单表或多表报表。方法如下：

打开“向导选取”对话框→选择向导类型→选择字段→选择样式→选择布局→选择排序字段→选择保存方式→给出文件名及保存位置。

可以通过如下三种方法打开“向导选取”对话框：

方法一：通过单击“文件”菜单→“新建”或者单击系统工具栏上的新建按钮，打开“新建”对话框，选择“报表”单选按钮，然后单击“向导”按钮，打开“向导选取”对话框。

方法二：打开“项目管理器”对话框，切换到“文档”选项卡，选择“报表”选项，单击“新建”按钮，打开“新建报表”对话框，单击“报表向导”按钮，打开“向导选取”对话框。

方法三：单击系统工具栏上的报表按钮，直接打开“向导选取”对话框。

(2) 用报表设计器创建

可以用报表设计器修改已有的报表或创建自己的报表。

① 快速报表方式：从单张表中创建一个简单报表。

方法：打开“文件”菜单→新建→报表→新建文件→“报表”菜单→快速报表→打开所需数据表并选择布局→选择字段→确定→关闭报表设计器(最好先预览一下)→给出文件名及保存位置。

② 自行设计方式：创建用户自定义格式的报表。

方法：打开“文件”菜单→新建→报表→新建文件→“查看”菜单→数据环境→设置数据环境(将所需的数据表添加进来)→将所需字段拖到细节区→在标题、页标头、页注脚、总结区分别用标签方式填上所需内容并设置其格式→关闭报表设计器(最好先预览一下)→给出文件名及保存位置。

注意：用向导和设计器创建的报表在打印之前均应浏览一下，对不合适之处进行修改(包括页面设置、打印条件设置、布局设置、格式设置等)。

(3) 用命令方式创建报表

命令格式：CREATE REPORT[文件名 | ?]

功能：打开报表设计器，用上述(2)中的②方法创建报表。

3. 报表布局

创建报表之前，应该确定所需报表的常规格式。另外还可以创建特殊种类的报表，例如，邮件标签便是一种特殊的报表，其布局必须满足专用纸张的要求。常规报表布局有如下几种，如图 6-2-12 所示。

图 6-2-12　报表布局

为帮助选择布局，这里给出常规布局的一些说明以及它们的用途举例，如表 6-2-1 所示。

表 6-2-1　报表布局说明及其用途举例

布局类型	说　明	用途举例
列	每行一条记录，每条记录的字段在页面上按水平方向放置	分组/总计报表、财政报表、存货清单、销售总结
行	一列的记录，每条记录的字段在一侧竖直放置	列表
一对多	一条记录或一对多关系	发票、会计报表
多列	多列的记录，每条记录的字段沿左边缘竖直放置	电话号码簿、名片
标签	多列记录，每条记录的字段沿左边缘竖直放置，打印在特殊纸上	邮件标签、名字标签

选定满足需求的常规报表布局后，便可以用“报表设计器”创建报表布局文件。

4.“打印预览”工具栏

通过预览报表，不用打印就能看到其页面外观。“预览”窗口有工具栏，如图 6-2-13 所示。

图 6-2-13　“打印预览”工具栏

使用该工具栏可以更改预览的页面并放大或缩小。此工具栏上的按钮从左至右依次为：“第一页”、“前一页”、“转到页”、“下一页”、“最后一页”、“缩放”、“关闭预览”和“打印”。

6.2.4　案例拓展

例 1：在报表设计器中修改报表

操作步骤如下：

(1) 打开“项目管理器—学生成绩管理系统”对话框，切换到“文档”选项卡，选择“报表”选项，选择前面建立的 XSXXBB.FRX，单击“修改”按钮，打开“报表设计器”窗口，如图 6-2-14 所示。

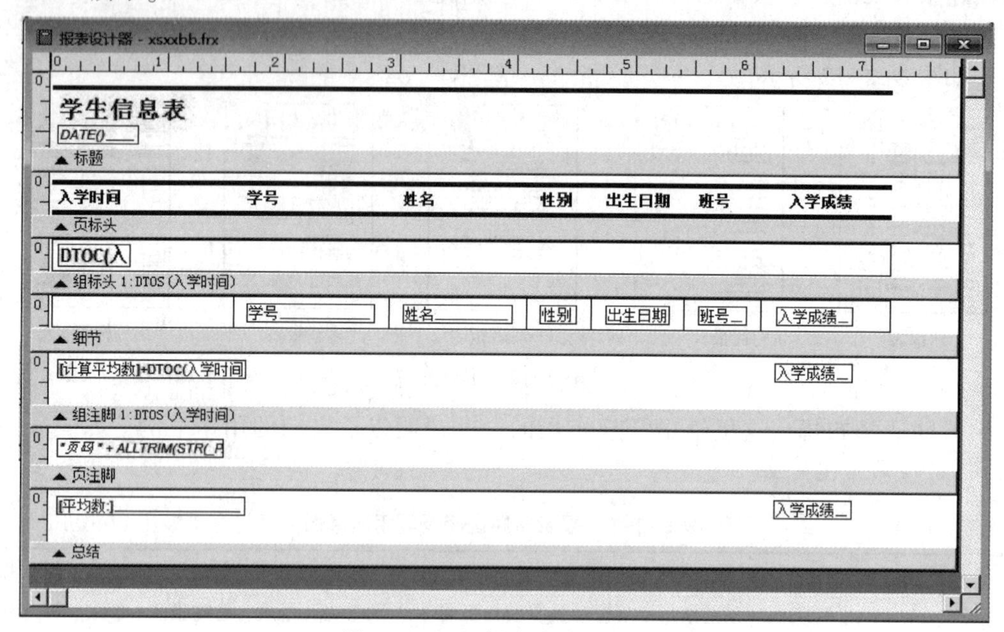

图 6-2-14 “报表设计器”窗口

（2）选定域控件 DATE()，单击键盘上的【Delete】键，将其删除。

（3）单击报表标题“学生信息表”，选择“格式”→“字体”菜单命令，打开“字体”对话框，设置格式为“楷体_GB2312，粗体，小二号”，调整其在“标题”带区中的位置，然后单击“布局”工具栏的“水平居中”按钮，将其居中放置。

通过单击“显示”→“布局工具栏(Y)”菜单命令，可以打开或关闭“布局”工具栏。

（4）调整“总结带区”的高度，在“报表控件”工具栏中，单击“域控件”按钮 abl，再在“报表设计器”的“总结带区”中单击鼠标，打开“报表表达式”对话框，在“表达式”文本框中输入："打印日期："-str(year(date()))+"年"+alltrim(str(month(date())))+"月"+alltrim(str(day(date())))+"日"，如图 6-2-15 所示。单击“确定”按钮返回“报表设计器”窗口。

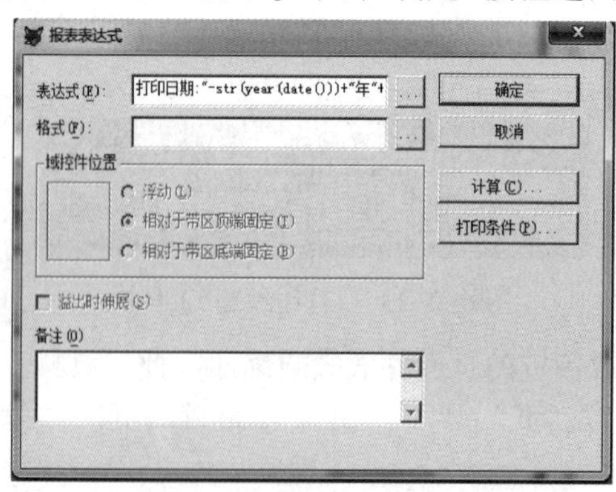

图 6-2-15 “报表表达式”对话框

（5）使用“显示”菜单的“预览”命令，得到如图 6-2-16 所示的预览效果图。

（6）关闭“预览”窗口，返回“报表设计器”窗口，单击工具栏上的“保存”按钮，保存报表文件。

学生信息表

入学时间	学号	姓名	性别	出生日期	班号	入学成绩
09/01/07						
	070101140101	杨洋	男	05/10/88	1	650.0
	070101140102	李明浩	男	01/03/89	1	643.0
	070101140103	王月	女	06/06/90	1	610.0
计算平均数09/01/07:						634.3
09/01/08						
	080701140101	赵玉梅	女	09/12/90	1	630.0
	080701140201	冯天鹏	男	03/06/91	2	591.0
	080701140202	刘渊博	男	12/01/90	2	595.0
计算平均数09/01/08:						605.3
09/01/09						
	090603140205	吴昊	男	06/07/91	2	670.0
	090603140208	罗萍萍	女	08/04/89	2	610.0
	090603140301	张爽	女	03/06/90	3	623.0
计算平均数09/01/09:						634.3
09/01/10						
	100801140101	郝亮	男	07/05/92	1	600.0
	100801140201	于明秀	女	06/08/92	2	585.0
	100801140305	周红岩	男	09/05/93	3	612.0
计算平均数09/01/10:						599.0
平均数						618.2

打印日期:　2011年5月30日

图 6-2-16　预览报表

一般情况下，修改报表可从以下几个方面进行：

(1) 给报表添加带区

默认情况下，“报表设计器”显示三个带区：页标头、细节和页注脚。可给报表添加的带区如表 6-2-2 所示。

表 6-2-2　可给报表添加的带区

带　区	打　印	典型内容
标题	每个报表一次	标题、日期或页码、公司标徽、标题周围的框
页标头	每页一次	页标题
列标头	每列一次	列标题
组标头	每组一次	数据前面的文本
细节带区	每记录一次	记录内容
组注脚	每组一次	组数据的计算结果值
列注脚	每列一次	总结、总计
页注脚	每页一次	小计、页码
总结	每个报表一次	总结、“Grand Totals”等文本

(2) 改变报表的列标签

在“报表设计器”中，利用“报表控件”工具栏上的“标签”按钮来写。

(3) 修改报表表达式

在“报表设计器”中，双击需修改字段，在“报表表达式”对话框中输入新表达式。

(4) 增加表格线

在“报表设计器”中，利用“报表控件”工具栏上的“线条”按钮来画。

(5) 页面设置

利用“文件”菜单中的“页面设置”命令。

(6) 字体设置

利用“格式”菜单中的“字体”命令。

(7) 布局设置

利用“格式”菜单或“布局”工具栏。

(8) 在报表中使用数据分组、汇总区

必须首先对表进行索引，否则出错。

6.3 【案例22】学生成绩报表

6.3.1 案例描述

报表也可以输出对数据库中的数据经过统计和分析的结果。可以创建一对多的报表。使用一对多报表向导可以将需要读取的数据输出浏览、打印。

学生成绩表的作用是按照学生的学号，浏览学生的各门课程的成绩，并计算出每个学生的平均分。

6.3.2 操作步骤

1. 启动“报表向导”

(1) 打开“项目管理器—学生成绩管理系统”对话框，切换到“文档”选项卡。

(2) 选择“报表”选项，单击“新建”按钮，打开“新建报表”对话框。

(3) 单击“报表向导”按钮，打开如图6-2-2所示的“向导选取”对话框。

也可以通过单击系统工具栏上的报表按钮，直接打开“向导选取”对话框。

2. 通过“一对多报表向导”建立报表

选择“一对多报表向导”选项，单击“确定”按钮，打开“一对多报表向导”对话框。“一对多报表向导”制作报表共有六个步骤，先后出现6个对话框，依次按提示操作。

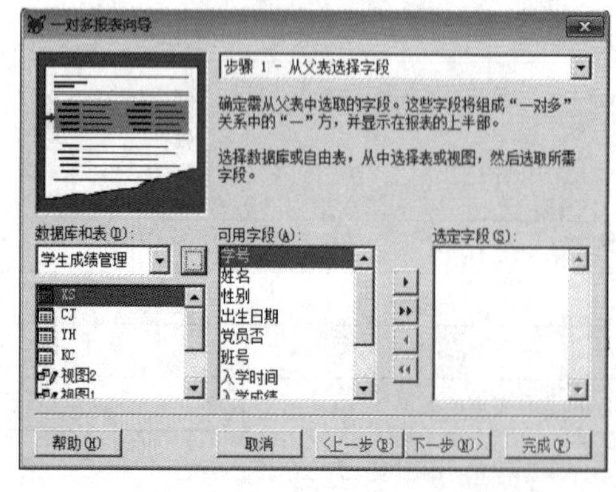

图6-3-1 设置从父表选择字段

(1) 步骤1-从父表选择字段。这里选择“学生成绩管理”数据库中的“XS”表作为父表，选择“可用字段”列表框中的字段“学号”和“性别”移入“选定字段”列表框，如图6-3-1所示。单击“下一步”按钮，进入第二步。

(2) 步骤2-从子表选择字段。选择“CJ”表作为子表，选择“课程号”和“成绩”字段到“选定字段”列表框中，如图6-3-2所示。单击“下一步”按钮，进入第三步。

(3) 步骤3-为表建立关系。这里系统自动为“XS”表和“CJ”表之间通过“学号”字段建立了关系，如图 6-3-3 所示。单击“下一步”按钮，进入第四步。

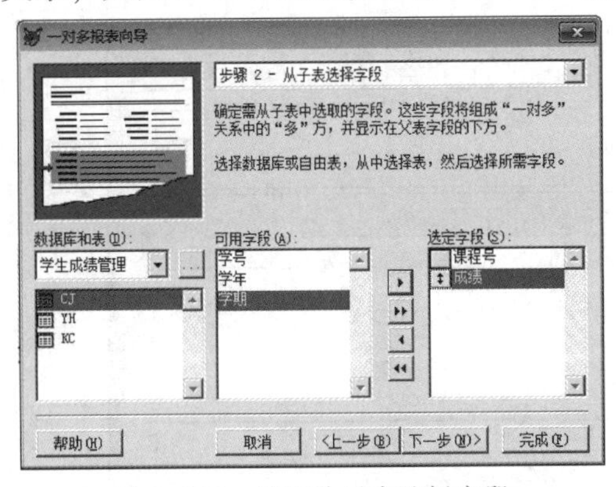

图 6-3-2　设置从子表选择字段

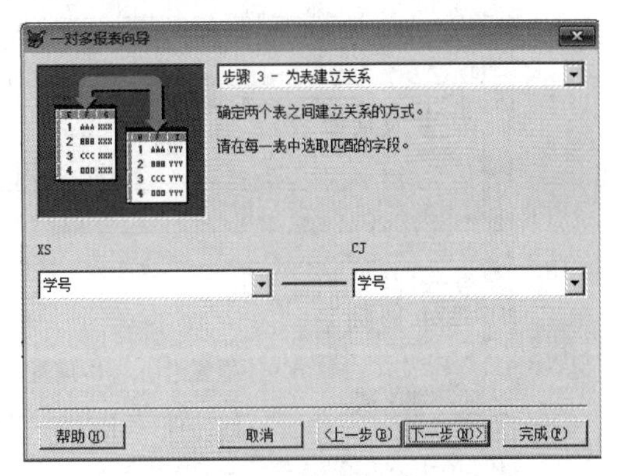

图 6-3-3　为表建立关系

(4) 步骤 4-排序记录。设置排序字段为“学号”，如图 6-3-4 所示。单击“下一步”按钮，进入第五步。

(5) 步骤 5-选择报表样式。这里选择样式为“经营式”，纸的方向为“纵向”，如图 6-3-5 所示。在这一步里，单击“总结选项”按钮可以设置数值型数据的处理方式，这里为“成绩”字段设置“平均值”，如图 6-3-6 所示。单击“下一步”按钮，进入第六步。

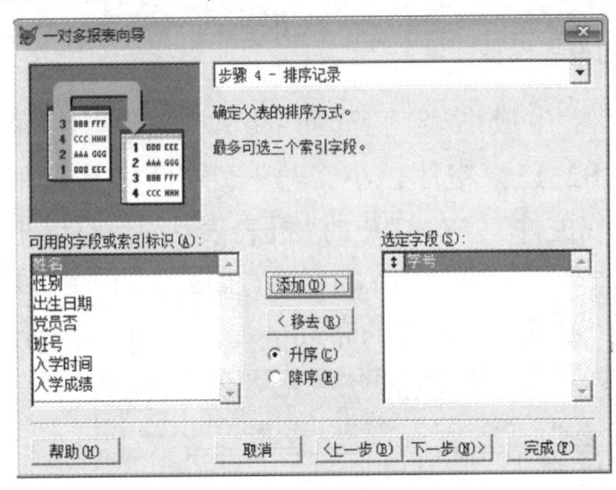

图 6-3-4　设置排序记录

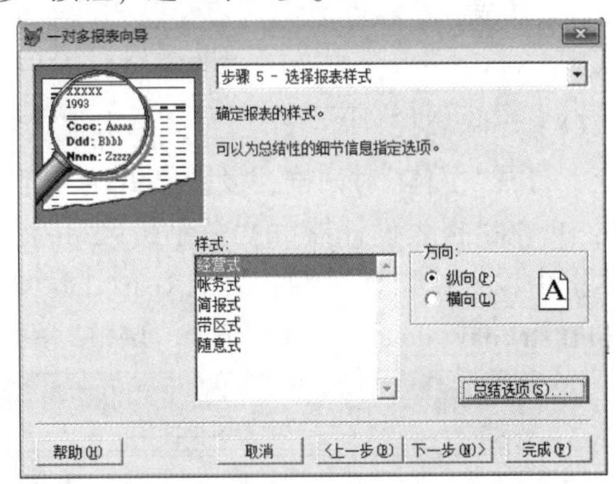

图 6-3-5　选择报表样式

(6) 步骤 6-完成。在“报表标题”栏中输入“学生成绩表”，并选择“保存报表并在“报表设计器”中修改报表”，如图 6-3-7 所示。单击“完成”按钮，保存文件名为 XSCJBB. FRX，保存后在项目管理器中出现了该报表。

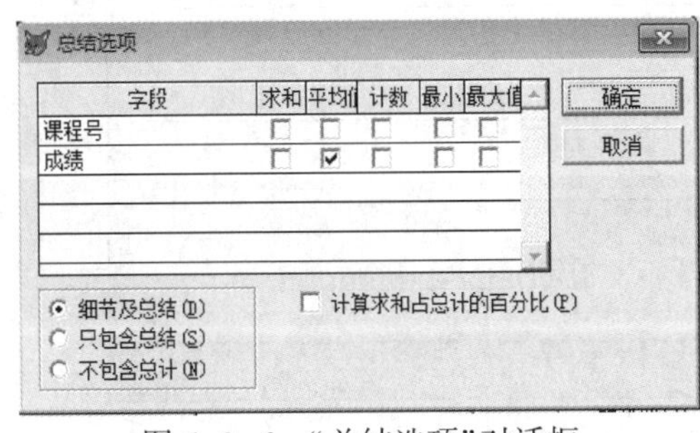

图 6-3-6　“总结选项”对话框

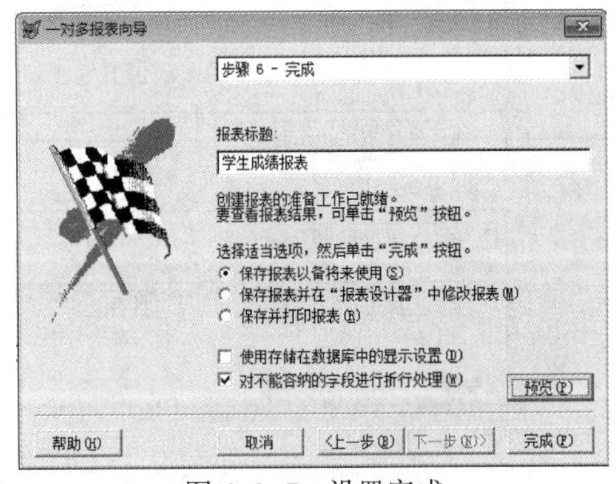

图 6-3-7　设置完成

（7）单击“完成”按钮后，打开“报表设计器”窗口，如图 6-3-8 所示。

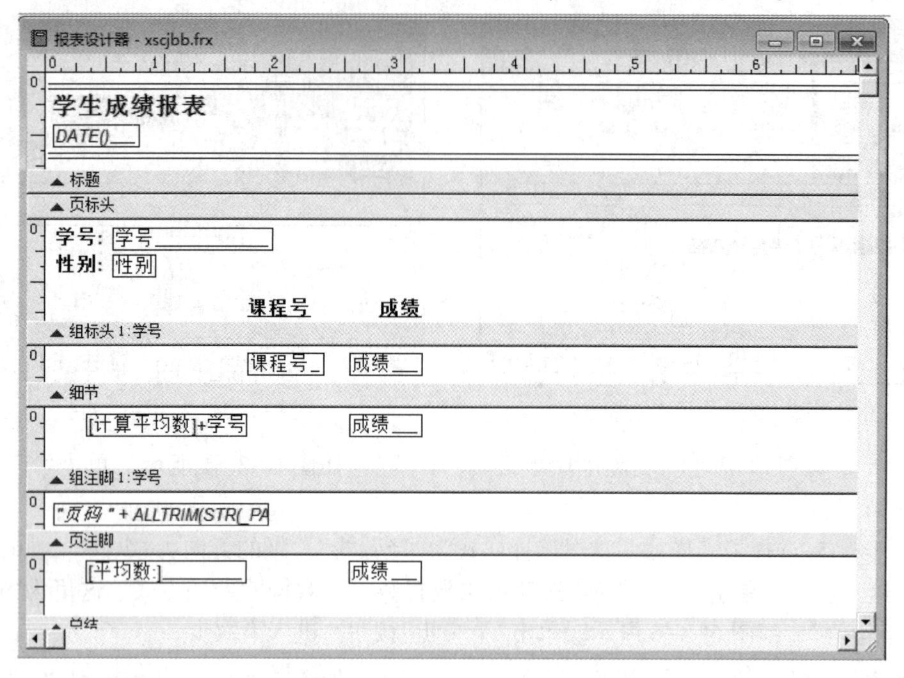

图 6-3-8 “XSCJBB”的报表设计器窗口

（8）删除域控件DATE()___，单击报表标题“学生成绩表”，选择“格式”→“字体”菜单命令，打开“字体”对话框，设置格式为“楷体_GB2312，粗体，小二号”，并且将其水平垂直居中。在“报表设计器”的“总结带区”中添加“域控件”，在打开的“报表表达式”对话框的文本框中输入："打印日期："-str(year(date()))+"年"+alltrim(str(month(date())))+"月"+alltrim(str(day(date())))+"日"。调整“学号”、“姓名”等控件的布局，如图 6-3-9 所示。

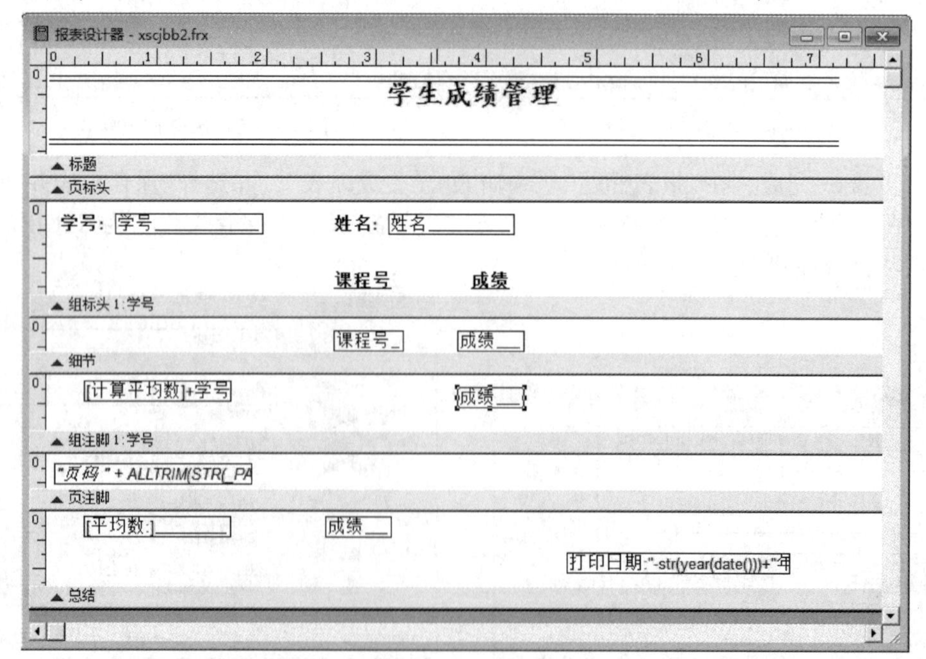

图 6-3-9 修改后“XSCJBB”的报表设计器窗口

(9) 执行“文件”→“打印预览”菜单命令，打开“预览”窗口，如图 6-3-10 所示。

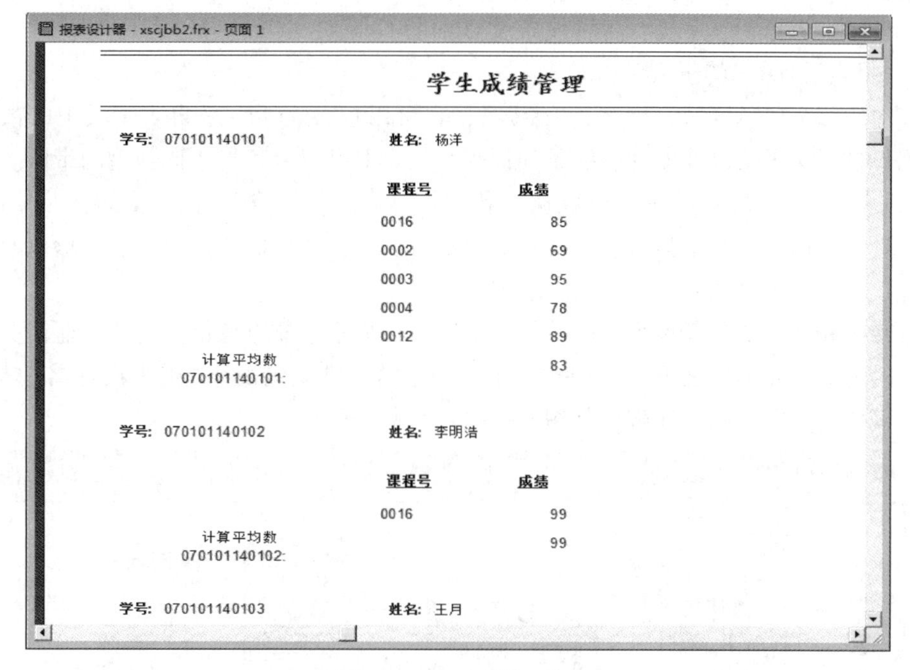

图 6-3-10 “预览”窗口

(10) 关闭“预览”窗口，返回“报表设计器”窗口，单击工具栏上的“保存”按钮，保存文件。

6.3.3 相关知识

1. 报表设计器

如果已有一个空白报表或标签，或者已通过向导或“快速报表”生成了一个不算很符合要求的报表，下一步就可以在“报表设计器”中打开报表来修改和定制其布局。使用 Visual FoxPro 的“报表设计器”可使我们在进行格式编排、打印和总结数据时获取最大的灵活性。

(1) 启动报表设计器的方法

方法一：打开“项目管理器”→“文档”选项卡中→“报表”→单击“新建”按钮→“新建报表”对话框中→单击“新建报表”按钮。

方法二：打开“文件”系统菜单→“新建”子菜单→文件类型栏中选择“报表”→单击“新建文件”按钮。

方法三：单击常用工具栏中的“新建”按钮，接着选择“新建”对话框中的“报表”类型，然后单击“新建文件”按钮。

方法四：在命令窗口中执行 CREATE REPORT 命令。可以在执行命令时，一并指定报表文件的名称。

启动后的“报表设计器”窗口如图 6-3-11 所示。其中有“报表设计器”工具栏，从它的按钮中可以呼出“报表控件”工具栏、“调色板”工具栏和“布局”工具栏。在系统菜单中出现了“报表”菜单，在“格式”、“编辑”、“显示”菜单中都有针对报表的菜单选项。

注意：如果在报表设计器中不出现“报表设计器”工具栏，可从“显示”菜单的“工具栏”选项中可以找到。Visual FoxPro 中的工具栏都在这个选项里。

"报表设计器"提供的是一个空白布局，从空白报表布局开始，就可以添加各种控件，如表头、表尾、页标题、字段、各种线条及 OLE 控件等。

(2)"报表设计器"的报表带区

报表中的每个白色区域，称之为"带区"，它可以包含文本、来自表字段中的数据、计算值、用户自定义函数以及图片、线条和框等。报表上可以有各种不同类型的带区。

在"报表设计器"的带区中，可以插入各种控件，它们包含打印的报表中所需的标签、字段、变量和表达式。要增强报表的视觉效果和可读性，还可以添加直线、矩形以及圆角矩形等控件。也可以包含图片/OLE 绑定型控件。

每一带区底部的灰色条称为分隔符栏。带区名称显示于靠近蓝箭头的栏，蓝箭头指示该带区位于栏之上，而不是之下。在创建一个新报表时，默认情况下"报表设计器"只显示三个带区：页标头、细节和页注脚，如图 6-3-11 所示。

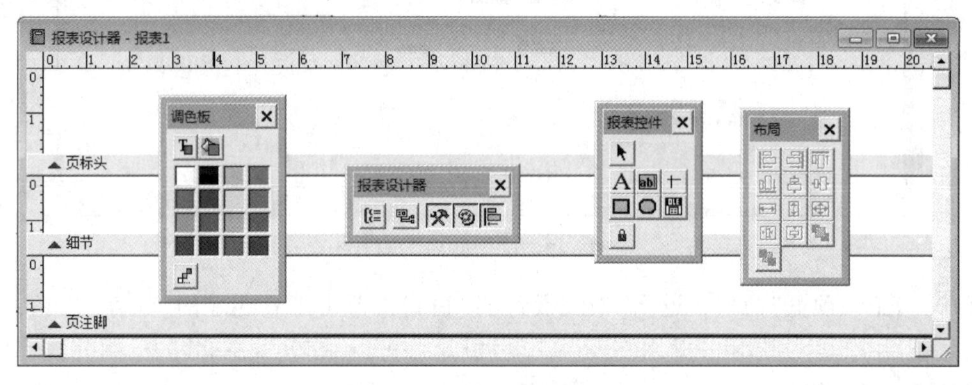

图 6-3-11 "报表设计器"窗口

① 页标头带区：包含的信息在每份报表中只出现一次。一般来讲，出现在报表标头中的项包括报表标题、栏标题和当前日期。

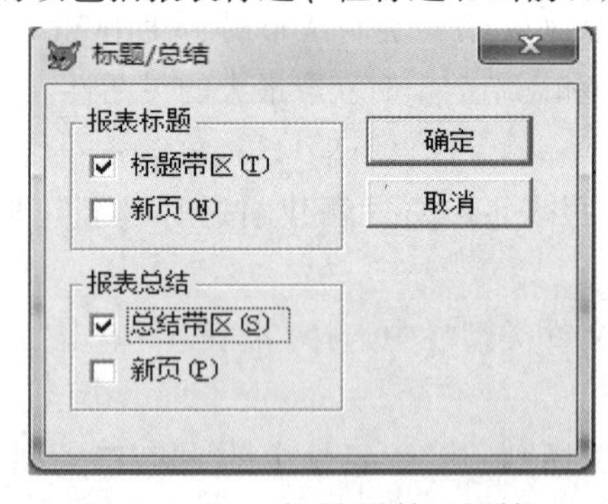

图 6-3-12 "标题/总结"对话框

② 细节带区：紧随在页标头内容之后，是报表中的主要带区，一般包含来自表中的一行或多行记录。

③ 页注脚带区：包含出现在页面底部的一些信息(如页码、节等)。

如果需要，也可给报表添加其他带区，从系统菜单中的"报表"菜单中选择"标题/总结"菜单命令，打开"标题/总结"对话框，选中"标题带区"和"总结带区"两个复选框，如图 6-3-12 所示。"报表设计器"中将增加"标题"和"总结"两个带区，如图 6-3-13 所示。

④ 标题带区：每个报表只打印一次，打印在报表的最前面。如果在"标题/总结"对话框中的"报表标题"选项组中选定"新页"复选框，则会另起一页打印标题。

⑤ 总结带区：每个报表只打印一次，打印在报表细节区的尾部，一般用来打印整个报表中数值字段的合计值。如果在"标题/总结"对话框中的"报表总结"选项组中选定"新页"复选框，则会另起一页打印总结。

⑥ 组标头和组注脚带区：从"报表"菜单中选择"数据分组"，报表设计器中会出现组标

头和组注脚带区。每组一次，在组标头带区中的数据会出现在每一个分组的开始处，一般是这个分组的标题；在组注脚带区中的数据会出现在每个分组的结束处，一般是这个分组的小计信息。组标头和组注脚带区总是成对出现在报表中。

图 6-3-13　标题、总结带区

⑦ 列标头和列注脚带区：从“文件”菜单中选择“页面设置”，设置“列数”大于 1，就会在报表设计器中出现列标头和列注脚带区。每列一次，分别在每列的开始与结尾部分打印一次。

报表也可能有多个分组带区或者多个列标头和注脚带区。可以根据表 6-2-2 决定所需的带区。

（3）调整报表带区的大小

在“报表设计器”中，可以修改每个带区的大小和特征。方法是：用鼠标左键按住相应的分隔符栏，将带区栏拖动到适当高度。如果要精确地设置带区高度，可双击带区分隔符，打开设置带区高度对话框，在对话框中输入带区的高度值。例如双击页标头带区分隔符，打开“页标头”带区高度设置对话框，如图 6-3-14 所示。

注意：不能使带区高度小于布局中控件的高度。可以把控件移进带区内，然后减少带区高度。

（4）标尺

“报表设计器”中最上面部分设有标尺，可以在带区中精确地定位对象的垂直和水平位置。把标尺和“显示”菜单的“显示位置”命令一起使用可以帮助定位对象。

标尺刻度由系统的测量设置决定。可以将系统默认刻度(英寸或厘米)改变为 Visual FoxPro 中的像素。若要更改标尺刻度为像素可用如下方法：

从“格式”菜单中选择“设置网格刻度”，打开“设置网格刻度”对话框。如图 6-3-15 所示。在“标尺刻度”中选定“像素”，单击“确定”按钮即可。

2. “报表设计器”工具栏

当报表设计器打开时，显示“报表设计器”工具栏，如图 6-3-16 所示。此工具栏各按钮功能如表 6-3-1 所示。

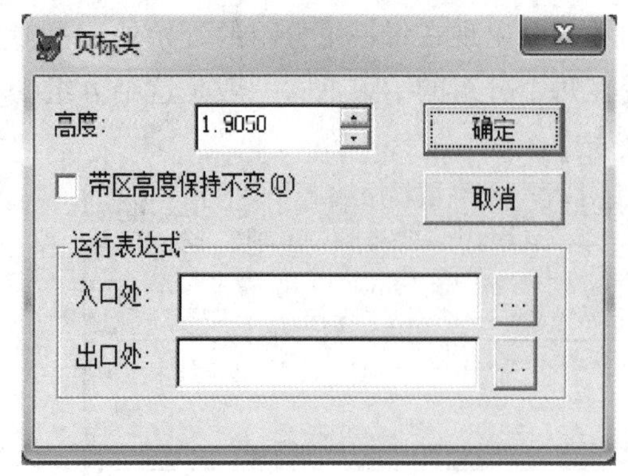

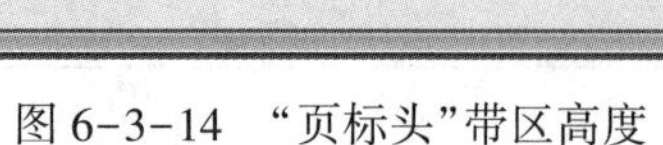

图 6-3-14 “页标头”带区高度

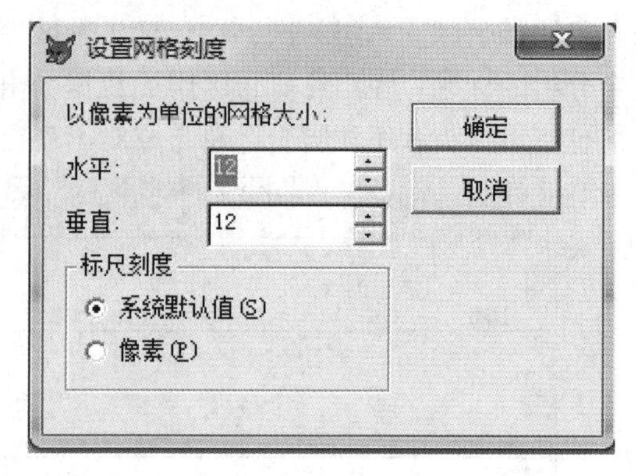

图 6-3-15 “设置网格刻度”对话框

表 6-3-1 “报表设计器”工具栏按钮说明

按 钮	名 称	说 明
	数据分组	打开“数据分组”对话框，从中可以创建数据组并指定其属性
	数据环境	打开“数据环境设计器-报表设计器”对话框
	报表控件工具栏	显示或隐藏报表控件工具栏
	调色板工具栏	显示或隐藏调色板工具栏
	布局工具栏	显示或隐藏布局工具栏

3. “报表控件”工具栏

可以使用“报表控件”工具栏在报表或标签上创建控件。当打开“报表设计器”时，自动显示此工具栏，如图 6-3-17 所示。

图 6-3-16 “报表设计器”工具栏

图 6-3-17 “报表控件”工具框

单击需要的控件按钮，把鼠标指针移到报表上，然后单击报表来放置控件或把控件拖动到适当大小。“报表控件”工具栏各按钮功能如表 6-3-2 所示。

表 6-3-2 “报表控件”工具栏按钮说明

按 钮	名 称	说 明
	选定对象	移动或更改控件的大小。在创建了一个控件后，会自动选定“选定对象”按钮，除非按下了“按钮锁定”按钮
	标签	创建一个标签控件，用于保存不希望用户改动的文本，如复选框上面或图形下面的标题
	域控件	创建一个字段控件，用于显示表字段、内存变量或其他表达式的内容

续表

按　钮	名　称	说　明
	线条	设计时用于在表单上画各种线条样式
	矩形	用于在表单上画矩形
	圆角矩形	用于在表单上画椭圆和圆角矩形
	图片/ActiveX 绑定控件	用于在表单上显示图片或通用数据字段的内容
	按钮锁定	允许添加多个同种类型的控件，而不需多次按此控件的按钮

如果我们在报表上设置了控件以后，可以双击报表上的该控件，在弹出的对话框中设置、修改其属性。

4. “调色板”工具栏

使用“调色板”工具栏可以设定表单或报表上各控件的颜色，如图 6-3-18 所示。“调色板”工具栏各按钮功能如表 6-3-3 所示。

表 6-3-3 “调色板”工具栏按钮说明

按　钮	名　称	说　明
	前景色	设置控件的默认前景色
	背景色	设置控件的默认背景色
	其他颜色	显示“Windows 颜色”对话框，可定制用户自己的颜色

5. “布局”工具栏

使用“布局”工具栏可以在报表或表单上对齐和调整控件的位置，如图 6-3-19 所示。“布局”工具栏各按钮功能如表 6-3-4 所示。

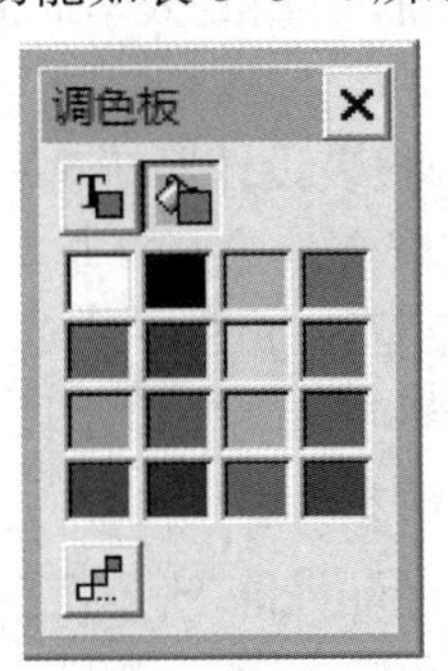

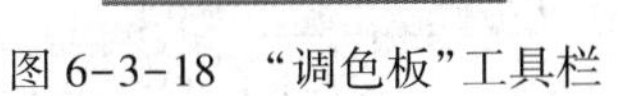

图 6-3-18 “调色板”工具栏　　图 6-3-19 “布局”工具栏

表 6-3-4 “布局”工具栏按钮说明

按　钮	名　称	说　明
	左边对齐	按最左边界对齐选定控件，当选定多个控件时可用
	右边对齐	按最右边界对齐选定控件，当选定多个控件时可用
	顶边对齐	按最上边界对齐选定控件，当选定多个控件时可用
	底边对齐	按最下边界对齐选定控件，当选定多个控件时可用
	垂直居中对齐	按照一垂直轴线对齐选定控件的中心，当选定多个控件时可用

续表

按　钮	名　称	说　明
	水平居中对齐	按照一水平轴线对齐选定控件的中心，当选定多个控件时可用
	相同宽度	把选定控件的宽度调整到与最宽控件的宽度相同
	相同高度	把选定控件的高度调整到与最高控件的高度相同
	相同大小	把选定控件的尺寸调整到最大控件的尺寸
	水平居中	按照通过表单中心的垂直轴线对齐选定控件的中心
	垂直居中	按照通过表单中心的水平轴线对齐选定控件的中心
	置前	把选定控件放置到所有其他控件的前面
	置后	把选定控件放置到所有其他控件的后面

6. 报表打印输出

报表的打印有如下几种方法：

（1）从“文件”菜单中选择“打印”子菜单，出现“打印”对话框。

（2）在报表设计器中单击鼠标右键，在弹出的快捷菜单中选择“打印”，出现“打印”对话框。

（3）单击常用工具栏的“运行”按钮，出现“打印”对话框。

（4）单击打印预览工具栏中的“打印报表”按钮，直接打印输出。

（5）通过命令或程序的方式也可以打印或预览指定的报表。格式如下：

REPORT FORM<报表名>[PREVIEW]

6.3.4　案例拓展

例1：创建一个快速报表。

利用“报表”菜单的“快速报表”命令建立一个简单报表ks_report，要求：该报表内容按顺序含有XS表的“学号”、“姓名”、“性别”、“出生日期”和“入学成绩”字段的值。

操作步骤如下：

（1）在命令窗口输入：CREATE REPORT，打开报表设计器新建一个空白报表。

（2）使用菜单“报表”→“快速报表”。如果所需表文件没有打开，则会弹出“打开”对话框，选择表文件XS.DBF。系统弹出“快速报表”对话框，如图6-3-20所示。

（3）在“快速报表”对话框中，字段布局选择“横向”，单击“字段”按钮进入“字段选择器”对话框，按顺序选择所需的字段，如图6-3-21所示。

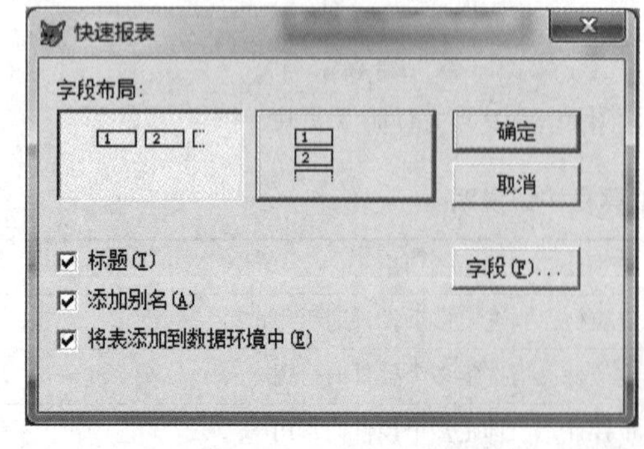

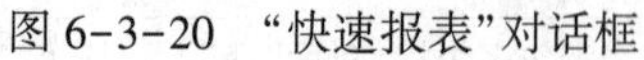
图6-3-20　“快速报表”对话框

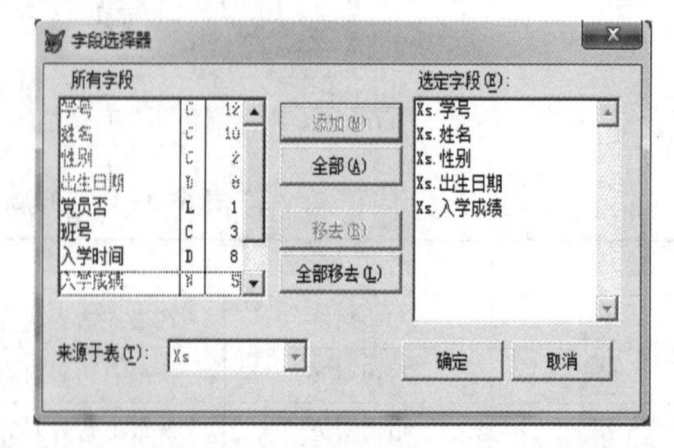

图6-3-21　“字段选择器”对话框

（4）在“字段选择器”对话框中单击确定按钮，返回“快速报表”对话框，再单击“确定”

按钮，在“报表设计器”中出现快速报表，如图 6-3-22 所示。

（5）单击“常用”工具栏上的“打印预览”按钮，得到如图 6-3-23 所示的预览效果。

（6）保存报表，报表文件名为 ks_report. frx。

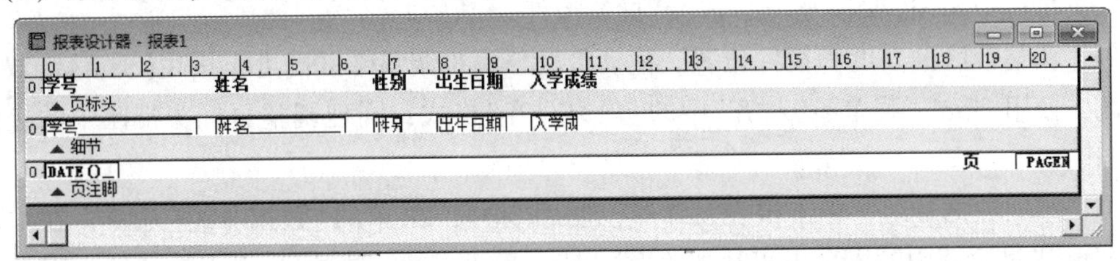

图 6-3-22　“快速报表”设计图

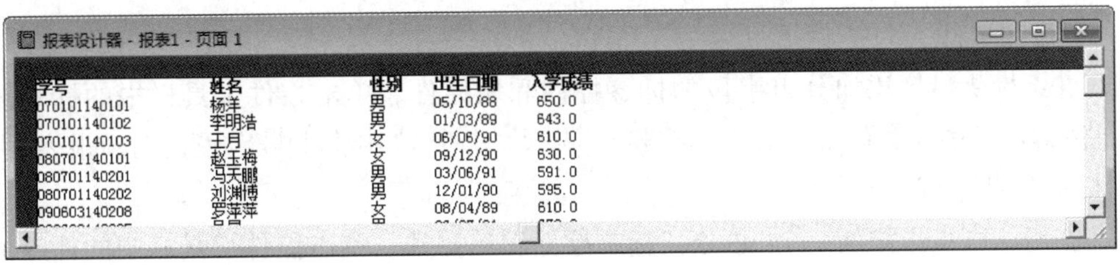

图 6-3-23　“快速报表”预览图

例 2：报表的个性化设计。

使用报表设计器建立报表 cj_report. frx，报表设计图和预览效果图分别如图 6-3-24 和图 6-3-25 所示。具体要求如下：

（1）报表的内容（细节带区）是 CJ 表的“课程号”和“成绩”；

（2）增加数据分组，分组表达式是“CJ. 学号”，组标头带区的内容是“学号”，组注脚带区的内容是该学生的“成绩”总和，并用圆角矩形圈住组注脚中的控件；

（3）增加标题带区，标题是“成绩汇总（按学号）”，设置为 3 号字、黑体，并在标题带区的标题下添加 2 条虚线；

（4）增加总结带区，该带区的内容是所有学生的平均成绩。

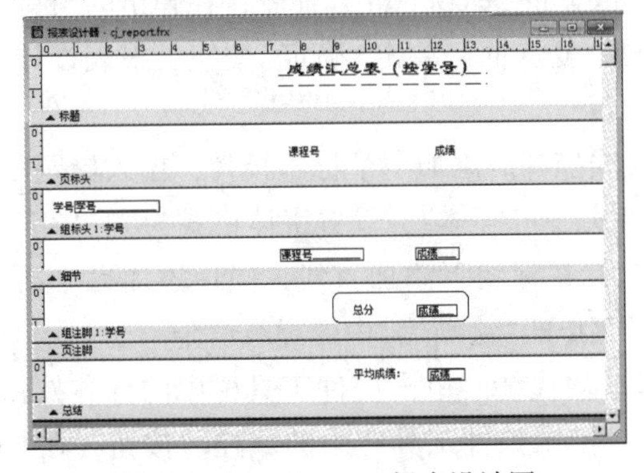

图 6-3-24　cj_report 报表设计图

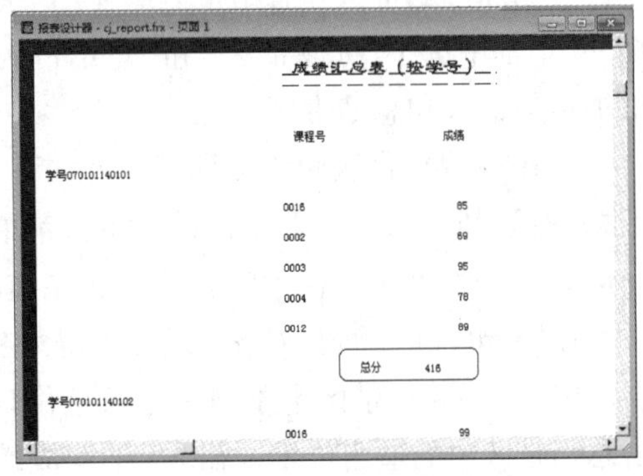

图 6-3-25　cj_report 报表预览图

操作步骤如下：

（1）单击菜单“文件”→“新建”，选择“报表”类型，单击“新建文件”按钮，报表设计器中出现一个空白报表。

（2）添加数据环境。右击报表设计器空白位置，在弹出的快捷菜单中选择“数据环境”

命令，打开数据环境设计器，右击数据环境设计器空白处，在弹出的快捷菜单中选择“添加”命令，选择表 CJ. DBF，将其添加到数据环境当中。单击“关闭”按钮。

（3）添加控件。从“数据环境”中将课程号和成绩字段拖动到报表设计器的“细节”带区，在页标头带区中添加“课程号”和“成绩”标签控件。

（4）调整带区的高度和控件位置。拖动带区分隔符调整带区高度。按住【Shift】键双击细节带区，使用“格式”菜单→“对齐”中的“顶边对齐”格式；同理调整页标头带区中的控件顶端对齐。

（5）添加数据分组。单击报表设计器，使用“报表”菜单的“数据分组”命令，在弹出的“数据分组”对话框中输入分组表达式为“学号”，单击“确定”按钮，报表设计器中增加组标头和组注脚带区。

（6）添加控件。

① 在组标头带区添加分组字段的标签控件和域控件。单击控件工具栏中的标签按钮，单击组注脚带区中任意位置，输入“学号”。从“数据环境”中将学号字段拖动到报表设计器的“组标头”带区。

② 在组注脚带区添加一个“总分:”标签控件和域控件。单击控件工具栏中的标签按钮，单击组注脚带区中任意位置，输入“总分:”，单击控件工具栏中的域控件按钮，单击“总分:”标签的右侧，在弹出的“报表表达式”对话框的“表达式”栏中输入“成绩”，单击“计算”按钮，在弹出的“计算字段”对话框中的“计算”栏选择“求和”，单击“确定”按钮，返回“报表表达式”对话框，单击“确定”按钮。

③ 在组注脚带区添加一个圆角矩形控件。单击控件工具栏中的圆角矩形按钮，拖动鼠标圈住组注脚中的所有控件。

（7）设置 CJ 表的主控索引。在数据环境中右击 CJ 表，在弹出的快捷菜单中选择“属性”命令，在弹出的“属性”对话框的“全部”标签中选择“order”属性，设置索引标识为“学号”。

（8）添加标题带区和总结带区。使用“报表”菜单的“标题/总结”命令，在弹出的“标题/总结”对话框中选中“标题带区”和“总结带区”两个复选框，单击“确定”按钮。报表设计器中增加标题带区和总结带区。

（9）在“标题”带区中添加标签控件和两个直线控件。添加一个标签控件，输入标题“成绩汇总(按学号)”。选中标签控件，单击菜单“格式”→“字体”，设置字体格式为“三号字”、“黑体”。单击控件工具栏中的直线按钮，拖动鼠标在标题下添加直线，同理添加另一条直线。按住【Shift】键，单击两条直线，单击“格式”菜单的“绘画笔”中的虚线命令。

（10）在“总结”带区中添加一个域控件计算平均成绩。单击控件工具栏中的标签按钮，单击总结带区中的适当位置，输入“平均成绩:”，单击控件工具栏中的域控件按钮，在“平均成绩:”标签旁单击，在弹出的“报表表达式”对话框的“表达式”栏中输入“成绩”，单击“计算”按钮，在弹出的“计算字段”对话框中的“计算”栏选择“平均值”，单击“确定”按钮，返回“报表表达式”对话框，单击“确定”按钮。

（11）调整报表带区高度，报表设计器如图 6-3-24 所示。单击菜单“显示”→“预览”预览报表，预览效果如图 6-3-25 所示。保存报表，报表文件名为 cj_report. frx。

6.4 【案例23】学生信息标签

6.4.1 案例描述

标签实际上是一种多列的报表，为匹配特定的标签纸而具有特定的特殊设置。在 Visual FoxPro 6.0 中，可以使用“标签向导”和“标签设计器”迅速创建标签。

学生标签的作用是按照学生的学号显示其姓名等信息并进行浏览。

6.4.2 操作步骤

1. 启动“标签向导”

(1) 打开“项目管理器—学生成绩管理系统”对话框，切换到“文档”选项卡。

(2) 选择“标签”选项，单击“新建”按钮，打开“新建标签”对话框。如图 6-4-1 所示。

(3) 单击“标签向导”按钮，打开“标签向导”对话框，如图 6-4-2 所示。

2. 通过“标签向导”建立标签

“标签向导”制作标签共有五个步骤，先后出现 5 个对话框，依次按提示操作。

(1) 步骤 1-选择表。与“报表向导”类似，可以选择表或视图作为数据源，这里选择“学生成绩管理”数据库中的“XS”表作为数据源，如图 6-4-3 所示。单击“下一步”按钮，进入第二步。

(2) 步骤 2-选择标签类型。标签向导提供了多种标签尺寸，分为英制和公制两种。这里选择“公制”，并选择大小为 33.87mm×99.06mm、列数为 2 的“Avery L7162”型号标签，如图 6-4-4 所示。单击“下一步”按钮，进入第三步。

图 6-4-1 “新建标签”对话框

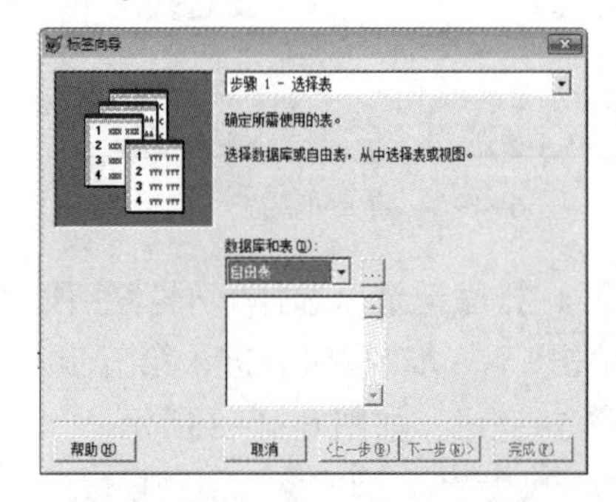

图 6-4-2 “标签向导”对话框

在这里用户还可以自定义标签类型，方法是：单击“新建标签”按钮，打开“自定义标签”对话框，单击其中的“新建”按钮，打开“新标签定义”对话框，进行新标签定义。读者可自行试验。

(3) 步骤 3-定义布局。在该步骤中可以选择在标签中输出的字段，这一步骤是标签向导中操作最多的步骤。选择按钮的左边是我们常见的六个键盘符号按钮。

以“学号”字段为例，看看具体操作步骤：

先在“文本”框中输入“学号:”，按“选定”按钮，则文本框中的内容被选定到“选定字段”框中，再在“可用字段”中将光标移到“学号”处，双击或按“选定”按钮。则“选定字段”中就有“学号：学号”行了。

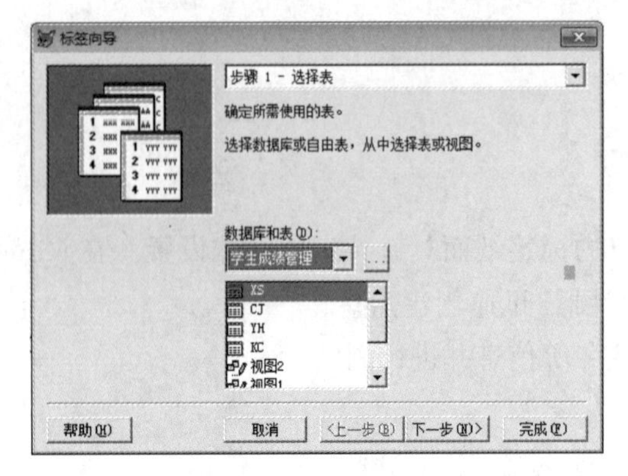

图 6-4-3　选择表

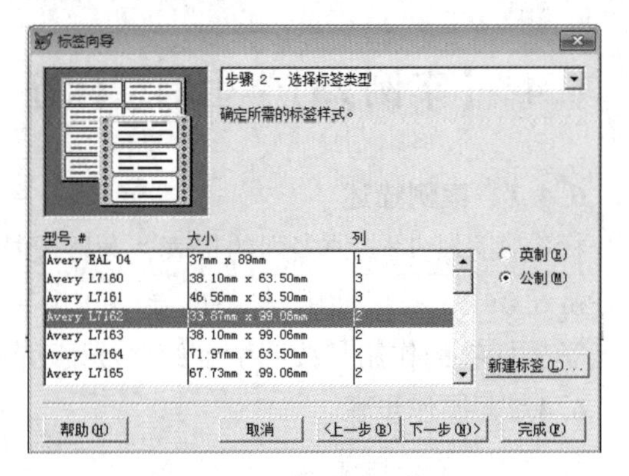

图 6-4-4　选择标签类型

完成以上操作后，单击“回车”按钮，则“选定字段”框中的亮条移到下一空行中，在此空行中重复以上操作，将所有需要的字段移动到“选定字段”中，如图 6-4-5 所示。

单击“字体”按钮，打开“字体”对话框，如图 6-4-6 所示。选择“常规”、“五号”字体，按“确定”按钮返回步骤 3。单击“下一步”按钮，进入第四步。

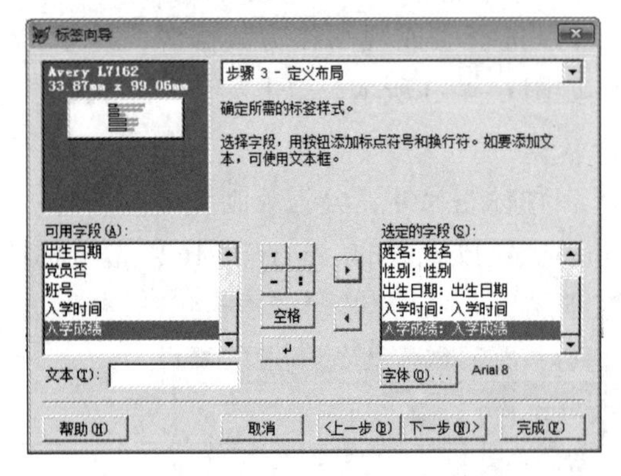

图 6-4-5　定义布局

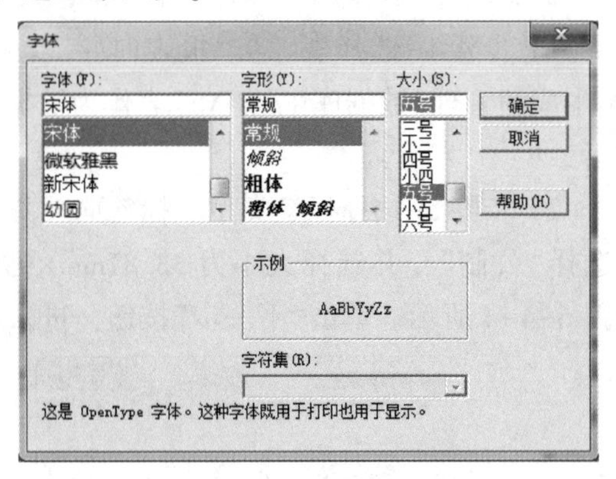

图 6-4-6　“字体”对话框

（4）步骤 4-排序记录。选择“学号”字段为排序字段，并选择“升序”单选按钮，如图 6-4-7 所示。单击“下一步”按钮，进入第五步。

（5）步骤 5-完成。如图 6-4-8 所示。

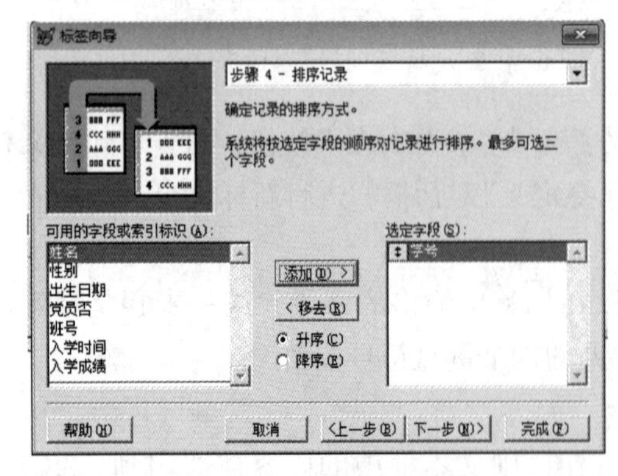

图 6-4-7　设置排序记录

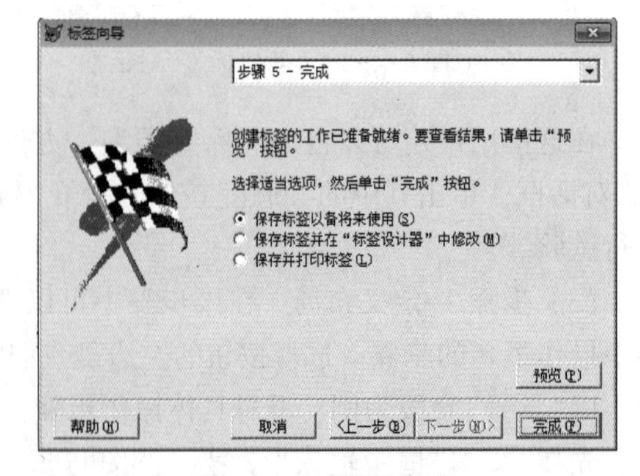

图 6-4-8　设置完成

单击“预览”按钮查看标签的效果，如图 6-4-9 所示。

选择“保存标签以备将来使用”，单击“完成”按钮，完成向导。系统提示保存该标签，保存标签文件名为 XSBQ. LBX，保存后在项目管理器中出现了该标签。

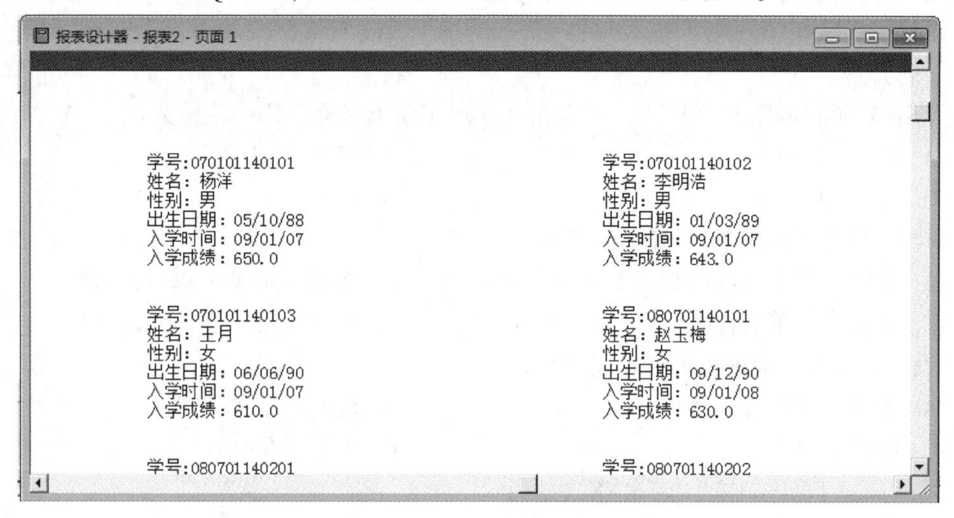

图 6-4-9　预览标签

6.4.3　相关知识

1. 标签的定义

标签实际上就是一种多列的报表。标签设置了相应的列位置，可以适应不同规格的标签纸。标签保存后系统会产生两个文件：一个是以 . LBX 为扩展名的标签定义文件，另一个是以 . LBT 为扩展名的标签备注文件。

2. 创建标签的方法

VFP 中创建标签有三种方法：

(1) 用标签向导创建

方法是：打开“标签向导”对话框→选择表→选择标签类型→设置布局→选择排序字段→选择保存方式→给出文件名及保存位置。

可以通过如下三种方法打开“标签向导”对话框：

方法一：在“项目管理器”的“文档”选项卡中，选定“标签”项，单击“新建”按钮，弹出“新建标签”对话框，单击“标签向导”按钮，打开“标签向导”对话框。

方法二：选择“文件”菜单中的“新建”菜单命令，出现“新建”对话框，在对话框的文件类型栏中选择“标签”，然后单击“向导”按钮，打开“标签向导”对话框。

方法三：打开“工具”菜单中的“向导”菜单命令，选择“标签”菜单项，打开“标签向导”对话框。

(2) 用标签设计器创建

方法是：“文件”菜单→“新建”→“标签”→“新建文件”→选择标签布局→“显示”菜单→数据环境→设置数据环境(将所需的数据表添加进来)→将所需字段拖到细节区→关闭标签设计器→给出文件名及保存位置。

(3) 用命令方式创建标签

命令格式：CREATE LABEL[文件名 | ?]

功能：打开标签设计器，用上述(2)方法创建标签。

6.5 课后习题

一、选择题

1. 若菜单项的名称为“统计”，热键是 T，则在菜单名称一栏中应输入(　　)。

A. 统计(\<T)　　B. 统计(Ctrl+T)

C. 统计(Alt+T)　　D. 统计(T)

2. 若在菜单中制作一个分割线，则应(　　)。

A. 在输入菜单名称时输入"----------"　　B. 在输入菜单名称时输入"-"

C. 在输入菜单名称时输入"&"　　D. 在输入菜单名称时输入"\-"

3. 设计菜单要完成的最终操作是(　　)。

A. 创建主菜单及子菜单　　B. 指定各菜单任务

C. 浏览菜单　　D. 生成菜单程序

4. 在 Visual FoxPro 中，CD. MNX 是一个(　　)。

A. 标签文件　　B. 菜单文件

C. 项目文件　　D. 报表文件

5. 在 Visual FoxPro 中，报表的数据来源有(　　)。

A. 数据库和自由表　　B. 视图

C. 查询　　D. 以上三者都正确

6. 恢复系统默认菜单的命令是(　　)。

A. SET MENU TO DEFAULT　　B. SET SYSMENU TO DEFAULT

C. SET SYSTEM MENU TO DEFAULT　　D. SET SYSTEM TO DEFAULT

二、填空题

1. 最终生成的菜单程序文件的扩展名是(　　)。

2. 弹出式菜单可以分组，插入分组线的方法是在“菜单名称”项中输入(　　)两个字符。

3. 执行菜单文件 MC(扩展名为 . MPR)，可直接使用(　　)命令。

4. 报表设计器的默认带区包括页标头、(　　)带区和页注脚。

5. 对报表进行数据分组时，报表会自动包含组标头和(　　)带区。

6. 在使用报表向导创建报表时，如果数据源包括父表和子表，应当选取(　　)报表向导。

第7章 Visual FoxPro数据库应用系统开发

设计或开发一个合理完善的数据库管理系统是学习和使用数据库管理系统的最终目的。本章将结合一个小型数据库应用系统的开发实例，介绍如何在 Visual FoxPro 环境下开发数据库应用程序。

7.1 【案例24】“学生成绩管理系统”设计

7.1.1 案例描述

学生成绩管理系统是针对学生管理而开发的一个应用软件，开发该软件的主要目的是便于对学生基本信息、成绩等进行统一管理。

7.1.2 操作步骤

1. 需求分析

(1) 系统设计目的和特点

设计目的：学生成绩管理是学校管理中的一项重要任务，开发功能完善及安全可靠的管理系统可以提高工作效率和学校资源的利用率。

系统特点：采用面向对象的设计思想进行编制，整个系统由若干个表单、报表及一个主菜单组成，由项目管理器统一管理全部程序的编写和调试。用户在操作中可以通过主菜单调用系统的各项功能。在表单设计方面尽量简化操作，力求突出系统的便利性和实用性。

(2) 系统功能

从学生成绩管理流程及管理方便程度考虑，学生成绩管理系统主要包括以下几个方面的功能：

① 系统登录：为保证学生成绩管理系统的数据安全，要求登录系统时有密码管理功能。系统用户登录系统后可对系统的所有信息进行录入、修改、查询等操作。

② 信息录入功能：学生基本信息、课程信息、学生成绩录入等。

③ 查询功能：可按不同字段查询学生信息、学生成绩和课程设置情况。

④ 报表输出：主要用于学生名单和学生成绩的打印。

⑤ 系统管理：主要包括用户管理和密码修改等功能。

2. 系统设计

(1) 系统功能模块设计

系统结构设计的基本目的就是用概括的方式确定如何完成预定的任务。具体地说，就是要确定系统由哪些模块组成，以及这些模块间的相互关系。

学生成绩管理系统的功能主要分成七个模块：系统管理、课程管理、学生信息管理、学生成绩管理、数据查询、报表打印和退出系统。

每个功能模块又包括如下的几项子功能：

① 系统管理：包括用户管理、密码修改。

② 课程管理：实现课程信息的录入和修改。

③ 学生信息管理：实现学生信息的录入和修改。

④ 学生成绩管理：实现学生成绩的录入和修改。

⑤ 数据查询：实现学生基本信息、学生成绩和课程设置情况的查询。

⑥ 报表打印：实现所需报表的预览和打印功能。

⑦ 退出系统：实现从“学生成绩管理”系统的退出功能。

学生成绩管理系统的功能结构如图 7-1-1 所示。

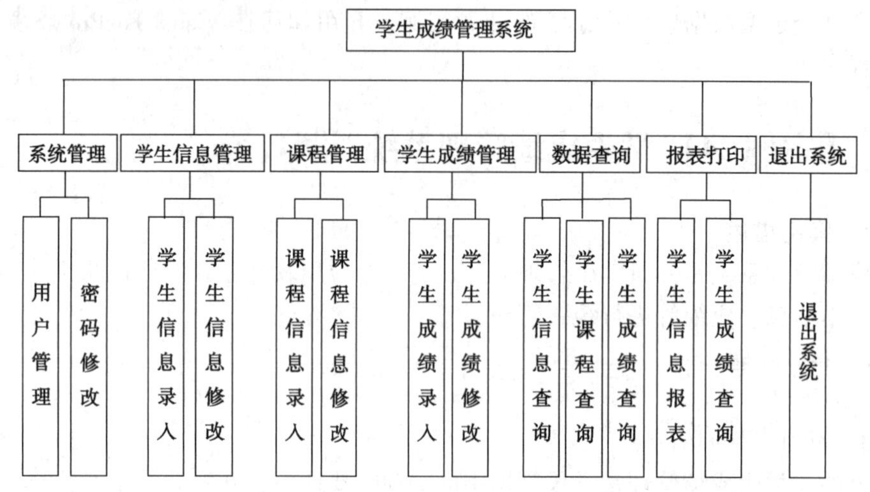

图 7-1-1　学生成绩管理系统功能模块

（2）系统数据库设计

一个数据库中包含许多表，表之间又有关联，所以设计一个数据库，首先要确定所需要的表；然后确定每个表所需要的字段；最后确定各个表之间的关联，形成表的结构。

① 确定所需要的表

学生成绩管理系统主要用于学生成绩信息的管理，包括学生基本信息、课程信息及学生的成绩情况等。为了方便管理，本系统建立一个名为“学生成绩管理 .dbc”的数据库，数据库中包含 4 个数据表，分别为学生表(XS. DBF)、成绩表(CJ. DBF)、课程表(KC. DBF)和用户表(YH. DBF)。

② 确定各表字段

学生表：主要用来储存学生的基本信息，所包含的字段为学号、姓名、性别、出生日期、党员否、班号、入学时间、入学成绩、简历、照片。索引字段为学号，类型为主索引。

成绩表：主要用来储存学生的成绩，所包含的字段为学号、学年、学期、课程号、成绩。索引字段为学号和课程号，类型为普通索引。

课程表：主要用来储存课程名称的信息，所包含的字段为课程号、课程名称。索引字段为课程号，类型为主索引。

用户表：主要用来储存系统用户的信息，所包含的字段为用户名、密码、标识。标识字段用于标识用户的类型。索引字段为用户名，类型为主索引。

③ 确定各个表之间的关联关系(见第二章)

各个表之间的关系为：

学生表和成绩表之间通过学号存在一对多的关系。

课程表和成绩表之间通过课程号存在一对多的关系。

④ 表结构设计

根据各表功能及各字段存储信息形式确定各表结构。

用户表，表名为 YH. DBF。表结构如表 7-1-1 所示。

表 7-1-1　用户表(YH. DBF)

字段名	字段类型	字段宽度	小数位数	索引
用户名	字符型	20		主索引
密码	字符型	20		
标识	逻辑型	1		

学生表，表名为 XS. DBF。表结构如表 7-1-2 所示。

表 7-1-2　学生表(XS. DBF)

字段名	字段类型	字段宽度	小数位数	索引
学号	字符型	12		主索引
姓名	字符型	10		
性别	字符型	2		
出生日期	日期型	8		
党员否	逻辑型	1		
班号	字符型	3		
入学时间	日期型	8		
入学成绩	数值型	5	1	
简历	备注型	4		
照片	通用型	4		

课程表，表名为 KC. DBF。表结构如表 7-1-3 所示。

表 7-1-3　课程表(KC. DBF)

字段名	字段类型	字段宽度	小数位数	索引
课程号	字符型	4		主索引
课程名称	字符型	20		

成绩表，表名为 CJ. DBF。表结构如表 7-1-4 所示。

表 7-1-4　成绩表(CJ. DBF)

字段名	字段类型	字段宽度	小数位数	索引
学号	字符型	12		普通索引
学年	字符型	4		
学期	字符型	1		
课程号	字符型	4		普通索引
成绩	数值型	3	0	

3. 系统详细设计

详细设计阶段的目标是确定应该怎样具体地实现系统的各项要求。在 Visual FoxPro 中创建一个项目——“学生成绩管理系统”，在项目管理器中进行各个功能的设计，例如设计表单、菜单、报表等，完成所要求的各项功能。

（1）系统登录界面设计

登录界面是启动学生成绩管理系统时见到的界面，由于系统往往需要多个用户使用，为了保证数据的安全，系统通过输入用户名和密码来判断是否是合法用户。如果用户键入的用户名和密码正确，则进入系统。如果用户键入的用户名和密码错误，系统将弹出提示框；若用户连续三次输入均不正确，系统将提出警告并退出系统。系统登录界面如图 7-1-2 所示。

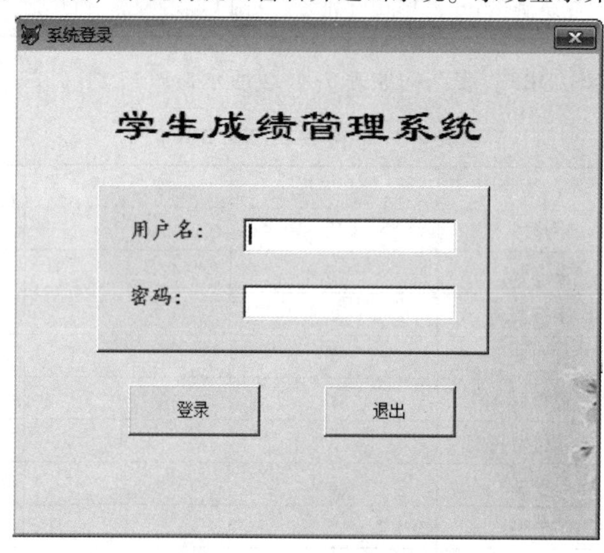

图 7-1-2　系统登录界面

设计步骤如下：

① “项目管理器—学生成绩管理系统”中新建表单并保存为“登录 . scx”，设置属 AutoCenter 为“. T. －真”，BorderStyle 为“2－固定对话框”，Caption 为“系统登录”，Height 为“350”，Width 为“420”，Maxbutton 和 Minbutton 为“. F. －假”，ShowTips 为“. T. －真”。

② 在表单上单击鼠标右键，在弹出菜单中选择“数据环境”项，打开“数据环境设计器”，添加数据表 YH. DBF。

③ 添加标签 Label1，设置 Caption 属性为“学生成绩管理系统”，其他属性为“透明（BackStyle 属性），隶书，粗体，25”。

④ 添加容器 Container1，设置属性 SpecialEffect 为“0-凸起”。

⑤ 添加标签 Label2 和 Label3，设置 Label2 的 Caption 属性为“用户名”，Label3 的 Caption 属性为“密码”，其他属性为“透明，12 号”。

⑥ 添加文本框 Text1 和 Text2，设置其 Name 属性为“txtUser”和“txtPassword”，设置属性 FontSize 为“10”，设置 Text2 的 txtPassword 的 PasswordChar 属性为“ * ”。

⑦ 为登录 . scx 表单增加“trytime”属性，该属性用来记录系统登录的次数。选择菜单栏“表单”项，选择“新建属性”，打开“新建属性”对话框，如图 7-1-3 所示。在“名称”后的文本框中输入“trytime”，点击“添加”按钮。在“登录”表单的属性窗口中就会出现“trytime”属性，该属性的初始值为“. F. ”，修改初始值为数值“0”，如图 7-1-4。

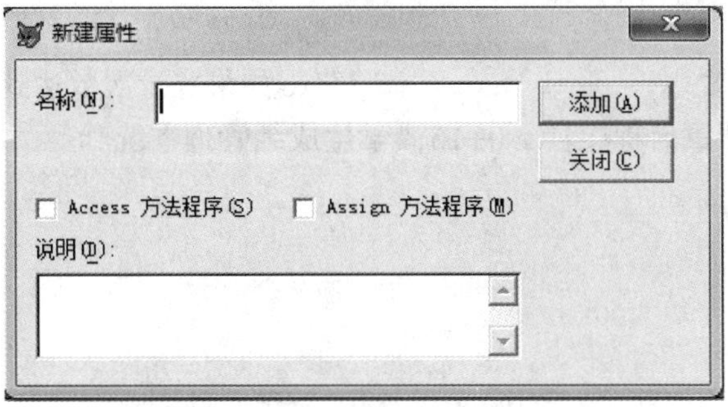

图 7-1-3 “新建属性”对话框

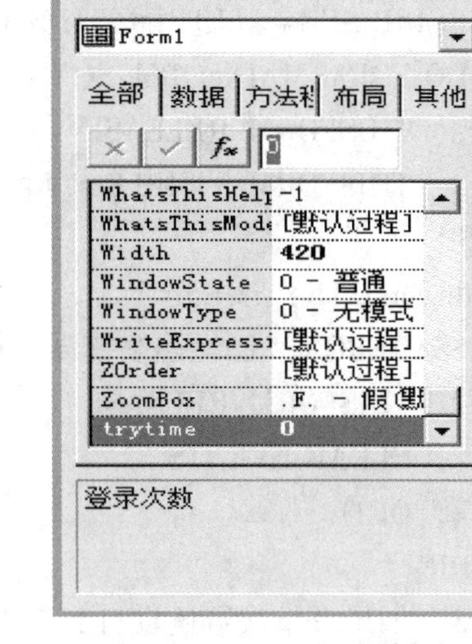

图 7-1-4 “登录”表单属性

⑧ 添加 Command1 按钮，设置 Caption 属性为“确定”，Click Event 代码为：

```
SET EXACT ON
THISFORM. TRYTIME=THISFORM. TRYTIME+1
IF ALLTRIM(THISFORM. txtUser. VALUE)= =""
  MESSAGEBOX("请输入用户名", 48,"学生成绩管理系统")
  THISFORM. TXTUSER. SETFOCUS
  RETURN
ENDIF
USER_N=ALLTRIM(THISFORM. TXTUSER. VALUE)
USER_P=ALLTRIM(THISFORM. TXTPASSWORD. VALUE)
&& 定义逻辑变量 IS_USER，用于判断是否为合法用户
LOCAL IS_USER
IS_USER=. T.
&& 遍历 YH 表，判断输入的用户名和密码是否存在
SELECT YH
GO TOP
DO WHILE. NOT. EOF()
&& 寻找与输入的密码匹配的记录
IS_USER=(USER_N= =ALLTRIM(YH. 用户名)). AND. (USER_P= =ALLTRIM(YH. 密码))
IF IS_USER
  EXIT
ELSE
  SKIP
ENDIF
ENDDO
```

```
IF IS_USER                                              && 如果正确
   CCURUSER=ALLTRIM(THISFORM. TXTUSER. VALUE)    && 保存登录用户
   DO FORM MAINFORM. SCX                             && 调用主表单
       THISFORM. RELEASE
       THISFORM. VISIBLE=. F.
ELSE                                                  && 如果不正确
IF thisform. TRYTIME>=3                              && 如果登录次数达到三次
MESSAGEBOX("已经连续错误，请重启程序!",0+16,"学生成绩管理系统")
       THISFORM. RELEASE
       CLEAR EVENTS
       QUIT
ENDIF
   && 如果登录次数还没有到三次
   MESSAGEBOX("用户名或密码错误!",0+16,"学生成绩管理系统")
   THISFORM. TXTUSER. VALUE=""
   THISFORM. TXTPASSWORD. VALUE=""
   THISFORM. TXTUSER. SETFOCUS
ENDIF
SET EXACT OFF
```

⑨ 添加 Command2 按钮，设置 Caption 属性为“取消”，Click Event 代码为：

```
YN=MESSAGEBOX("确定退出",4+32,"学生成绩管理系统")          && 确认对话框
IF YN=6
   THISFORM. RELEASE                                    && 退出登录表单
   CLEAR EVENTS                                         && 清除事件循环
   QUIT   && 退出 VFP
ENDIF
```

⑩ 添加文本框 Label4，设置 Caption 属性为“欢迎使用学生成绩管理系统”，ForeColor 为“64，128，128”其他属性为“透明，宋体，粗体，11”。

⑪ 添加一个计时器 Timer1，设置 Interval 属性为“50”，为 Timer1 的 Timer Event 设计如下代码：

```
IF THISFORM. LABEL4. LEFT<1
   THISFORM. LABEL4. LEFT=THISFORM. WIDTH-8
ELSE
   THISFORM. LABEL4. LEFT=THISFORM. LABEL4. LEFT-2
ENDIF
```

至此，“登录表单”就完成了。

（2）主菜单设计

主菜单位于窗口的顶部，利用主菜单界面随时可以打开相应的界面。在项目管理器中创建菜单并保存为 mainmenu。主菜单选项如表 7-1-5 所示，其中备注选项为菜单启动的逻辑条件。具体设计方法请参见本书第 6 章 6. 1 节。

表 7-1-5　学生成绩管理系统主菜单

菜单名称	效果	执行命令	备注
系统管理	子菜单		
用户管理	命令	DO FORM YHGL. SCX	Checked = 0
密码修改	命令	DO FORM MMXG. SCX	
课程管理	子菜单		
课程信息录入	命令	DO FORMKCXXLR. SCX	Checked = 0
课程信息修改	命令	DO FORMKCXXXG. SCX	Checked = 0
学生信息管理	子菜单		
学生信息录入	命令	DO FORMXSXXLR. SCX	Checked = 0
学生信息修改	命令	DO FORMXSXXXG. SCX	Checked = 0
学生成绩管理	子菜单		
学生成绩录入	命令	DO FORMXSCJLR. SCX	Checked = 0
学生成绩修改	命令	DO FORMXSCJXG. SCX	Checked = 0
数据查询	子菜单		
学生信息查询	命令	DO FORMXSXXCX. SCX	
学生成绩查询	命令	DO FORMXSCJCX. SCX	
课程信息查询	命令	DO FORMKCXXCX. SCX	
报表打印	子菜单		
学生信息报表	命令	REPORT FORM XSXXBB PREVIEW	Checked = 0
学生成绩报表	命令	REPORT FORM XSCJBB PREVIEW	Checked = 0
退出系统	过程	DO CLEANUP. PRG	

(3) 用户管理界面设计

用户管理界面主要用于实现不同用户的添加、删除等功能。在设计时使用列表框显示已添加的用户，在列表中选择用户后可进行删除，“确认密码”只有在添加新用户并输入密码后才可用，其运行后的效果如图 7-1-5 所示。

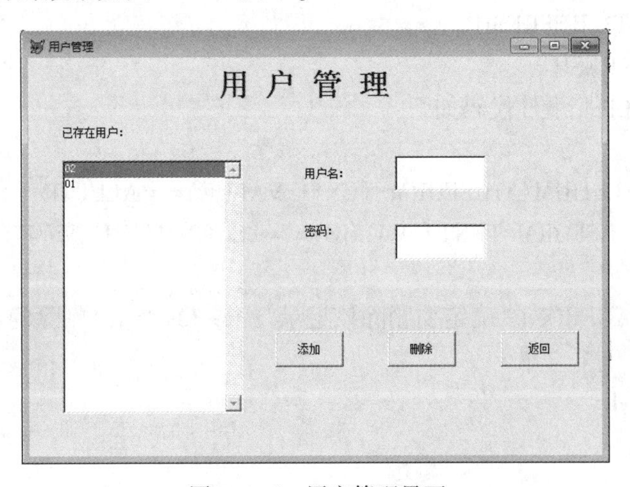

图 7-1-5　用户管理界面

设计步骤如下：

① “项目管理器—学生成绩管理系统”中新建表单并保存为“YHGL. SCX”。

② 在表单上单击鼠标右键，在弹出菜单中选择“数据环境”项，打开“数据环境设计器”，添加数据表 YH. DBF。

③ 添加标签 Label1～Label4，各标签的 Caption 属性如图 7-1-5 所示。

④ 添加文本框 Text1 和 Text2，它们的 PasswordChar 属性设为“＊”。

⑤ 添加列表框 List1，其中 RowSourceType 属性设置为“6—字段”，RowSource 属性设置为“yh. 用户名”，InteractiveChange 事件实现代码为：

```
thisform. text1. value=thisform. list1. value
```

⑥ 添加“添加”、“删除”和“返回”按钮。“添加”按钮的 Click 事件代码如下：

```
SELECT YH
IF   ALLTRIM(THISFORM. TEXT1. VALUE)= ="" ;
   OR   ALLTRIM(THISFORM. TEXT2. VALUE)= =""
   MESSAGEBOX("用户名和密码都不能为空!", 0+64,"提示信息")
ELSE
    GO TOP
    LOCATE FOR ALLTRIM(THISFORM. TEXT1. VALUE)= =ALLTRIM(YH. 用户名)
        IF NOT EOF()
          MESSAGEBOX("用户名已经存在!", 0+64,"提示信息")
        ELSE
            APPEND BLANK
            REPLACE 用户名 WITH ALLTRIM(THISFORM. TEXT1. VALUE)
            REPLACE 密码 WITH ALLTRIM(THISFORM. TEXT2. VALUE)
            THISFORM. LIST1. REQUERY
        ENDIF
ENDIF
THISFORM. TEXT1. VALUE=""
THISFORM. TEXT2. VALUE=""
THISFORM. LIST1. REFRESH
THISFORM. REFRESH
```

“删除”按钮的 Click 事件代码如下：

```
SELECT   YH
LOCATE FOR ALLTRIM(THISFORM. TEXT1. VALUE)= =ALLTRIM(YH. 用户名) AND;
    ALLTRIM(THISFORM. TEXT2. VALUE)= =ALLTRIM(YH. 密码)
IF NOT EOF()
      YN=MESSAGEBOX("确定要删除该记录", 4+32+256,"删除确认")
      IF YN=6
          DELETE
          PACK
      ENDIF
```

```
ELSE
   MESSAGEBOX("此用户和密码不正确!")
ENDIF
THISFORM.TEXT1.VALUE=""
THISFORM.TEXT2.VALUE=""
THISFORM.LIST1.REQUERY
THISFORM.REFRESH
```

“返回”按钮的 Click 事件代码如下：

```
THISFORM.RELEASE
```

⑦ 执行运行命令，并进行测试。

(4) 密码修改界面设计

密码修改界面主要完成用户密码的修改功能。用户在对应的文本框中输入用户名、对应的旧密码、新密码以及确认的新密码后，点击“确定”按钮，即可完成修改密码的功能，界面设计如图 7-1-6 所示。

设计步骤如下：

① “项目管理器—学生成绩管理系统”中新建表单并保存为“MMXG.SCX”。

② 在表单上单击鼠标右键，在弹出菜单中选择“数据环境”项，打开“数据环境设计器”，添加数据表 YH.DBF。

③ 添加标签 Label1～Label5，各标签的 Caption 属性如图 7-1-6 所示。

④ 添加文本框 Text1～Text4，Text2～Text4 的 PasswordChar 属性设为“ * ”。

⑤ 添加“确认”和“返回”按钮。“确认”按钮的 Click 事件代码如下：

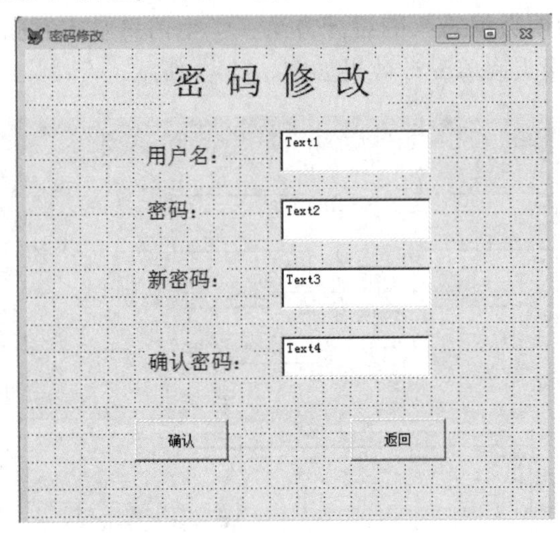

图 7-1-6　密码修改界面

```
SELECT YH
LOCATE FOR ALLTRIM(YH.用户名)==ALLTRIM(THISFORM.TEXT1.VALUE)
IF NOT EOF()
IF ALLTRIM(YH.密码)==ALLTRIM(THISFORM.TEXT2.VALUE)
IF ALLTRIM(THISFORM.TEXT3.VALUE)==ALLTRIM(THISFORM.TEXT4.VALUE)
      REPLACE  YH.密码 WITH ALLTRIM(THISFORM.TEXT3.VALUE)
```

```
        MESSAGEBOX("密码修改成功", 0+64,"提示信息")
    ELSE
        MESSAGEBOX("两次输入的新密码不同，请重新输入", 0+16,"提示信息")
        THISFORM.TEXT4.VALUE=""
        THISFORM.TEXT3.VALUE=""
        THISFORM.TEXT3.SETFOCUS
    ENDIF
    ELSE
    MESSAGEBOX("输入的旧密码错误，请重新输入", 0+32,"提示信息")
    THISFORM.TEXT2.VALUE=""
      THISFORM.TEXT2.SETFOCUS
    ENDIF
    ELSE
    MESSAGEBOX("输入的用户名错误，请重新输入", 0+32,"提示信息")
    THISFORM.TEXT1.VALUE=""
    THISFORM.TEXT1.SETFOCUS
    ENDIF
```

“返回”按钮的 Click 事件代码如下：

```
THISFORM.RELEASE
```

（5）数据录入的设计

数据的录入包括学生信息录入、课程信息录入和学生成绩录入。下面以学生信息录入表单 XSXXLR.SCX 为例说明数据录入的设计方法，学生信息录入界面主要用于实现学生信息的添加功能。学生信息录入表单设计效果如图 7-1-7 所示。

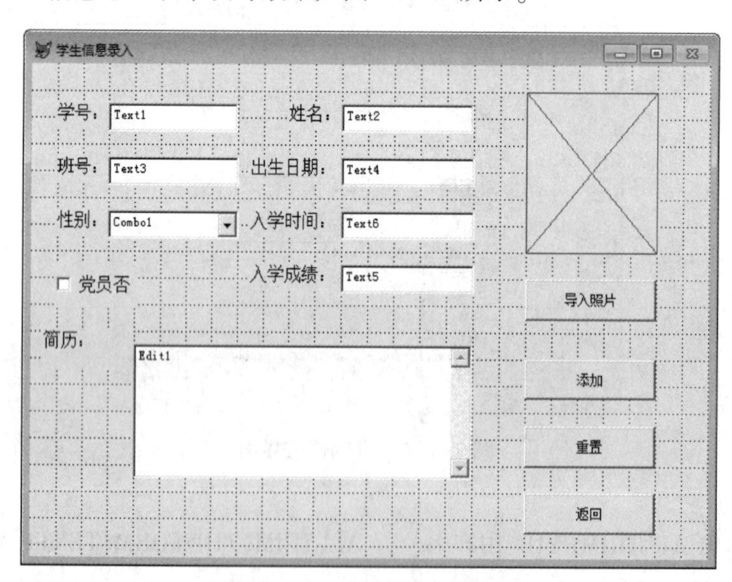

图 7-1-7　学生信息录入界面

设计步骤如下：

①“项目管理器—学生成绩管理系统”中新建表单并保存为“XSXXLR.SCX”，在表单的

初始化事件中设置公共变量，为 Form1 的 Init Event 过程设计如下代码：

PUBLIC PICTEMP

② 在表单上单击鼠标右键，在弹出菜单中选择“数据环境”项，打开“数据环境设计器”，添加数据表 XS. DBF。

③ 添加标签 Label1~Label8，设置字体、颜色等内容使其美观，其 Caption 属性如图 7-1-7 所示。

④ 添加文本框 Text1~Text6；添加组合框 Combo1，设置其 RowSourceType 属性为“1-值”类型，RowSource 属性为“男，女”。添加复选框 Check1，设置其 Caption 属性为“党员否”；添加编辑框 Edit1；添加图像 Image1。

⑤ 适当调整控件的位置和大小，使它们整齐划一、大小适中。

⑥ 添加 4 个命令按钮 Command1~ Command4，设置其 Caption 属性分别为“导入照片”、“添加”、“重置”和“返回”。适当调整它们的位置和大小。

⑦ 依次为命令按钮添加 Click 事件代码。

“导入照片”按钮的 Click 事件代码如下：

```
THISFORM. IMAGE1. VISIBLE=. T.
PICTEMP=GETPICT("BMP; JPEG","选择照片","导入")
THISFORM. IMAGE1. PICTURE= PICTEMP
```

“添加”按钮的 Click 事件代码如下：

```
SELECT XS
  IF (ALLTRIM(THISFORM. TEXT1. VALUE)= ="")
     MESSAGEBOX("学号必须填充!", 64,"提示")
  ELSE
     LOCATE FOR ALLTRIM(THISFORM. TEXT1. VALUE)= =ALLTRIM(XS. 学号)
     IF ! EOF()
       MESSAGEBOX("此学号已存在，请重新输入!", 64,"提示")
       THISFORM. TEXT1. VALUE=""
       THISFORM. TEXT1. SETFOCUS
      ELSE
       APPEND BLANK
       REPLACE 学号 WITH ALLTRIM(THISFORM. TEXT1. VALUE)
       REPLACE 姓名 WITH ALLTRIM(THISFORM. TEXT2. VALUE)
       REPLACE 班号 WITH ALLTRIM(THISFORM. TEXT3. VALUE)
       REPLACE 出生日期 WITH CTOD(ALLTRIM(THISFORM. TEXT4. VALUE))
       REPLACE  性别 WITH ALLTRIM(THISFORM. COMBO1. VALUE)
       REPLACE 入学时间 WITH CTOD(ALLTRIM(THISFORM. TEXT5. VALUE))
       REPLACE 入学成绩 WITH  VAL(ALLTRIM(THISFORM. TEXT6. VALUE))
       REPLACE  简历 WITH ALLTRIM(THISFORM. EDIT1. VALUE)
       IF THISFORM. CHECK1. VALUE=0
         REPLACE 党员否 WITH. F.
       ELSE
```

```
            REPLACE 党员否 WITH. T.
          ENDIF
          IF ! PICTEMP = = ""
             WAIT WINDOWS "正在导入照片，请等待！……" AT 100, 40 TIMEOUT ;
                2 NOWAIT
             APPEND GENERAL XS. 照片 FROM "&PICTEMP"
          ENDIF
          PICTEMP = ""
          MESSAGEBOX("添加成功!", 64,"提示")
    ENDIF
ENDIF
```

“重置”按钮的 Click 事件代码如下：

```
WITH THISFORM
. COMBO1. DISPLAYVALUE = ""
. TEXT1. VALUE = ""
. TEXT2. VALUE = ""
. TEXT3. VALUE = ""
. TEXT4. VALUE = ""
. TEXT5. VALUE = ""
. TEXT6. VALUE = ""
. EDIT1. VALUE = ""
. IMAGE1. PICTURE = ""
. CHECK1. VALUE = 0
ENDWITH
```

“返回”按钮的 Click 事件代码如下：

```
THISFORM. RELEASE
```

⑧ 执行运行命令，并进行测试。

课程信息录入表单和学生成绩录入表单的设计如图 7-1-8 和图 7-1-9 所示。具体设计方法请参照用户管理界面和学生信息录入界面。

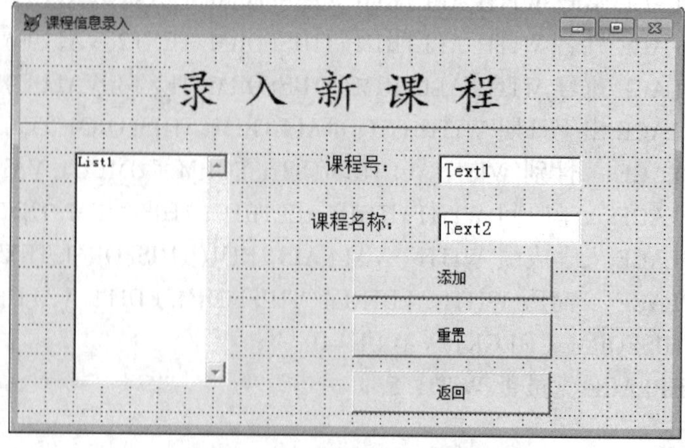

图 7-1-8　课程信息录入界面

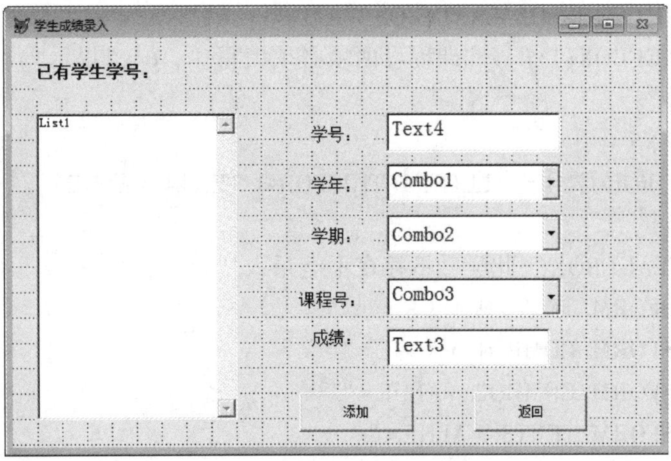

图 7-1-9　学生成绩录入界面

KCXXLR. SCX 表单中的“添加”按钮的 Click 事件代码如下：

```
SELECT KC
IF ALLTRIM(THISFORM. TEXT1. VALUE)= =""
   MESSAGEBOX("课程号必须填写!", 64,"提示")
ELSE
   LOCATE FOR  ALLTRIM(THISFORM. TEXT1. VALUE)= =ALLTRIM(KC. 课程号)
   IF NOT EOF()
      MESSAGEBOX("此学号已经存在，请重新输入!", 64,"提示")
      THISFORM. TEXT1. VALUE=""
      THISFORM. TEXT1. SETFOCUS
    ELSE
       APPEND BLANK
       REPLACE 课程号 WITH  ALLTRIM(THISFORM. TEXT1. VALUE)
       REPLACE 课程名称 WITH  ALLTRIM(THISFORM. TEXT2. VALUE)
    ENDIF
ENDIF
THISFORM. LIST1. REFRESH
THISFORM. REFRESH
```

KCXXLR. SCX 表单中的“重置”按钮的 Click 事件代码如下：

```
THISFORM. TEXT1. VALUE=""
THISFORM. TEXT2. VALUE=""
```

KCXXLR. SCX 表单中的“返回”按钮的 Click 事件代码如下：

```
THISFORM. RELEASE
```

XSCJLR. SCX 表单中的 List1 的 Click 事件代码如下：

```
THISFORM. TEXT4. VALUE=THISFORM. LIST1. VALUE
```

XSCJLR. SCX 表单中的“添加”按钮的 Click 事件代码如下：

```
IF ALLTRIM(THISFORM. TEXT4. VALUE)= ="" OR;
```

```
        ALLTRIM(THISFORM. COMBO3. VALUE) = = ""
        MESSAGEBOX("学号和课程号两项必须填写!", 64,"提示")
ELSE
    SELECT XS
    LOCATE FOR 学号= ALLTRIM(THISFORM. TEXT4. VALUE)
    IF EOF()
        MESSAGEBOX("此学号不存在不能录入!", 64,"提示")
        THISFORM. TEXT4. VALUE=""
        THISFORM. COMBO1. VALUE=""
        THISFORM. COMBO2. VALUE=""
        THISFORM. TEXT3. VALUE=""
        THISFORM. COMBO3. VALUE=""
    ELSE
        SELECT CJ
        GO TOP
        LOCATE FOR ALLTRIM(THISFORM. TEXT4. VALUE)= ALLTRIM(CJ. 学号) ;
        AND ALLTRIM(THISFORM. COMBO3. VALUE)= ALLTRIM(CJ. 课程号)
        IF NOT EOF()
            MESSAGEBOX("该学生此本课程成绩已经存在!", 64,"提示")
            THISFORM. TEXT4. VALUE=""
            THISFORM. COMBO3. VALUE=""
        ELSE
            APPEND BLANK
            REPLACE 学号 WITH ALLTRIM(THISFORM. TEXT4. VALUE)
            REPLACE 学年 WITH ALLTRIM(THISFORM. COMBO1. VALUE)
            REPLACE 学期 WITH ALLTRIM(THISFORM. COMBO2. VALUE)
            REPLACE 成绩 WITH VAL(ALLTRIM(THISFORM. TEXT3. VALUE))
            REPLACE 课程号 WITH ALLTRIM(THISFORM. COMBO3. VALUE)
            MESSAGEBOX("添加成功!", 64,"提示")
            THISFORM. TEXT4. VALUE=""
            THISFORM. COMBO1. VALUE=""
            THISFORM. COMBO2. VALUE=""
            THISFORM. TEXT3. VALUE=""
            THISFORM. COMBO3. VALUE=""
        ENDIF
    ENDIF
ENDIF
THISFORM. LIST1. REFRESH
THISFORM. REFRESH
```

XSCJLR. SCX 表单中的“返回”按钮的 Click 事件代码如下：

THISFORM. RELEASE

(6) 数据修改的设计

数据的修改包括学生信息修改、课程信息修改和学生成绩修改。学生信息修改界面主要用于实现学生信息的修改功能，可输入学生的学号或者姓名显示该学生的各项信息，也可通过命令按钮组中的各个按钮显示某学生的各项信息。学生信息修改表单的设计如图 7-1-10 所示。

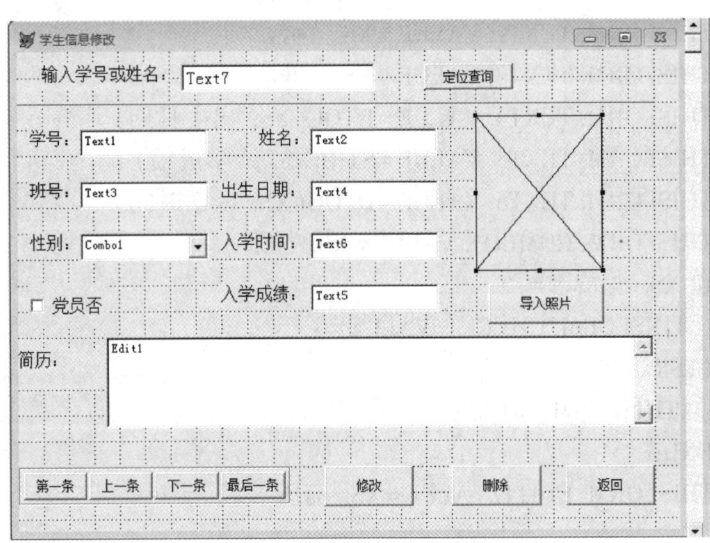

图 7-1-10 学生信息修改界面

学生信息修改设计步骤如下：

① “项目管理器—学生成绩管理系统”中新建表单并保存为“XSXXXG. SCX”。

② 在表单上单击鼠标右键，在弹出菜单中选择“数据环境”项，打开“数据环境设计器”，添加数据表 XS. DBF。

③ 添加标签 Label1 ~ Label9，设置字体、颜色等内容使其美观，其他标签的 Caption 属性如图 7-1-10 所示。

④ 添加文本框 Text1 ~ Text7，设置所有文本框的“ControlSource”属性为 XS 表的相应字段；添加组合框 Combo1，设置其 RowSourceType 属性为“1-值”类型，Combo1 的 RowSource 属性为“男，女”；添加复选框 Check1，设置“Caption”属性为“党员否”，设置其“ControlSource”属性为 XS 表的“党员否”字段；添加 Oleboundcontrol 控件，用来实现修改照片的功能，设置其“ControlSource”属性为 XS 表的“照片”字段；添加 Connandgroup 控件，设置“ButtonCount”属性为“4”，设置 Command1 ~ Command4 的 Caption 属性；添加编辑 Edit 控件；添加线条 Line1。

⑤ 适当调整控件的位置和大小，使它们整齐划一、大小适中。

⑥ 添加 5 个命令按钮 Command1 ~ Command5，设置其 Caption 属性分别为“导入照片”、“定位查询”、“修改”、“删除”和“返回”。适当调整它们的位置和大小。

⑦ 依次为命令按钮添加 Click 事件代码。

“导入照片”按钮的 Click 事件代码如下：

```
PICTEMP=GETPICT("BMP; JPEG ","选择照片","导入")
APPEND GENERAL XS. 照片 FROM "&PICTEMP"
```

"定位查询"按钮的 CLICK 事件代码如下：

```
SELECT XS
LOCATE FOR ALLTRIM(THISFORM. TEXT7. VALUE)= ALLTRIM(XS. 学号) OR;
          ALLTRIM(THISFORM. TEXT7. VALUE)= ALLTRIM(XS. 姓名)
  IF NOT EOF()
      THISFORM. TEXT1. VALUE=XS. 学号
      THISFORM. TEXT2. VALUE=XS. 姓名
      THISFORM. TEXT3. VALUE=XS. 班号
      THISFORM. TEXT4. VALUE=DTOC(XS. 出生日期)
      THISFORM. TEXT5. VALUE=STR(XS. 入学成绩)
      THISFORM. TEXT6. VALUE=DTOC(XS. 入学时间)
      THISFORM. COMBO1. VALUE=XS. 性别
      IF XS. 党员否=. T.
        THISFORM. CHECK1. VALUE=1
      ELSE
        THISFORM. CHECK1. VALUE=0
      ENDIF
      THISFORM. EDIT1. VALUE=XS. 简历

  ELSE
     MESSAGEBOX("没有要找的学生!", 64,"提示")
     THISFORM. TEXT1. VALUE=""
  ENDIF
  THISFORM. REFRESH
```

"修改"按钮的 Click 事件代码如下：

```
  SELECT XS
  REPLACE 学号 WITH ALLTRIM(THISFORM. TEXT1. VALUE)
  REPLACE 姓名 WITH ALLTRIM(THISFORM. TEXT2. VALUE)
  REPLACE 班号 WITH ALLTRIM(THISFORM. TEXT3. VALUE)
  REPLACE 出生日期 WITH CTOD(ALLTRIM(THISFORM. TEXT4. VALUE))
  REPLACE 性别 WITH ALLTRIM(THISFORM. COMBO1. VALUE)
  REPLACE 入学时间 WITH CTOD(ALLTRIM(THISFORM. TEXT6. VALUE))
  REPLACE 入学成绩 WITH VAL(ALLTRIM(THISFORM. TEXT5. VALUE))
  IF THISFORM. CHECK1. VALUE=1
     REPLACE 党员否 WITH. T.
  ELSE
     REPLACE 党员否 WITH. F.
  ENDIF
  REPLACE 简历 WITH ALLTRIM(THISFORM. EDIT1. VALUE)
  REPLACE 照片 WITH THISFORM. OLEBOUNDCONTROL1. CONTROLSOURCE
```

"删除"按钮的 Click 事件代码如下：

```
USE XS EXCL
YN=MESSAGEBOX("确定要删除该记录", 4+32+256,"删除确认")
IF YN=6
    DELETE
    PACK
    IF EOF()
      GO BOTTOM
    ENDIF
ENDIF
THISFORM.REFRESH
```

"返回"按钮的 Click 事件代码如下：

```
THISFORM.RELEASE
```

学生成绩修改界面主要用于实现学生成绩的修改功能。在修改成绩时，可按学号修改该生的所有课程成绩或按课程号修改该门课程的所有学生的成绩。成绩修改表单设计效果如图 7-1-11 所示。

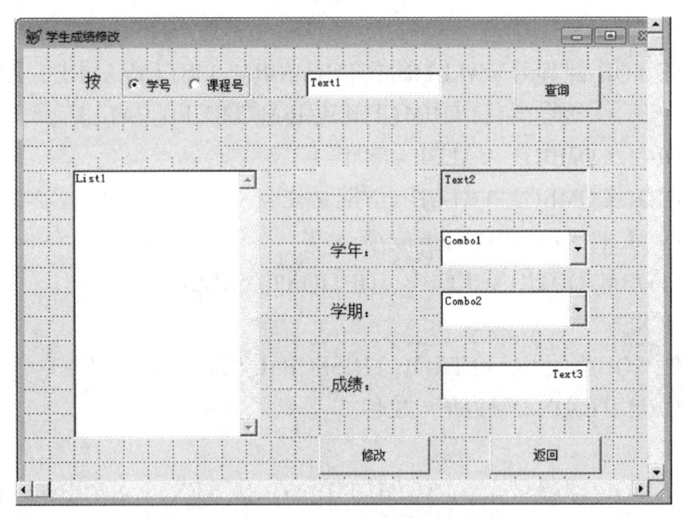

图 7-1-11　学生成绩修改界面

学生成绩修改设计步骤如下：

① 在"项目管理器—学生成绩管理"中新建表单并保存为"XSCJXG.SCX"。为表单的 Init 事件添加代码如下：

```
THISFORM.LIST1.VALUE=""
THISFORM.LIST1.CLEAR
THISFORM.COMBO1.VALUE=""
THISFORM.COMBO2.VALUE=""
THISFORM.TEXT2.VALUE=""
THISFORM.TEXT3.VALUE=""
```

② 在表单上单击鼠标右键，在弹出菜单中选择"数据环境"项，打开"数据环境设计器"，添加数据表 XS.DBF、KC.DBF、CJ.DBF。

③ 添加标签 Label1～Label6，其中 Label2 和 Label3 的 Caption 属性的初始值设为空。若选择按“学号”查询时，Label2 的 Caption 属性值为“已有课程号”，Label3 的 Caption 属性为“课程名”；若选择按“课程号”查询时，Label2 的 Caption 属性值为“已有学生学号”，Label3 的 Caption 属性为“姓名”。设置字体、颜色等内容使其美观，其他标签的 Caption 属性如图 7-1-11 所示。

④ 添加文本框 Text1～Text3，其中 Text2 的 ReadOnly 属性设为“. T. -真”；添加组合框 Combo1、Combo2，设置其 RowSourceType 属性为“1-值”类型，Combo1 的 RowSource 属性为“2007，2008，…，2020”，Combo2 的 RowSource 属性为“1，2，3，4”；添加选项按钮组 OptionGroup1，设置“ButtonCount”属性为“2”，其中 Option1 的 Caption 属性为“学号”，其中 Option2 的 Caption 属性为“课程号”；添加线条 Line1；添加列表框 List1，为 List1 添加 Click 事件代码为：

```
DO CASE
   CASE THISFORM. OPTIONGROUP1. OPTION1. VALUE=1
      SELECT KC
      LOCATE FOR 课程号=ALLTRIM(THISFORM. LIST1. VALUE)
      THISFORM. TEXT2. VALUE=课程名称
      SELECT CJ
      LOCATE FOR 课程号=ALLTRIM(THISFORM. LIST1. VALUE). AND. ;
                 学号=ALLTRIM(THISFORM. TEXT1. VALUE)
      THISFORM. COMBO1. VALUE=学年
      THISFORM. COMBO2. VALUE=学期
      THISFORM. TEXT3. VALUE=成绩
   CASE THISFORM. OPTIONGROUP1. OPTION2. VALUE=1
      SELECT XS
      LOCATE FOR 学号=ALLTRIM(THISFORM. LIST1. VALUE)
      THISFORM. TEXT2. VALUE=姓名
      SELECT CJ
      LOCATE FOR 课程号=ALLTRIM(THISFORM. TEXT1. VALUE). AND. ;
                 学号=ALLTRIM(THISFORM. LIST1. VALUE)
      THISFORM. COMBO1. VALUE=学年
      THISFORM. COMBO2. VALUE=学期
      THISFORM. TEXT3. VALUE=成绩
ENDCASE
```

⑤ 适当调整控件的位置和大小，使它们整齐划一、大小适中。

⑥ 添加 3 个命令按钮 Command1～Command3，设置其 Caption 属性分别为“查询”、“修改”和“返回”。适当调整它们的位置和大小。

⑦ 依次为命令按钮添加 Click 事件代码。

“查询”按钮的 CLICK 事件代码如下：

```
DO CASE
CASE THISFORM. OPTIONGROUP1. OPTION1. VALUE=1
```

```
    IF ALLTRIM(THISFORM.TEXT1.VALUE)= =""
      MESSAGEBOX("请输入学号!", 64,"提示")
    ELSE
      THISFORM.LABEL2.CAPTION="已有课程号:"
      THISFORM.LABEL3.CAPTION="课程名:"
      SELECT CJ
      GO TOP
      LOCATE FOR 学号= =ALLTRIM(THISFORM.TEXT1.VALUE)
      IF NOT FOUND()
         THISFORM.LIST1.CLEAR
         MESSAGEBOX("该学号不存在!", 64,"提示")
         THISFORM.TEXT1.VALUE=""
         THISFORM.TEXT1.SETFOCUS
      ELSE
         THISFORM.LIST1.CLEAR
         DO WHILE FOUND()
             THISFORM.LIST1.ADDITEM(课程号)
             CONTINUE
         ENDDO
         THISFORM.TEXT2.VALUE=""
         THISFORM.COMBO1.VALUE=""
         THISFORM.COMBO2.VALUE=""
         THISFORM.TEXT3.VALUE=""
      ENDIF
    ENDIF
CASE THISFORM.OPTIONGROUP1.OPTION2.VALUE=1
    IF ALLTRIM(THISFORM.TEXT1.VALUE)= =""
      MESSAGEBOX("请输入课程号!", 64,"提示")
    ELSE
      THISFORM.LABEL2.CAPTION="已有学生学号:"
      THISFORM.LABEL3.CAPTION="姓名:"
      SELECT CJ
      GO TOP
      LOCATE FOR 课程号= =ALLTRIM(THISFORM.TEXT1.VALUE)
      IF NOT FOUND()
         THISFORM.LIST1.CLEAR
         MESSAGEBOX("没有找到此门课程!", 64,"提示")
         THISFORM.TEXT1.VALUE=""
```

```
            THISFORM. TEXT1. SETFOCUS
        ELSE
            THISFORM. LIST1. CLEAR
            DO WHILE FOUND( )
                THISFORM. LIST1. ADDITEM(学号)
                CONTINUE
            ENDDO
            THISFORM. TEXT2. VALUE=""
            THISFORM. COMBO1. VALUE=""
            THISFORM. COMBO2. VALUE=""
            THISFORM. TEXT3. VALUE=""
        ENDIF
    ENDIF
ENDCASE
THISFORM. LIST1. REFRESH
THISFORM. REFRESH
```

“修改”按钮的 Click 事件代码如下：

```
DO CASE
   CASE THISFORM. OPTIONGROUP1. OPTION1. VALUE=1
       SELECT CJ
       LOCATE FOR 课程号=ALLTRIM(THISFORM. LIST1. VALUE). AND. ;
学号=ALLTRIM(THISFORM. TEXT1. VALUE)
       REPLACE 学年 WITH ALLTRIM(THISFORM. COMBO1. VALUE);
学期 WITH ALLTRIM(THISFORM. COMBO2. VALUE);
成绩 WITH THISFORM. TEXT3. VALUE
   CASE THISFORM. OPTIONGROUP1. OPTION2. VALUE=1
       SELECT CJ
       LOCATE FOR 课程号=ALLTRIM(THISFORM. TEXT1. VALUE). AND. ;
学号=ALLTRIM(THISFORM. LIST1. VALUE)
       REPLACE 学年 WITH ALLTRIM(THISFORM. COMBO1. VALUE);
学期 WITH ALLTRIM(THISFORM. COMBO2. VALUE);
成绩 WITH THISFORM. TEXT3. VALUE
ENDCASE
```

“返回”按钮的 CLICK 事件代码如下：

```
THISFORM. RELEASE
```

⑧ 执行运行命令，并进行测试。按课程号修改学生成绩效果如图 7-1-12 所示，按学号修改学生成绩效果如图 7-1-13 所示。

课程信息修改表单的设计如图 7-1-14 所示。具体设计方法请参照学生信息修改和学生成绩修改界面。

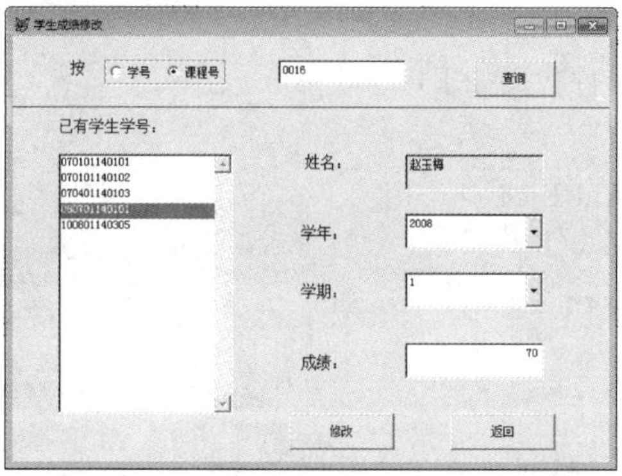

图 7-1-12　按课程号修改学生成绩效果图

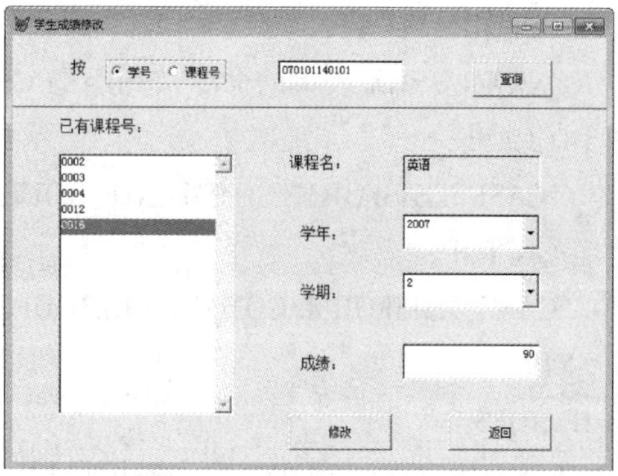

图 7-1-13　按学号修改学生成绩效果图

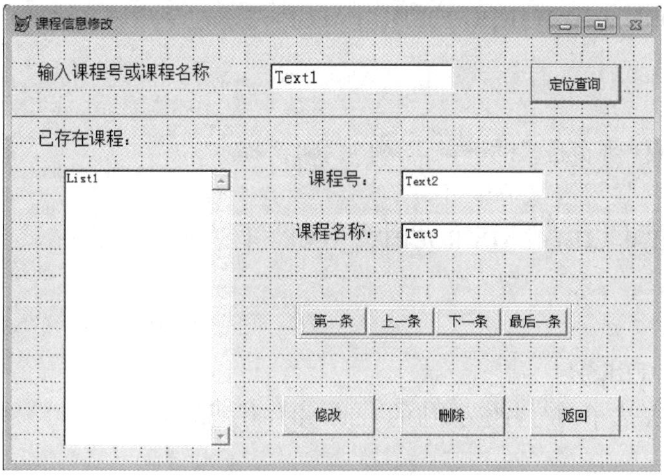

图 7-1-14　课程信息修改界面

KCXXXG..SCX 表单的"定位查询"按钮的 Click 事件代码如下：

```
SELECT KC
LOCATE FOR ALLTRIM(THISFORM.TEXT1.VALUE)= ALLTRIM(KC.课程名称) OR ;
ALLTRIM(THISFORM.TEXT1.VALUE)= KC.课程号
IF NOT EOF()
    THISFORM.TEXT2.VALUE=KC.课程号
    THISFORM.TEXT3.VALUE=KC.课程名称
    THISFORM.LIST1.VALUE=THISFORM.TEXT3.VALUE
ELSE
    MESSAGEBOX("没有要找的课程!", 64,"提示")
    THISFORM.TEXT1.VALUE=""
ENDIF
THISFORM.REFRESH
```

KCXXXG..SCX 表单的 List1 的 Click 事件代码如下

```
SELECT KC
THISFORM.TEXT3.VALUE=THISFORM.LIST1.VALUE
```

```
THISFORM.TEXT2.VALUE=KC.课程号
```

KCXXXG..SCX 表单的命令按钮组的 Click 事件代码如下

```
DO CASE
  CASE THISFORM.COMMANDGROUP1.VALUE=1
  GO TOP
  CASE THISFORM.COMMANDGROUP1.VALUE=2
SKIP -1
IF BOF()
MESSAGEBOX("现在是第一条记录!", 64,"提示")
ENDIF
CASE THISFORM.COMMANDGROUP1.VALUE=3
SKIP
IF EOF()
MESSAGEBOX("现在是最后一条记录!", 64,"提示")
ENDIF
CASE THISFORM.COMMANDGROUP1.VALUE=4
GO BOTTOM
ENDCASE
THISFORM.REFRESH
```

KCXXXG..SCX 表单的“修改”按钮的 Click 事件代码如下：

```
SELECT KC
REPLACE 课程号 WITH ALLTRIM(THISFORM.TEXT2.VALUE)
REPLACE 课程名称 WITH ALLTRIM(THISFORM.TEXT3.VALUE)
```

KCXXXG..SCX 表单的“删除”按钮的 Click 事件代码如下：

```
YN=MESSAGEBOX("确定要删除该记录", 4+32+256,"删除确认")
IF YN=6
DELETE
PACK
ENDIF
THISFORM.LIST1.REQUERY
THISFORM.REFRESH
```

KCXXXG..SCX 表单的“返回”按钮的 CLICK 事件代码如下：

```
THISFORM.RELEASE
```

(7) 数据查询的设计

数据的查询包括按学号、姓名、班号或性别查询学生信息，按课程号或课程名称查询课程信息；按学号或姓名查询学生个人成绩以及按课程号或课程名称查询学习该门课程的学生的成绩，并统计出最高分、最低分和平均成绩。下面以学生信息查询表单 XSXXCX.SCX 为例说明数据查询的设计方法。学生信息查询表单运行效果如图 7-1-15 所示。

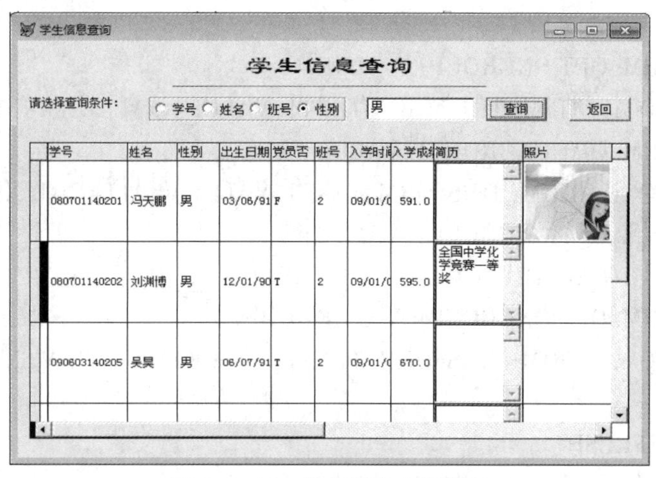

图 7-1-15　学生信息查询界面

设计步骤如下：

① “项目管理器—学生成绩管理系统”中新建表单并保存为“XSXXCX. SCX”。

② 在表单上单击鼠标右键，在弹出菜单中选择“数据环境”项，打开“数据环境设计器”，添加数据表 XS. DBF。

③ 添加标签 Label1、Label2，其中 Label1 的 Caption 属性为“学生信息查询”，Label2 的 Caption 属性为“请选择查询条件：”。

④ 添加线条 Line1；添加选项按钮组 OptionGroup1，设置“ButtonCount”属性为“4”，其中 Option1～Option4 的 Caption 属性为“学号”、“姓名”、“班号”和“性别”；添加 2 个命令按钮 Command1、Command2，设置其 Caption 属性分别为“查询”和“返回”。

⑤ 添加一个 Grid1 控件，用于存放查询结果，设置其 ReadOnly 属性为“. T. ”，RecordSourceType 属性为“1-别名”，RecordSource 属性为“XS”，在 Grid1 上单击鼠标右键，在弹出的快捷菜单中选择“生成器”，弹出“表格生成器”对话框，如图 7-1-16。选择“布局”选项卡，利用它为表格布局。拖动列标题的右边线可以调整列宽，拖动行的下边线可调整行高；在“标题”文本框中可以列设置其 Caption 属性，在“控件类型”列表框中可改变列的控件类型，如图 7-1-17。

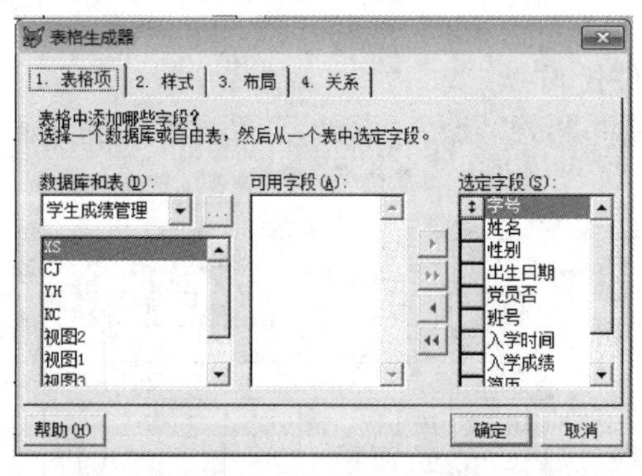

图 7-1-16　表格生成器

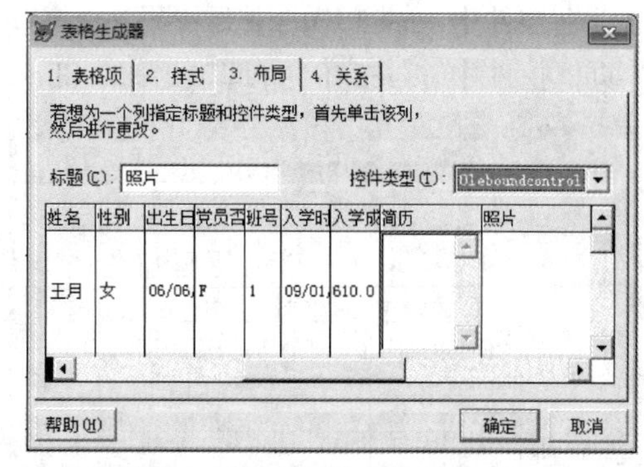

图 7-1-17　“布局”选项卡设置

⑥ 适当调整控件的位置和大小，使它们布局合理。

⑦ 执行查询，为“查询”按钮添加 Click 事件代码如下：

```
GO TOP
```

```
DO CASE
CASE THISFORM. OPTIONGROUP1. VALUE = 1
SET FILTER TO ALLTRIM( THISFORM. TEXT1. VALUE) = ALLTRIM( XS. 学号)
CASE THISFORM. OPTIONGROUP1. VALUE = 2
SET FILTER TO ALLTRIM( THISFORM. TEXT1. VALUE) = ALLTRIM( XS. 姓名)
CASE THISFORM. OPTIONGROUP1. VALUE = 3
  SET FILTER TO ALLTRIM( THISFORM. TEXT1. VALUE) = ALLTRIM( XS. 班号)
CASE THISFORM. OPTIONGROUP1. VALUE = 4
SET FILTER TO ALLTRIM( THISFORM. TEXT1. VALUE) = ALLTRIM( XS. 性别)
ENDCASE
THISFORM. REFRESH
```

⑧ 为“返回”按钮添加 Click 事件代码如下：

```
THISFORM. RELEASE
```

⑨ 执行运行命令，并进行测试。

按照相同方法设计课程信息查询表单，运行效果如图 7-1-18 所示。

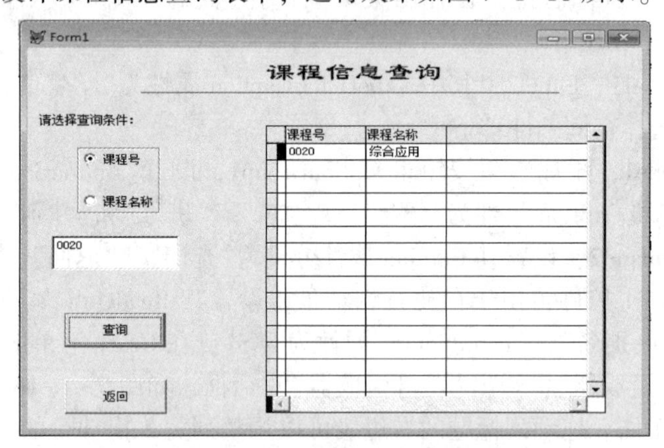

图 7-1-18　课程信息查询界面

按照相同方法设计学生成绩查询表单，运行效果如图 7-1-19 和图 7-1-20 所示。以下给出页框控件中 Page2 中的主要代码。

页框控件中 Page2 中“查询”按钮的 Click 事件代码：

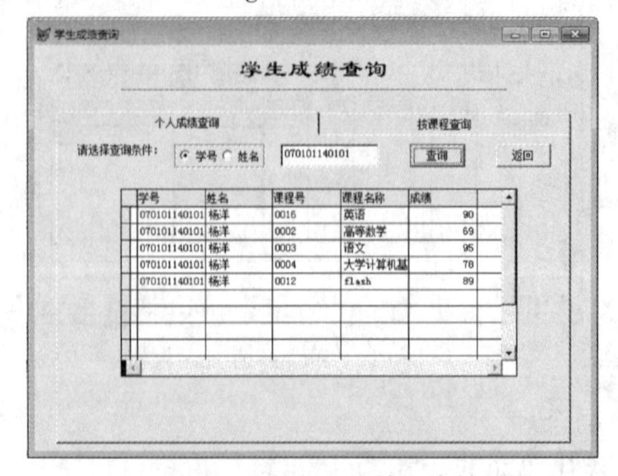

图 7-1-19　学生个人成绩查询效果图

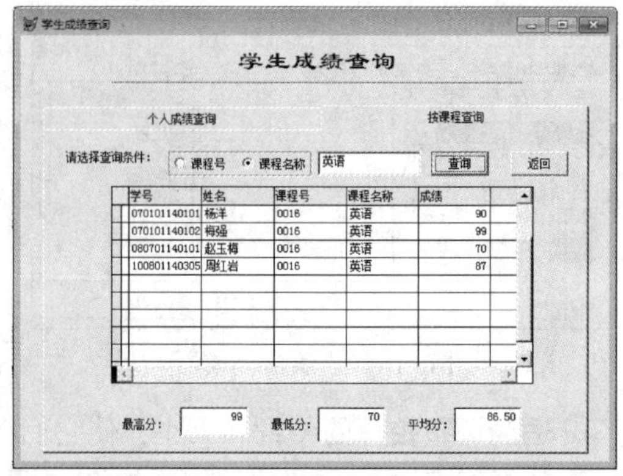

图 7-1-20　按课程查询学生成绩效果图

```
GO TOP
DO CASE
CASE THISFORM. PAGEFRAME1. PAGE2. OPTIONGROUP1. VALUE=1
  SET FILTER TO ALLTRIM(THISFORM. PAGEFRAME1. PAGE2. TEXT1. VALUE)= ;
                                   ALLTRIM(课程号)
CASE THISFORM. PAGEFRAME1. PAGE2. OPTIONGROUP1. VALUE=2
  SET FILTER TO ALLTRIM(THISFORM. PAGEFRAME1. PAGE2. TEXT1. VALUE)= ;
                                  ALLTRIM(课程名称)
ENDCASE
THISFORM. REFRESH
  AVER 成绩 FOR ALLTRIM(THISFORM. PAGEFRAME1. PAGE2. TEXT1. VALUE)= ALLTRIM
  (课程号); OR   ALLTRIM(THISFORM. PAGEFRAME1. PAGE2. TEXT1. VALUE)= ALLTRIM
  (课; 程名称) TO AVER
  LOCATE FOR ALLTRIM(THISFORM. PAGEFRAME1. PAGE2. TEXT1. VALUE)= ALLTRIM(课
  程号) OR   ALLTRIM(THISFORM. PAGEFRAME1. PAGE2. TEXT1. VALUE)= ALLTRIM(课
  程名称)
     MAX=成绩
     MIN=成绩
     DO WHILE NOT EOF()
       IF MAX<成绩
         MAX=成绩
       ENDIF
       IF MIN>成绩
         MIN=成绩
       ENDIF
       CONTINUE
    ENDDO
    THISFORM. PAGEFRAME1. PAGE2. TEXT2. VALUE=MAX
    THISFORM. PAGEFRAME1. PAGE2. TEXT3. VALUE=MIN
    THISFORM. PAGEFRAME1. PAGE2. TEXT4. VALUE=AVER
    THISFORM. REFRESH
```

(8) 打印报表的设计

打印报表是系统中的常用功能，报表的设计一般使用报表设计器和报表向导来完成。本系统设计了两个报表，学生信息报表 XSXXBB. FRX 和学生成绩报表 XSCJBB. FRX。设计效果分别如图 7-1-21 和图 7-1-22 所示。具体设计方法请参见本书第 6 章 6. 2 节和 6. 3 节。

(9) 主程序设计

主程序即系统的引导程序，他是整个系统的入口，也是把其他所有功能程序连接成为一个整体的组织者。通过它可以关闭主窗口中与该系统有关的内容，可以设置系统标题、主窗口背景、定义系统的公用参数、打开数据库和运行登录界面。在 Visual FoxPro 应用系统中，主程序一般是一个命令文件，即 . prg 文件。在项目管理器“代码”选项卡中，选择“程序”，然后单击新建按钮，打开程序编辑器，输入如下的程序：

图 7-1-21　学生信息报表设计

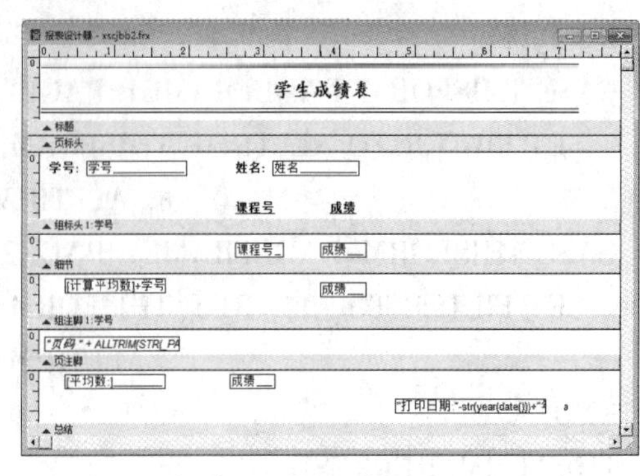

图 7-1-22　学生成绩报表设计

```
&& 系统初始化
    SET TALK OFF
    SET SYSMENU OFF
    SET SYSMENU TO
    SET DELETED ON
    SET STATUS BAR OFF
    SET DATE ANSI
    SET SAFETY OFF
    CLEAR ALL
    CLOSE ALL
    CANCEL
    _SCREEN. WINDOWSTATE=2                      && 设置窗口状态
    _SCREEN. CAPTION="学生成绩管理系统"          && 设置窗口名称
    PUBLIC, TRYTIME, PICTEMP                    && 定义全局变量
    PICTEMP=""
    TRYTIME=0
    OPEN DATABASE 学生成绩管理                   && 打开数据库
    DO FORM 登录                                && 运行系统登录界面
    READ EVENTS
```

将该程序保存为 main. prg 文件，并将该文件设置为主文件。在“代码”选项卡中，选择 main. prg 文件，单击鼠标右键，在打开的快捷菜单中选择“设置主文件”，如图 7-1-23 所示。

由于主菜单中的“退出系统”实现的是整个系统的退出功能，在主菜单“退出系统”中编写 CLEANUP. PRG 程序文件：

```
    SET SYSMENU TO DEFAULT
    SET TALK ON
    SET SAFETY ON
    CLOSE ALL
    CLEAR ALL
```

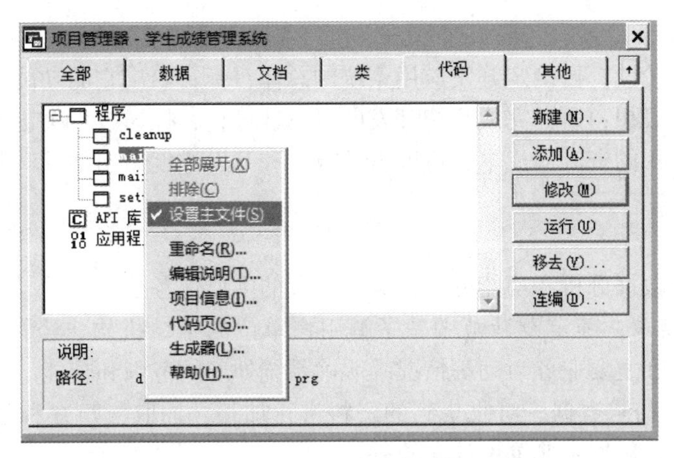

图 7-1-23　设置主文件

```
CLEAR WINDOWS
CLEAR EVENTS
CANCEL
```

4. 学生成绩管理系统生成

在 Visual FoxPro 6.0 中生成应用程序的操作步骤为：

第一步，在项目管理器中设计完成相应的数据库、数据表、各种应用界面、菜单以及主控程序 main. prg，并将 main. prg 设置为主文件。

第二步，生成可执行文件。

在项目管理器中，单击“连编”按钮，弹出“连编选项”对话框，选择“连编可执行文件”单选按钮创建可执行文件(. exe)，如图 7-1-24 所示。在“连编选项”中可以单击“版本”按钮修改“. EXE 版本”的信息，如图 7-1-25。在“连编选项”中单击“确定”按钮后，打开“另存为”对话框，将文件另存为“学生成绩管理 . exe”，然后单击“保存”按钮即可完成连编。

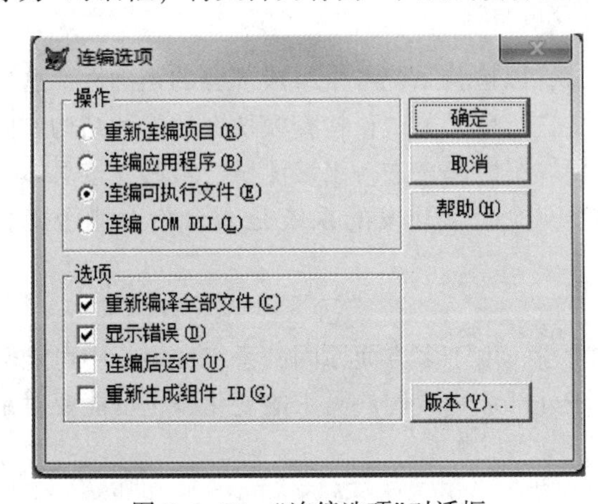

图 7-1-24　“连编选项”对话框

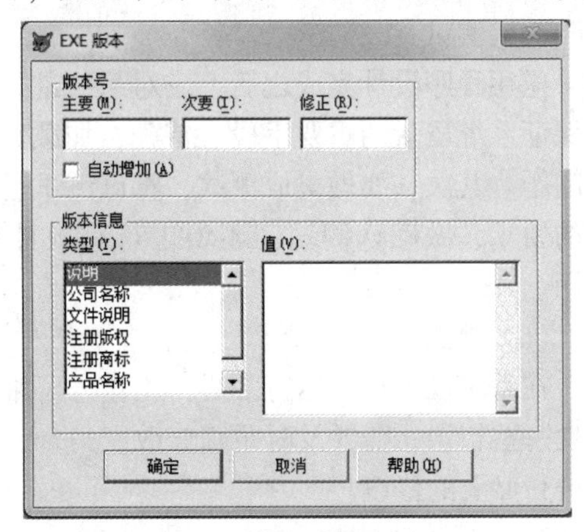

图 7-1-25　“EXE 版本”对话框

7.1.3　相关知识

1. 数据库应用系统的开发步骤

按照软件工程的方法，数据库应用系统的开发过程包括可行性分析、需求分析、数据库和应用程序设计、系统试运行和测试、系统运行和维护等几个阶段。

(1) 可行性分析

在可行性分析阶段，要确定开发应用系统的总体目标，给出它的功能、性能、可靠性以及数据接口方面的设想；研究完成系统开发的可行性分析，探讨技术关键和解决问题的技术路线；并对可供使用的资源、成本、可取得的效益和开发进度做出估计，制订完成任务的实施计划。

(2) 需求分析

需求分析包括数据分析和功能分析，这一阶段的主要任务是：

① 确认用户需求，确定设计范围。了解用户单位的组织机构、经营方针、管理模式、各部门的职责范围和主要业务活动等情况。明确系统处理的范围和功能。

② 收集和分析需求数据。对收集到的资料进行加工、抽取、归并和分析，采用一定的方法建立数据流图、数据字典等设计文档。

③ 建立需求说明书。对所开发的系统进行全面的描述，包括任务的目标、具体需求说明、系统功能结构、性能、运行环境和系统配置等。

(3) 数据设计

需求分析结束后，就可以进行数据设计，一般先进行概念设计，然后再作逻辑设计。概念设计独立于具体的计算机系统，把需求分析所得到的数据转化为相应的实体模型。逻辑设计与具体的 DBMS 相关，将上面得到的概念模型转化成 Visual FoxPro 6.0 所支持的关系模型，进行性能评价和规范化处理，并对数据的安全性和完整性方面做出设计。

(4) 应用程序设计

开发数据库应用系统中的应用程序一般可按照总体设计、模块设计、编码调试的步骤进行。在总体设计中，可采用层次图的方法，按功能要求，自顶向下划分若干子系统，子系统再分为若干功能模块。划分模块时应注意遵守“模块的独立性”原则，尽可能使每一模块完成一项独立的功能。编码就是要将功能模块转换成计算机可以执行的程序代码，即用某种程序设计语言(例如 Visual FoxPro 6.0)编写源程序。

(5) 测试

应用程序设计完成之后，应对系统进行测试，以检验系统各个组成部分的正确性，这也是保证系统质量的重要手段。首先，加载数据，进行单元测试，检查模块在功能和结构方面的问题。其次，要做集成测试，将已测试过的模块组装起来进行组装测试。最后，按总体设计的要求，做确认测试，逐项进行有效性检查，检验已开发的系统是否合格，能否交付使用。

(6) 维护

在系统投入正式运行之后，就进入了维护阶段，由于多方面原因，系统在运行中可能会出现一些错误，需要及时跟踪修改。另外，由于外部环境或用户需求的变化，也可能要对系统进行必要的修改。

2. 运行和调试

在程序设计的过程中应随时运行和调试，如建立表单，在表单设计好之后，应运行并调试。调试程序时，可以利用 Visual FoxPro 提供的调试器，选择“工具”菜单中的“调试器”菜单项可以打开调试器对话框，如图 7-1-26 所示。

可以在该对话框中打开并运行要调试的程序或表单；也可以先打开此对话框，再在 Visual FoxPro 中运行要调试的程序或表单，同样可以将运行的程序或表单通过调试器调试。

在程序运行时必须先输入必要的数据，便于程序的运行和调试。

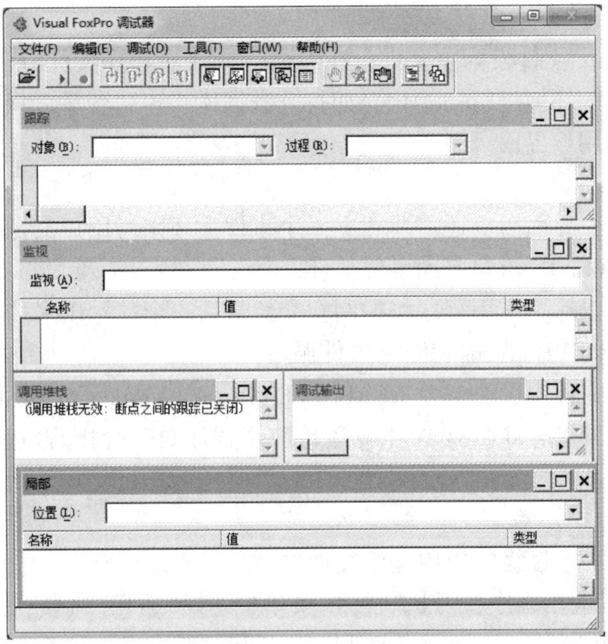

图 7-1-26 “调试器”窗口

3. 应用程序的生成

当项目各个模块建好后，打开“项目管理器”，选择“项目”菜单下的“刷新”命令刷新项目，接着选择“项目”菜单下的“清理项目”，然后对项目进行“连编”。在“项目管理器”中选择“连编”按钮，在显示的“连编选项”对话框中选择“连编可执行文件”，单击“确定”按钮，弹出“另存为”对话框，选择应用程序保存的路径和文件名，单击“保存”按钮，即可生成应用程序。

连编项目的目的是让 Visual FoxPro 系统对项目的整体性进行测试。主文件一旦确定，项目连编时会自动将各级被调用文件增入项目管理器，但数据库、表、视图等数据文件不会自动增入。连编以后，除了被设置为“排除”的文件，项目包含的其他文件将合成为一个应用程序文件。

在发布应用程序之前，必须连编一个以 . app 为扩展名的应用程序文件，或者一个以 . exe 为扩展名的可执行文件。这两种连编类型文件的区别是：应用程序文件(. app)只能在 Visual FoxPro 环境下运行，文件比 . exe 文件小 10K 到 15K；可执行文件(. exe)既可以在 Visual FoxPro 环境下运行，也可以在 Windows 环境下运行，但必须和动态链接库 Vfp6r. dll 和 Vfp6rchs. dll(中文版)或 Vfp6renu. dll(英文版)一起构成 Visual FoxPro 所需的完整运行环境，这些文件必须放置在与可执行文件相同的目录中。

4. 文件的包含和排除

项目管理器中的文件可分为“包含”和“排除”两种类型，左侧有 Ø 标记的文件是“排除”文件，其余则是“包含”文件。

当项目连编时，Visual FoxPro 将项目包含的所有文件组合成为单一的应用程序文件，并使这些文件都变为只读。设置为“排除”的文件可以由用户修改。通常将可以执行的文件(例如表单、报表、查询、菜单和程序)设置为“包含”，而数据文件则根据是否允许写入来决定是否设置为“排除”。总之，所有不允许用户更新的文件应设置为“包含”。

5. 主文件的设置

通常，将一个 . prg 文件设为主文件(主程序文件)。主程序文件应完成的任务如下：

(1) 对应用程序的环境进行初始化，如打开数据库、声明变量、设置 SET 等。

(2) 显示初始的用户界面。

(3) 控制事件循环。

显示出初始的用户界面后，还需要建立一个事件循环来对用户的操作作出响应，因此主程序中要用 READ EVENTS 语句启动事件循环。

当事件循环开始以后，应用程序将控制权交给最后一个显示出来的界面来处理，这个界面退出时要用 CLEAR EVENTS 语句结束事件循环。

注意：如果在主文件中没有包含 READ EVENTS，在 Visual FoxPro 环境中可以正确地运行应用程序，但是离开 Visual FoxPro 环境运行应用程序时，会出现程序显示片刻就退出的现象。

6. 运行应用程序

当为项目建立了一个最终的应用程序文件之后，可以运行它。

如果要运行 . app 应用程序，可从“程序”菜单中选择“运行”命令，然后选择要执行的应用程序；或者在“命令”窗口中，键入 DO 和应用程序文件名。格式为：

DO <应用程序文件名 . app>

例如，要运行应用程序“学生成绩管理”，可键入：

DO 学生成绩管理 . app

如果从应用程序中建立一个 . exe 文件，可以使用如下几种方法运行该文件：

(1) 在 Visual FoxPro 中，从“程序”菜单中选择“运行”，然后选择一个可执行文件。

(2) 在 Windows 系统中，双击该 . exe 文件的图标。

(3) 在“命令”窗口中，键入 DO 和可执行文件名。格式为：

DO <可执行文件名 . exe>

7.2 【案例25】“学生成绩管理系统”发布

7.2.1 案例描述

一般情况下，程序编制者都不是最终的用户，因此，对于一个开发完毕的程序，还需对其进行一定的处理，提供给最终的用户。在 Visual FoxPro 6.0 中，系统提供的安装向导用于协助用户发布应用程序。

7.2.2 操作步骤

1. 发布前的准备工作

(1) 编辑项目信息

项目信息用于指定编译后可执行文件的图标显示和作者信息等。在“项目管理器—学生成绩管理系统”上单击鼠标右键，在弹出的快捷菜单上单击“项目信息”菜单项，打开“项目信息”对话框，单击“项目”选项卡，如图 7-2-1 所示。

(2) 连编应用程序

单击项目管理器中的“连编”按钮，弹出如图 7-1-20 所示的“连编选项”对话框，选择

“连编可执行文件”单选按钮创建可执行文件“学生成绩管理系统.exe”，完成连编。

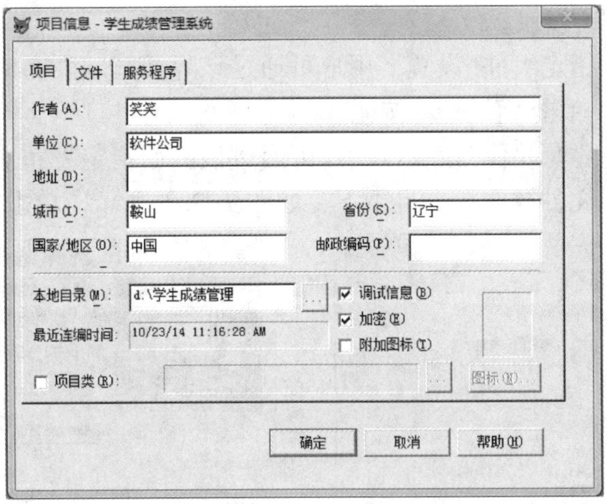

图 7-2-1 “项目信息”对话框

(3) 创建发布目录

在开发的软件目录“E：\ 学生成绩管理”下建一个子目录“学生成绩管理安装”。将编译后的“学生成绩管理.exe”文件和程序所使用的数据库(dbc)、数据库备注(dct)、数据库索引(dcx)、表(dbf)、表索引(cdx、idx)、表备注(fpt)、内存变量文件(mem)等复制到该目录中，然后执行“学生成绩管理系统.exe”，看看程序运行是否正常，分析不正常的原因是不是由于复制时有遗漏文件所引起的。

注意：prg 文件、菜单文件、表单文件、报表文件、标签文件等不要复制进去，因为它们已经被编译在.exe 文件中了。

2. 使用安装向导

(1) 单击“工具”→“向导”→“安装”菜单命令。如果用户第一次使用“安装向导”，将打开安装向导提示信息对话框，看到一条信息，提示无法找到安装目录，如图 7-2-2 所示。

(2) 单击“创建目录”按钮，打开“安装向导”对话框，进行“步骤 1-定位文件”设置，如图 7-2-3 所示。

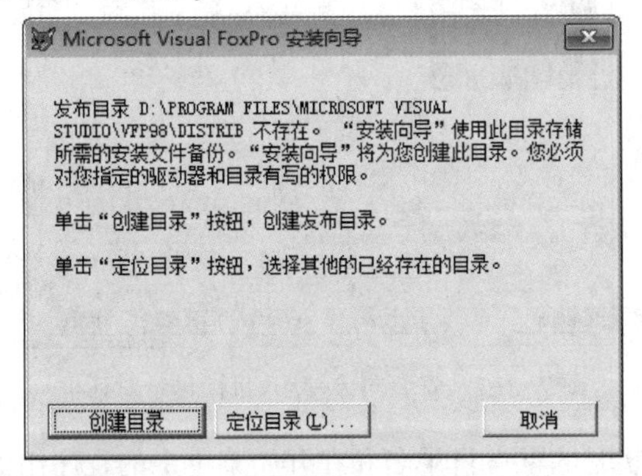

图 7-2-2 安装向导提示信息对话框

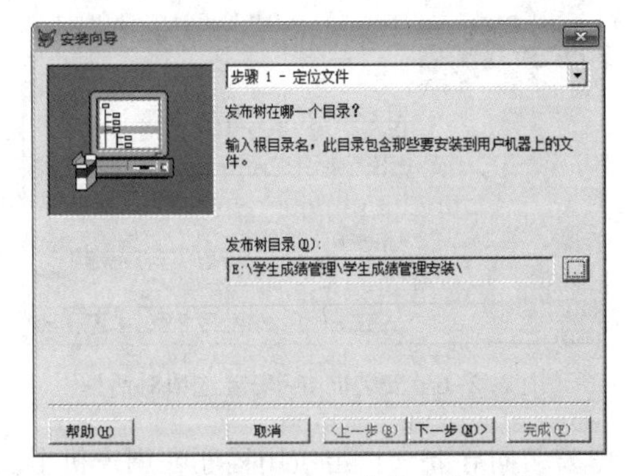

图 7-2-3 安装向导-定位文件对话框

通常情况下，“安装向导”需要一个名为 DISTRIB.SRC 的工作目录，如果“安装向导”提示创建 DISTRIB.SRC 目录或指定其位置，则单击“创建目录”按钮自动创建该目录，或单击“定位目录”按钮指定该目录的位置。

（3）按“发布树目录”后面的按钮▣，找到发布目录“E：\ 学生成绩管理\ 学生成绩管理安装”，单击“下一步”按钮。

（4）进行“步骤 2-指定组件”设置，用户可通过该界面指定发布应用程序所需的系统组件，如图 7-2-4 所示。单击“下一步”按钮。

（5）进行“步骤 3-磁盘映像”设置，用户可通过该界面指定发布应用程序所使用的磁盘规格，以及将磁盘映像文件放在哪个目录下，如图 7-2-5 所示。单击“下一步”按钮。

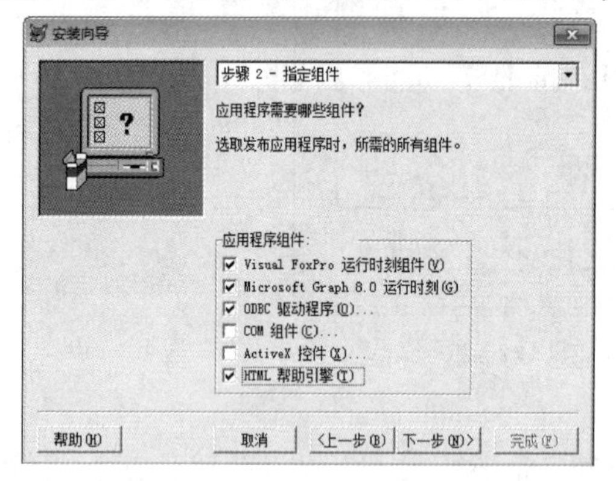

图 7-2-4　安装向导-指定组件对话框

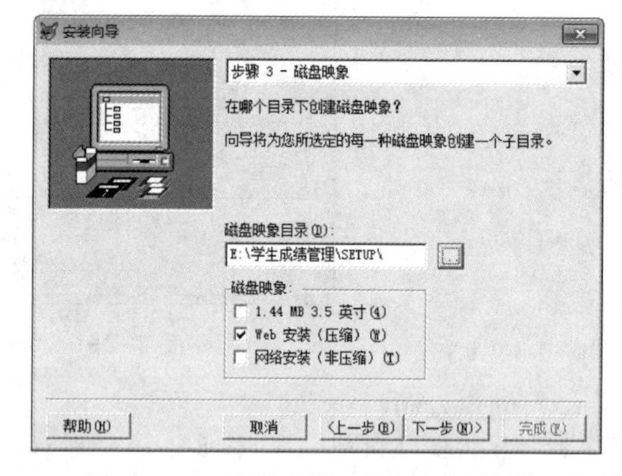

图 7-2-5　安装向导-磁盘映像对话框

可以在运行安装向导之前创建磁盘映射目录，也可以让安装向导自己创建目录。如果选择“网络安装”复选框，安装向导将创建唯一的子目录来包含所有的文件。

（6）进行“步骤 4-安装选项”设置，用户可通过该界面指定发布应用程序所使用的安装选项，如安装对话框标题、版权信息以及执行程序等，如图 7-2-6 所示。单击“下一步”按钮。

（7）进行“步骤 5-默认目标目录”设置，为应用程序指定默认的文件安装路径，如图 7-2-7 所示。单击“下一步”按钮。

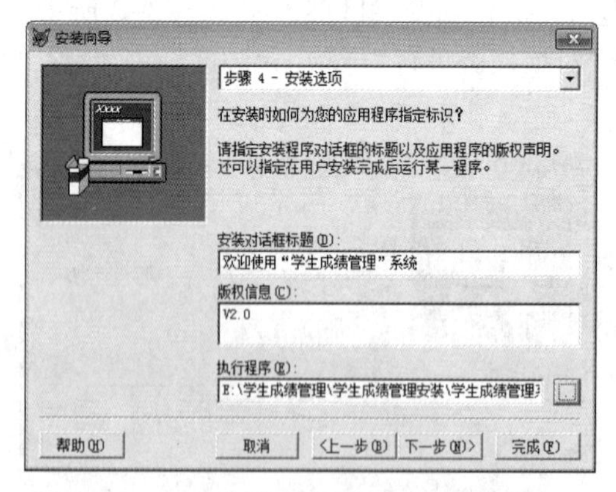

图 7-2-6　安装向导-安装选项对话框

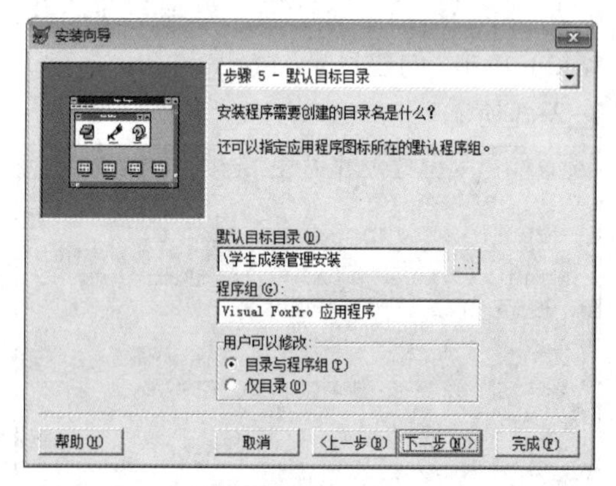

图 7-2-7　安装向导-默认目标目录对话框

安装向导要求指定应用程序在用户机上安装时的默认目录名和在开始菜单中的程序组的名称。可以指明用户安装时是仅可以更改默认目录，还是默认目录与默认程序组都可更改，一般设为都可更改。

⑧ 进行“步骤 6-改变文件设置”设置，用户可通过单击要改变的项来改变文件的位置，如图 7-2-8 所示。单击“下一步”按钮。

⑨ 进行“步骤 7-完成”设置，单击“完成”按钮后，开始创建应用程序，如图 7-2-9 所示。在此步骤还可以创建一个扩展名为 . dep 的相关文件，此文件允许使用其他安装工具安装应用程序。

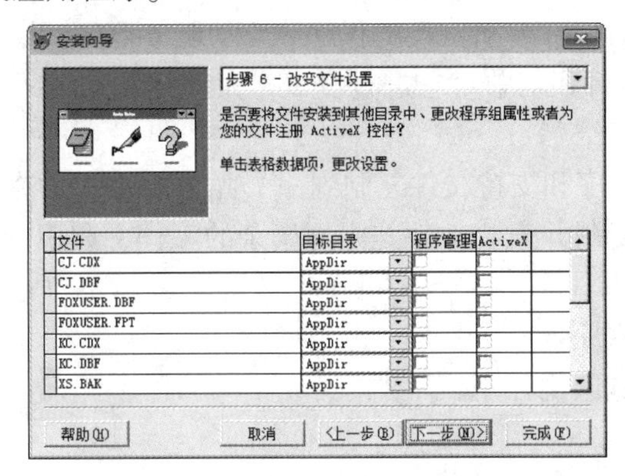

图 7-2-8　安装向导-改变文件位置对话框

图 7-2-9　安装向导-完成对话框

⑩ 单击“完成”按钮后，安装向导执行下列操作：记录各种设置，供下次从相同的发布树创建发布磁盘时使用；启动创建应用程序磁盘映像的过程，如图 7-2-10 所示。

⑪ 完成后将显示统计信息，如图 7-2-11 所示。

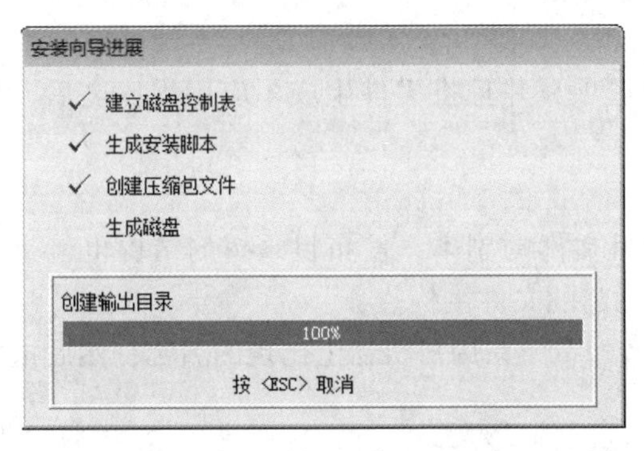

图 7-2-10　安装向导进度界面

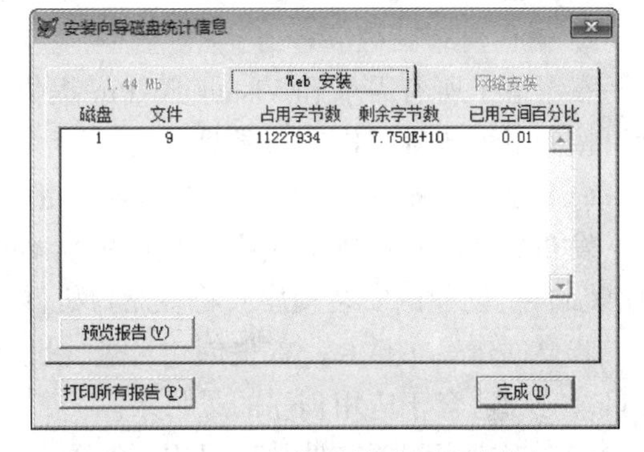

图 7-2-11　安装向导磁盘统计信息

单击“完成”按钮，在磁盘上看到生成的安装文件目录，如图 7-2-12 所示。本案例选择的是“Web 安装”，目录是“WEBSETUP”，目录中是安装软件所需的文件。如果是“网络安装”，目录是“NETSETUP”，如果是磁盘，目录是“DISK144”，其中还会有“DISK1、DISK2、DISK3 等子目录，分别把每个目录中的文件复制到一张盘上，安装时从第一张盘开始，运行 SETUP 即可。

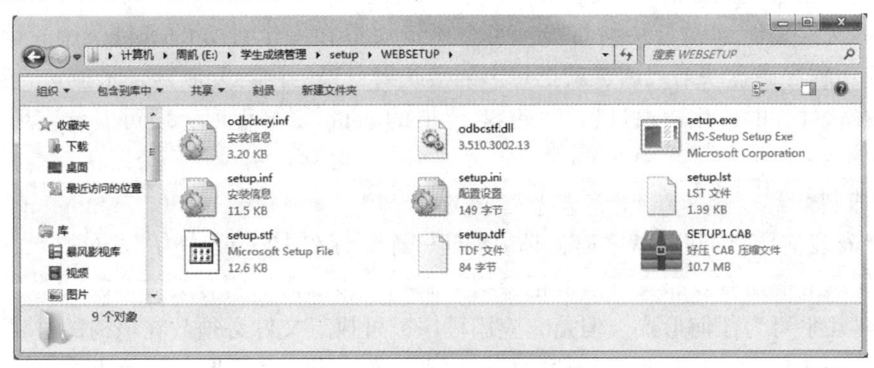

图 7-2-12　磁盘映像文件夹

7.2.3 相关知识

1. 发布过程

建立可发布的应用程序与开发标准的 Visual FoxPro 应用程序类似。可以像往常一样在 Visual FoxPro 开发环境中工作，但是最后创建的是可独立执行的程序或自动服务程序(Automation Server)(一个 COM 组件)，并且需要在运行环境中对它进行测试。完成开发和测试之后，就可以开始此应用程序和相关文件的发布工作。

在发布一个应用程序时，需要将所有应用程序和支持文件复制到一个普通磁盘中，然后为用户提供安装应用程序的方法。因为正确地复制并安装文件是一项繁杂的工作，利用“项目管理器”和“安装向导”将自动按流程进行。

下列步骤说明如何发布 Visual FoxPro 应用程序：

(1) 使用 Visual FoxPro 开发环境创建并调试应用程序。

(2) 为运行环境准备并定制应用程序。

(3) 创建文档和联机帮助。

(4) 生成应用程序或者可执行文件。

(5) 创建发布目录，存放用户运行应用程序所需的全部文件。

(6) 使用“安装向导”创建发布磁盘和安装路径。

(7) 包装并发布应用程序磁盘以及一些印刷文档。

2. 制作发布盘的准备

在考虑了所有需求和 Visual FoxPro 提供的选项，并且将文件生成了应用程序之后，那么可按照下列步骤制作发布磁盘：

(1) 创建发布目录

发布目录用来存放构成应用程序的所有项目文件的副本。发布目录树的结构也就是由“安装向导”创建的安装程序，将在用户机器上创建的文件结构。

若要创建发布目录，首先创建目录，目录名为希望在用户机器上出现的名称；然后把发布目录分成适合于应用程序的子目录。

(2) 把应用程序文件从项目中复制到发布目录的适当位置

可利用此目录模拟运行环境，测试应用程序。如果必要，还可以暂时修改开发环境的一些默认设置，模拟目标用户机器的最小配置情况。当一切工作正常时，就可以使用“安装向导”创建磁盘映射，以便在发布应用程序副本时重建正确的环境。

(3) 创建发布磁盘

若要创建发布磁盘，请用“安装向导”。“安装向导”压缩发布目录树中的文件，并把这些压缩过的文件复制到磁盘映射目录，每个磁盘放置在一个独立的子目录中。用“安装向导”创建应用程序磁盘映射之后，就把每个磁盘映射目录的内容复制到一张独立的磁盘上。

在发布软件包时，用户通过运行“磁盘 1”上的 Setup. exe 程序，便可安装应用程序的所有文件。

3. 发布树

在用“安装向导”创建磁盘之前，必须创建一个目录结构，或称为“发布树”，包含要复制到用户硬盘上的所有发布文件。要把希望复制到发布磁盘的所有文件都放入这个发布树。

发布树几乎可为任何形式。但是，应用程序或可执行文件必须放在该树的根目录下。

许多 Visual FoxPro 应用程序需要额外的资源文件，例如“配置”或“帮助”文件。如果要添加一个还未包含在项目中的资源文件，请将文件放在应用程序目录结构中。

4. 安装向导

在运行“安装向导”时，“安装向导”为每个指定的磁盘格式分别创建发布目录。这些目录包含磁盘映象所需的全部文件。

“安装向导”可为应用程序创建一个安装程序，其中包含一个 Setup. exe 文件，一些信息文件以及压缩的或非压缩的应用程序文件(储存在扩展名为 . cab 文件中)，最后得到一组可放在磁盘、网络或者 Web 站点上的文件。接下来，用户可像安装其他 Windows 应用程序一样安装应用程序。安装时，用户将看到使用“安装向导”时指定的选项。

在创建发布树之后，可使用“安装向导”创建一组磁盘映像目录，里面包含安装应用程序所需的所有文件。可以从这些目录中复制文件，创建应用程序的发布磁盘。

“安装向导”执行下列操作：

(1) 创建一个名为 Wzsetup. ini 的文件，里面包含了“安装向导”对该发布树设置的各种选项。

(2) 确保运行发布的应用程序所需的所有文件都随应用程序一起发布。

(3) 把压缩过的文件复制到位于发布磁盘目录中的子目录下。

(4) 在指定的映像目录中创建两个安装文件，即 Setup. inf 和 Setup. stf，用以指定安装例程的安装参数。

(5) 在发布树中创建 Dkcontrl. dbf 和 Dkcontrl. cdx 文件，这些文件中包含有关文件压缩并指定给哪个磁盘子目录的统计信息。

参 考 文 献

[1] 杨永，杨王黎 . Visual FoxPro 程序设计案例教程[M]. 北京：中国石化出版社，2012.

[2] 刘卫国 . Visual FoxPro 程序设计教程[M]. 北京：北京邮电大学出版社，2005.

[3] 李作纬，程伟渊 . Visual FoxPro 程序设计及其应用系统开发[M]. 北京：中国水利水电出版社，2003.

[4] 沈大林，崔玥 . 中文 Visual FoxPro 6.0 程序设计案例教程[M]. 北京：中国铁道出版社，2009.

[5] 徐谡 . Visual FoxPro 应用与开发案例教程[M]. 北京：清华大学出版社，2005.

[6] 贾风波，杨树青，杨玉顺 . Visual FoxPro 数据库应用案例完全解析[M]. 北京：人民邮电出版社，2006.

[7] 聂玉峰，张铭辉 . Visual FoxPro 程序设计实验指导[M]. 北京：科学出版社，2005.

[8] 丁志云 . 新编 Visual FoxPro 数据库与程序设计实验指导书[M]. 北京：中国电力出版社，2005.

[9] 全国计算机等级考试二级教程：Visual FoxPro 数据库程序设计[M]. 北京：高等教育出版社，2009.

[10] 卢湘鸿 . Visual FoxPro 程序设计基础[M]. 北京：清华大学出版社，2006.

[11] 朱珍 . Visual FoxPro 6.0 数据库程序设计[M]. 北京：中国铁道出版社，2009.

[12] 敬西，李盛瑜 . Visual Foxpro 程序设计实践操作教程[M]. 重庆：重庆大学出版社，2009.